DeepSeek组合应用大全

·AI生活 + AI教育 + AI办公 + AI写作 + AI绘画 + AI设计 + AI音乐 + AI视频·

曾杰　王珏／编著

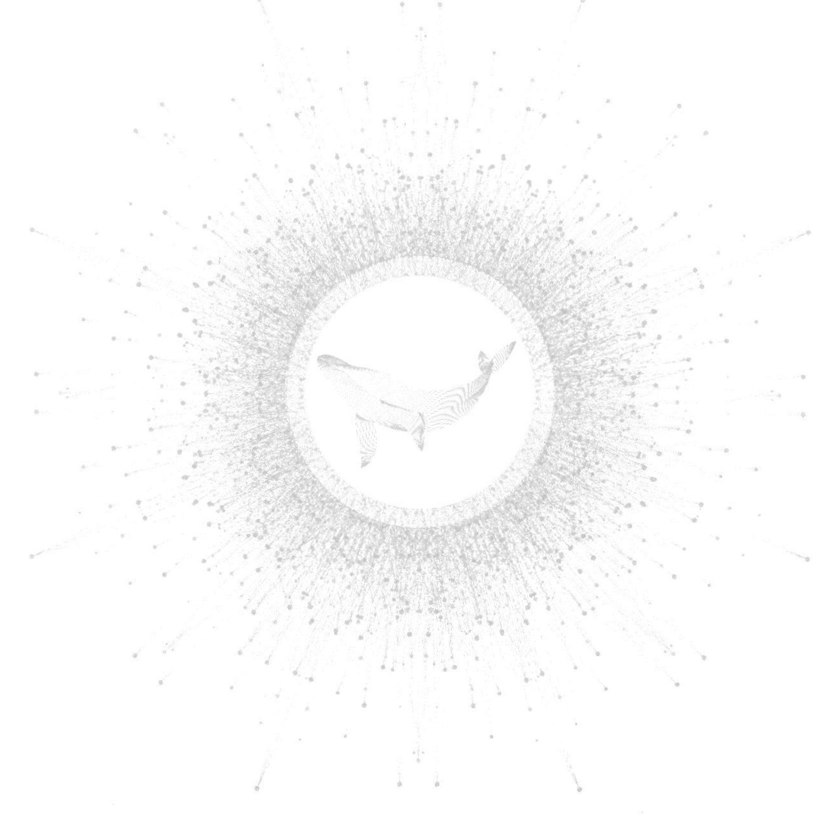

中国水利水电出版社
www.waterpub.com.cn
·北京·

内 容 提 要

本书基于DeepSeek网页端和DeepSeek App编写，力求通过简洁明了的语言和图文并茂的形式，提供全面、详细的DeepSeek使用指南，帮助读者充分了解其功能和强大的组合应用，快速上手AI工具，并深度挖掘AI潜能。

全书共10章内容，第1章和第2章是基础入门和进阶之道，提供DeepSeek速通指南、提示词核心技巧以及9大提示词模板应用，帮助读者快速上手；第3～6章为基本应用，详细讲解DeepSeek在生活、教育、办公、写作领域的高效应用；第7～10章为组合应用，深度讲解DeepSeek与绘画软件、设计软件、音乐软件、视频软件等17大软件协同的扩展案例，展现了DeepSeek的强大延伸功能。

本书语言通俗易懂、实操步骤清晰，确保读者轻松上手，学完就能用。本书适合对DeepSeek及其组合应用感兴趣的初学者和进阶爱好者学习，也适合希望应用AI提升工作效率的职场人士、希望深入研究AI的人士学习参考。

图书在版编目（CIP）数据

DeepSeek 组合应用大全 : AI 生活 +AI 教育 +AI 办公 +AI 写作 +AI 绘画 +AI 设计 +AI 音乐 +AI 视频 / 曾杰 , 王珏编著 . 北京 : 中国水利水电出版社 , 2025. 8. -- ISBN 978-7-5226-3555-2

Ⅰ. TP18

中国国家版本馆 CIP 数据核字第 2025QC8524 号

书　　名	DeepSeek组合应用大全：AI生活+AI教育+AI办公+AI写作+AI绘画+AI设计+AI音乐+AI视频 DeepSeek ZUHE YINGYONG DAQUAN : AI SHENGHUO + AI JIAOYU + AI BANGONG + AI XIEZUO + AI HUIHUA + AI SHEJI + AI YINYUE + AI SHIPIN
作　　者	曾杰　王珏　编著
出版发行	中国水利水电出版社 （北京市海淀区玉渊潭南路1号D座 100038） 网址：www.waterpub.com.cn E-mail：zhiboshangshu@163.com 电话：（010）62572966-2205/2266/2201（营销中心）
经　　售	北京科水图书销售有限公司 电话：（010）68545874、63202643 全国各地新华书店和相关出版物销售网点
排　　版	北京智博尚书文化传媒有限公司
印　　刷	河北文福旺印刷有限公司
规　　格	170mm×240mm　16开本　15.25印张　382千字
版　　次	2025年8月第1版　2025年8月第1次印刷
印　　数	0001—3000册
定　　价	59.80元

前　言

在 AI 浪潮席卷全球的当下，大语言模型正深刻改变人机交互方式。DeepSeek 作为国内领先的代表，以其丰富多元的应用场景脱颖而出，已深度融入教育学术、商业分析、创意创作（绘画 / 音乐）、新媒体运营、智能办公、求职规划等多个领域。它与其他大模型共同构建的新生态，预示着交互体验的全面革新。

DeepSeek 依托海量中文数据训练，在中文理解与生成上展现卓越性能与准确性。本书聚焦其核心价值——实战应用，通过深入解析技术特性与场景案例，系统探讨如何将 DeepSeek 融入日常生活与工作流，旨在帮助读者深度理解、高效运用 DeepSeek，切实提升效率与体验品质。

本书特色

1. 聚焦 DeepSeek 核心功能，提供全面使用指南

本书围绕国内热门 AI 工具 DeepSeek 展开，其具备写作辅助、多语言精准翻译、智能文档阅读、拍题快速答疑等强大功能，可满足不同用户与行业的复杂需求。书中不仅涵盖基础使用方法，还详解深度思考、联网搜索等热门功能，以及本地部署流程，助力用户体验 AIGC 带来的便捷与无限可能。

2. 覆盖 30 大应用场景，满足多样化 AI 应用需求

本书内容全面覆盖当下 AI 工具的主要应用领域，通过大量实际案例展现 AI 在生活（饮食、旅游、娱乐等）、教育（学习计划、语言学习、备考）、职场（办公、编程、招聘求职等）、创意创作（写作、绘画、音乐、视频）等场景的应用，帮助读者一站式掌握各类场景的 AI 工具使用方法。

3. 包含 120 个实战案例，助力快速掌握使用技巧

书中不仅介绍 DeepSeek 的基础知识，更通过丰富实战案例直观展示其在不同领域的应用思路与工作流程。例如，制订健康饮食计划、编写 Web 项目代码、生成科幻场景图等，让读者能快速理解并应用，提升实操能力。

4. 联动 17 款热门 AI 软件，拓展应用边界

本书详解 DeepSeek 与 17 款热门 AI 工具的协同运用：在绘画领域，与文心一格、通义万相、奇域 AI 等配合生成多样风格图片；在设计领域，联合即梦、可画、Photoshop 等提升创意与效率；在音视频领域，与海螺 AI、海绵音乐、剪映等工具互补，共同提升内容创作与传播效果，进一步拓展 AI 应用场景。

适用人群

（1）对 AI 感兴趣、想深入学习了解的人群。
（2）希望用 AI 提升高效办公的人群。
（3）对 DeepSeek 感兴趣的初学者和进阶爱好者。

学习方法

本书主要围绕 DeepSeek 在多种应用场景中的详细情况和具体用法展开。为了给读者带来更好的阅读体验，特推荐读者按照本书章节顺序逐章逐节阅读。每章都经过精心编排，能帮助读者逐步深入地了解和学习 DeepSeek。在阅读时，结合实际操作学习会更有助于读者理解 DeepSeek 的各项功能，切实提升实际运用能力。

特别说明

此外，本书中问答模块的答案以及一些场景的提问由 AI 工具自动生成。出于篇幅和易读性的考虑，编者会对部分内容进行适当精简或修改。由于是机器生成内容，因此可能存在纰漏，建议读者在使用和阅读过程中注意甄别。

写在最后

在 AI 技术迅猛发展的浪潮中，AI 工具正以前所未有的速度进化，变得越发智能且易于操作。在众多 AI 工具里，DeepSeek 凭借其出色的自然语言处理能力和广泛多元的应用场景脱颖而出，成为无数用户开启 AI 探索之旅的理想之选。本书旨在成为读者畅游 AI 世界的得力助手，助力读者解锁 AI 领域蕴藏的无限潜能。

如今，AI 技术日臻成熟，每一次与智能科技的接触，都宛如踏入充满未知的奇妙境地。让我们并肩前行，踏上这段令人心潮澎湃的探索之旅，深度挖掘 AI 工具的奥秘，亲身领略 DeepSeek 的独特魅力，以开放包容的心态，热忱拥抱智能科技引领的辉煌未来，一同见证 AI 为生活、工作和学习带来的巨大变革！

本书由曾杰和王珏编写，其中曾杰负责编写第 1 ～ 6 章，王珏负责编写第 7 ～ 10 章。在编写本书的过程中，我们以科学、严谨的态度，力求精益求精，但疏漏之处在所难免。如果有任何技术上的问题，请联系我们。

编者

2025 年 4 月

目 录

第01章 基础入门：DeepSeek 速通指南

2025 年，中国也拥有了自己的“全能 AI 助手”——DeepSeek（深度求索）。本章将阐述 DeepSeek 的概念，以及如何注册和登录 DeepSeek、DeepSeek 基础操作指南等，带领读者从最基本的问题入手，了解这位新型 AI 助手。

1.1 DeepSeek 综述

DeepSeek 是 AI 界冉冉升起的一颗新星，是闯入 AI 世界的一匹黑马。

1.1.1 DeepSeek 的概念

DeepSeek 是杭州深度求索公司研发的 AI 大模型产品，其既是公司名称，也是技术品牌。自 2023 年成立以来，DeepSeek 凭借创新技术快速崛起，仅用不到两年时间就突破技术圈层，成为全球瞩目的 AI 新生力量。其核心突破在于以较低算力实现了顶尖模型性能，打破了传统“堆算力”的路径依赖。例如，2025 年发布的 R1 模型，用较少资源达到了与 OpenAI 等顶尖模型相当的效果，被法国《卫报》称为“撕掉 AI 神秘面纱的破局者”。

DeepSeek 提供了多样化版本，如 R1 模型擅长复杂推理，如数学、编程；V3 模型专注流程化任务执行，同时支持联网搜索【RAG（Retrieval-Augmented Generation，检索 - 增强生成）功能】解决知识更新延迟问题。这种分层设计让 AI 既能像“科学家”一样深度思考，也能像“助手”般高效执行，满足不同场景需求。

1.1.2 DeepSeek 的工作原理

DeepSeek 的运作逻辑可以理解为“学霸解题的全套流程”，但其“大脑”由代码和算法构成，速度比人类快百万倍。本小节从基础架构、工作流程和技术突破 3 个维度拆解 DeepSeek 的工作原理。

1. 基础架构

DeepSeek 像人类神经网络的“超级升级版”，其核心是 Transformer 架构，这种技术让 DeepSeek 能像人类一样抓住重点。例如，当提问“如何预防感冒”时，DeepSeek 不会逐字分析，而是瞬间锁定“预防”“感冒”“方法”等关键词，并关联到维生素 C、戴口罩、勤洗手等知识点。DeepSeek 能像学霸看书时用荧光笔划重点一样，通过计算词语之间的关联度，快速提取核心信息。

DeepSeek 还拥有超级强大的知识图谱，学习了数万亿字的人类知识，相当于通读整个互联网图书馆。例如，DeepSeek 知道“量子力学”与“薛定谔的猫”有关联，还能联系到杨振宁的学术贡献。

2. 工作流程

想象一下解题的过程——先读懂题目，再调动学过的知识，最后一步步推导答案。DeepSeek 的工作流程与之相似，具体如下。

（1）输入解析——听懂人类语言的“翻译官”。

无论是文字、图片还是语音，DeepSeek 都能将其转化成计算机语言。例如，上传一张药品说明书，DeepSeek 能提取药品说明书的关键成分和禁忌症。

（2）知识调用——比图书馆更丰富的“知识网”。

DeepSeek 可以通过预训练的知识图谱关联信息。例如，提问“如何降低血糖”，DeepSeek 会结合医学指南、药物数据和用户饮食记录给出回答。

（3）结果输出——智能化的“表达大师”。

DeepSeek 给出的回答会按人类偏好进行优化，如数学题用公式 + 白话解释、工作报告自动生成图表等。

3. 技术突破

DeepSeek 采用“混合专家”架构（M.E），像不同学科的教师分工合作。DeepSeek 在处理编程问题时调用代码专家模块，处理数学问题时则切换数学模块。另外，DeepSeek 拥有实时联网能力，可以接入互联网更新知识库，避免“一本教材用 10 年”的问题。传统 AI 的知识截至训练时间，而 DeepSeek 能像浏览器一样搜索最新信息。DeepSeek 实现了开源开放，其代码和训练数据全部公开，中小企业可免费下载，在本地服务器定制专属 AI。

1.1.3 DeepSeek 的应用场景

DeepSeek 就像一位“全能型助理”，其应用场景涵盖了日常生活、教育教学、职场办公等方方面面。

（1）日常生活：DeepSeek 作为生活管家，已渗透衣食住行全场景。

1）生活小助手：DeepSeek 能制订健康饮食计划、健身计划，提供宠物养护知识、家具家电维护使用指，对日常穿搭购物进行指导。

2）旅游出行攻略：输入个人兴趣偏好，DeepSeek 可以自动推荐旅游景点并制订旅游计划、生成交通路线；输入预算，DeepSeek 可以推荐住宿和美食、制作省钱攻略。

3）娱乐休闲攻略：根据用户的业余爱好，能定制阅读书单、推荐影视音乐、查询游戏攻略，并推荐周边娱乐场所、线上娱乐资源。

（2）教育教学：DeepSeek 作为学习助手，像一位耐心细致的全科教师。

1）学习小助手：DeepSeek 能制订个性化的学习计划，帮助查询学习资料、生成文献摘要，对作业进行辅导、分析学习上的重难点。

2）语言学习：DeepSeek 能总结外语中的高频词汇、进行外语翻译；可以讲解外语学习中的语法知识、提供外语写作指导；还能模拟外国人和用户进行对话，提升用户的口语能力。

3）AI 协助备考：DeepSeek 可以根据考试类型与备考时间制订备考计划、根据考试内容对考试重点进行总结、在考前根据学习情况生成模拟试卷，以及进行错题分析。

（3）职场办公：DeepSeek 作为提升效率的秘籍，能大大提升职场办公的工作效率。

1）职业生涯规划：DeepSeek 能在用户对未来职业进行规划时帮助用户进行行业调研，了解行业情况；对职业方向与能力进行评估，并分析职业发展路径；如用户想转行，DeepSeek 也能制定职业转型策略。

2）招聘与求职：对于企业来说，DeepSeek 可以在招聘前为企业生成招聘信息、安排面试流程、生成面试问题，提升企业的工作效率及专业性。对于求职者来说，DeepSeek 可以根据求职者的个人情况生成个人简历；在面试前为求职者模拟面试问答，提升面试能力。

3）办公小助手：DeepSeek 可以帮助职场工作人员处理表格数据、撰写电子邮件、生成会议纪要、撰写策划方案、生成工作报告、撰写演讲稿，大大节省工作时间，减少工作错误。

4）代码编写：DeepSeek 可以编写各种类型的代码，能为初学者节约学习时间，为熟手节约重复简单工作的时间，如编写 Web 项目代码、计算代码、数据处理代码、移动应用开发代码。

（4）创意写作：DeepSeek 作为创意点子集，能够突破传统创作边界。

1）文学创作：DeepSeek 能够为各类型的文学创作提供创意或精修，如小说故事创作、诗歌诗词创作、散文创作、剧本创作。

2）营销文案写作：在策划营销活动时，DeepSeek 可以根据产品性能撰写产品推广文案，根据策划的活动类型撰写活动宣传文案和电商促销文案，根据品牌定位撰写品牌故事文案，在各个方面助力产品营销。

3）新媒体写作：DeepSeek 能紧跟热点，为用户提供各方面的灵感创意，助力生成小红书笔记、公众号推文、知乎文章、豆瓣影评、短视频脚本。

（5）DeepSeek +其他工具：DeepSeek 可以和其他软件相结合使用，为人们带来更多惊喜。

1）AI 绘画。DeepSeek 可以和文心一格、通义万相、奇域 AI、无界 AI 结合使用。通过 DeepSeek 优化提示词，将专业指令发送给这些软件，随即，这些软件能够生成各种类型的图片，让人人都成为艺术家。

2）AI 设计。DeepSeek 可以和即梦（Dreamina）、可画（Camma）、Photoshop、AutoCAD、3D Studio Max 结合使用，生成效果好、专业度强的各类设计，让用户秒变设计大师。

3）AI 音频。DeepSeek 可以和海螺 AI、海绵音乐、天工 Sky Music、网易天音结合使用，生成各类型的视频配音，包括旁白、对话、纯音乐及不同风格的音乐。

4）AI 视频。DeepSeek 可以和即梦、可灵（Kling）、白日梦、剪映结合使用，生成不同效果的视频，减少拍摄剪辑的时间。

1.2 注册 DeepSeek

目前，有网页端和移动端两种方式可以注册 DeepSeek，本节即详细介绍这两种方式的注册全流程。

1.2.1 网页端 DeepSeek 注册全流程

可使用手机号码注册或者直接扫描微信二维码登录网页版 DeepSeek。使用手机号码注册 DeepSeek 的全流程如下。

（1）打开浏览器，搜索“DeepSeek”或输入 DeepSeek 官网网址，进入主页，如图 1–1 所示。

图1–1

（2）单击“开始对话”按钮，进入注册页面，如图 1–2 所示。

图1–2

（3）输入手机号码，单击“发送验证码”按钮，用户收到短信后输入 6 位验证码，单击“登录”按钮，即可完成注册。注册完成后的 DeepSeek 页面如图 1–3 所示。

图1–3

1.2.2 移动端 DeepSeek 注册全流程

可使用手机号码注册或者直接使用微信、AppleID 快捷登录移动端 DeepSeek。使用手机号码注册 DeepSeek 的全流程如下。

（1）打开应用商店或 AppStore，搜索“DeepSeek”，找到 DeepSeek 应用后进行安装，如图 1–4 所示。

（2）安装好 DeepSeek App 后，将其打开，如图 1–5 所示。

图1–4

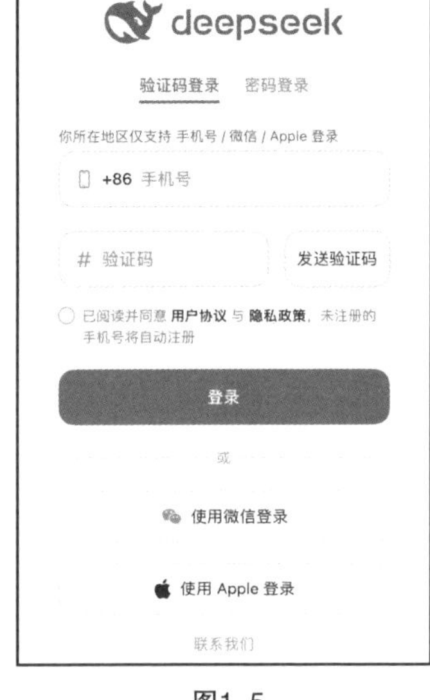

图1–5

（3）输入手机号码后，单击“发送验证码”按钮，用户收到短信后输入 6 位验证码，选中“已阅读并同意用户协议与隐私政策，未注册的手机号将自动注册”单选按钮，单击“登录”按钮，即可完成注册。注册完成后的 DeepSeek 页面如图 1–6 所示。

图1–6

1.3 DeepSeek 基础操作指南

本节以网页端 DeepSeek 的基础操作为例进行介绍。

1.3.1 互动操作

如图 1-7 所示，区域①为用户输入问题的区域；区域②为用户与 DeepSeek 互动的内容，在这里可以看到自己的提问与 DeepSeek 的回答。

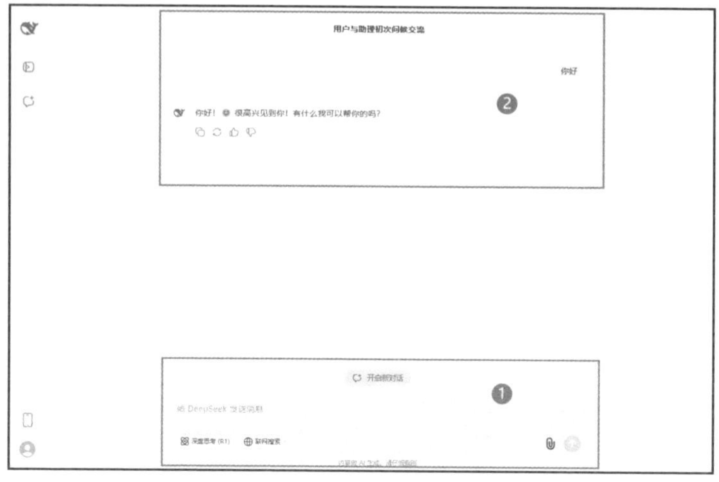

图1–7

1.3.2 对话设置

如图 1–8 所示，用户可以在区域①和区域②进行对话设置。单击区域①上方按钮，打开边栏，用户在这里可以查看历史对话；单击区域①下方按钮或区域②“开启新对话”按钮，即可以离开当前对话，开启新的对话。

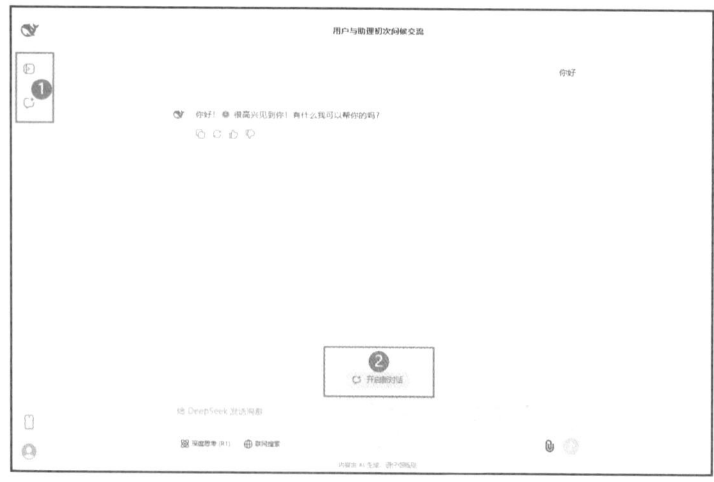

图1–8

1.3.3 上传附件

如果用户的问题无法用文字表述清楚（如翻译外语），则需要上传附件。单击输入框右侧的回形针按钮，如图 1–9 所示，在弹出的“打开”对话框中选择需要上传的附件后，单击“打开”按钮，即可上传成功，如图 1–10 所示。上传成功的附件会显示在输入框左上方，如图 1–11 所示。

图1–9

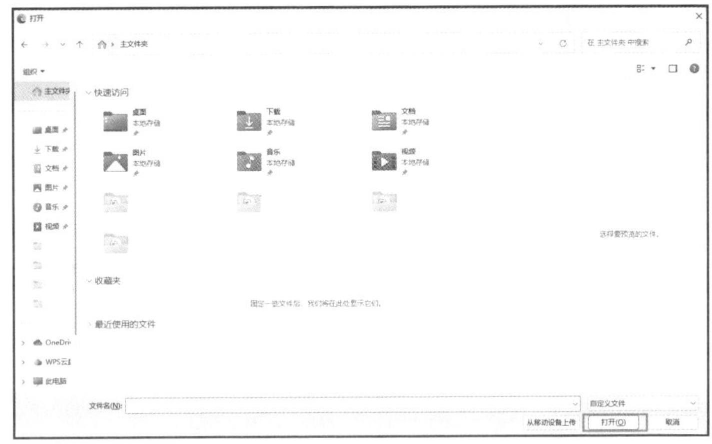

图1–10

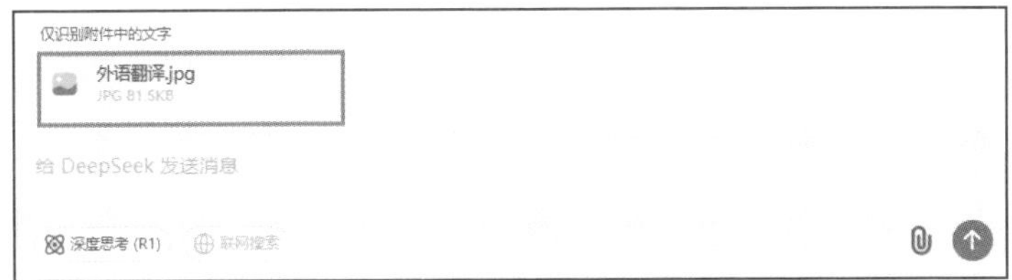

图1–11

1.4 DeepSeek 的本地部署

进行 DeepSeek 本地部署，可以根据不同的需求调整模型参数，满足个性化需求；可以避免数据泄露风险，因为数据无须上传至云端；同时，模型运行也能更加稳定。

1.4.1 本地部署的系统环境要求

不同 DeepSeek 模型对系统环境的硬件要求也不同，如表 1-1 所示。

表 1–1

模型规模	硬件要求	适用场景
DeepSeek-R1-1.5B	CPU：4 核及以上 内存：8GB+ 显卡：非必需	实时文本生成、小型 AI 应用
DeepSeek-R1-7B	CPU：8 核及以上 内存：16GB+ 显卡：8GB+ 显存（如 RTX 3070）	文本摘要、翻译
DeepSeek-R1-8B	CPU：8 核及以上 内存：24GB+ 显卡：8GB+ 显存（如 RTX 3070）	代码生成、逻辑推理
DeepSeek-R1-14B	CPU：12 核及以上 内存：36GB+ 显卡：16GB+ 显存（如 RTX 4090）	长文本理解与生成、书籍或论文辅助写作
DeepSeek-R1-32B	CPU：16 核及以上 内存：64GB+ 显卡：24GB+ 显存（如 RTX 3090）	多模态任务处理
DeepSeek-R1-70B	CPU：32 核及以上 内存：128GB+ 显卡：多卡并行（如 4 × RTX 4090）	科研机构、大型企业
DeepSeek-R1-671B	CPU：64 核及以上 内存：512GB+ 显卡：多节点分布式训练（如 8 × A100）	高精度大规模 AI 研究

1.4.2 下载与安装流程

（1）在浏览器中搜索“Ollama”，访问其官网，单击“Download”按钮，如图 1–12 所示。

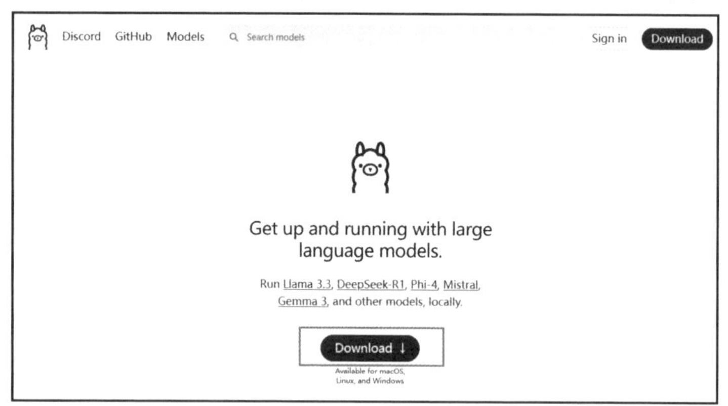

图1–12

（2）根据计算机配置选择下载的版本，苹果操作系统的计算机选择区域①的版本，Windows 操作系统的计算机选择区域②的版本，单击区域③的“Download for Windows/macOS”按钮进行下载，如图 1–13 所示。

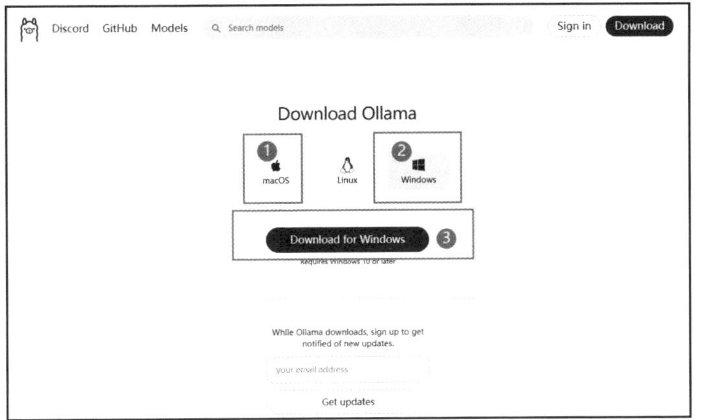

图1-13

（3）再次进入 Ollama 官网，单击“Models”按钮，如图 1-14 所示。

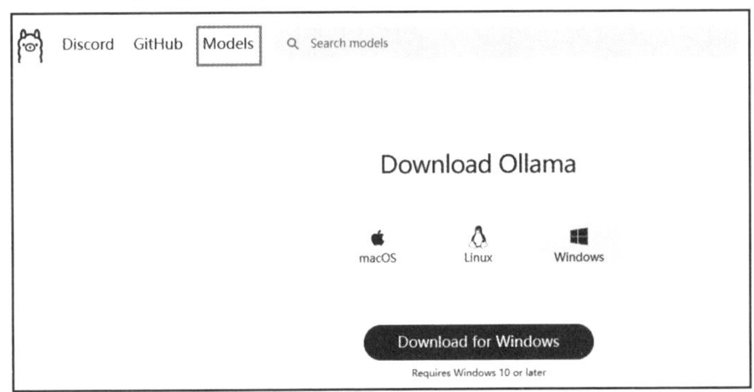

图1-14

（4）在打开的页面中找到“deepseek-r1”，如图 1-15 所示。

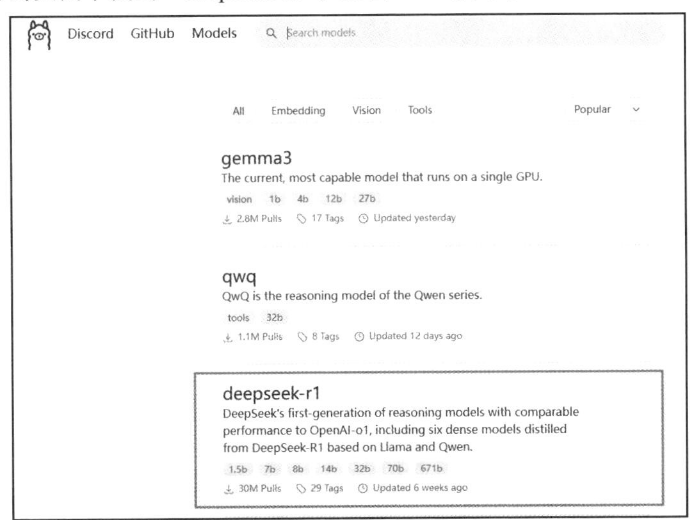

图1-15

（5）单击“deepseek-r1”，进入下载页面，其中可以选择不同参数的模型，如图 1-16 所示，这里以 DeepSeek-R1-1.5B 为例进行介绍。

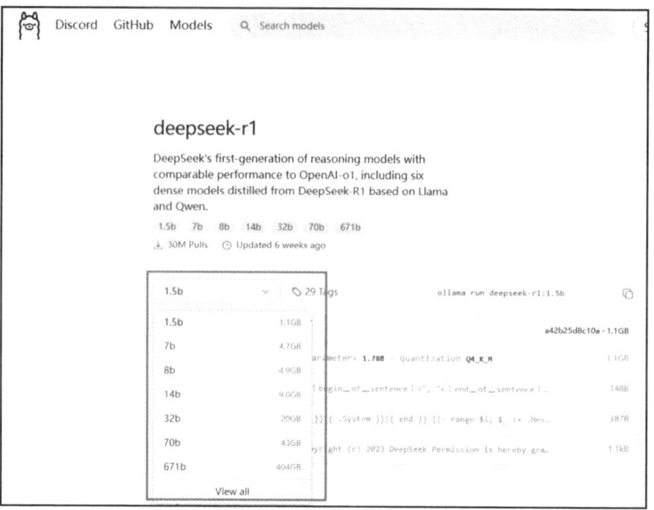

图1–16

（6）选择“1.5b”后，复制图 1–17 所示的区域①中的文字。

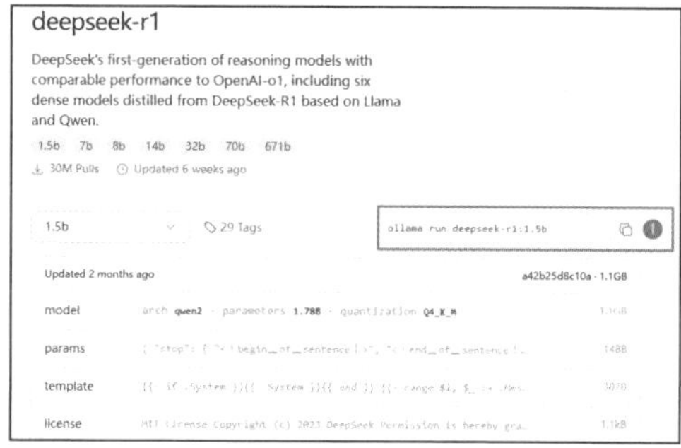

图1–17

（7）按 Windows+R 组合键，在弹出的“运行”对话框中输入“cmd”，如图 1–18 所示。

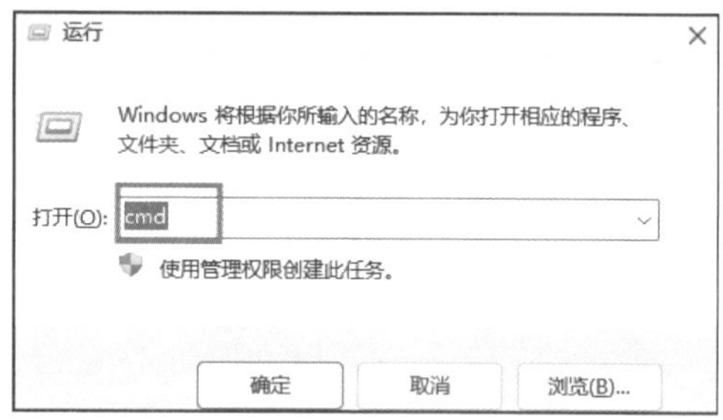

图1–18

（8）单击“确定”按钮，出现图 1–19 所示的页面。

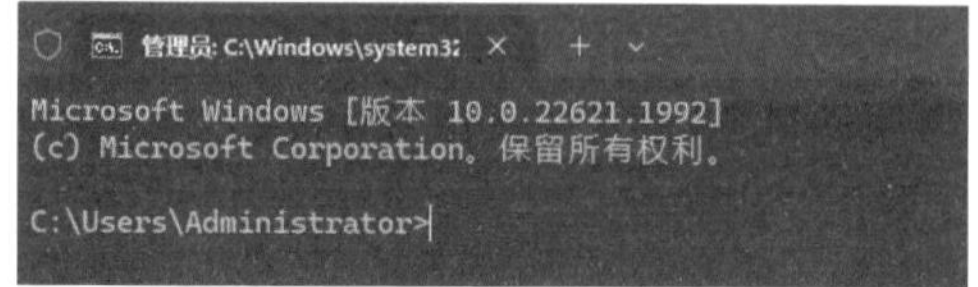

图1–19

（9）输入在图 1–17 中复制的命令，如图 1–20 所示，按 Enter 键，即可下载安装 DeepSeek-

R1-1.5B。

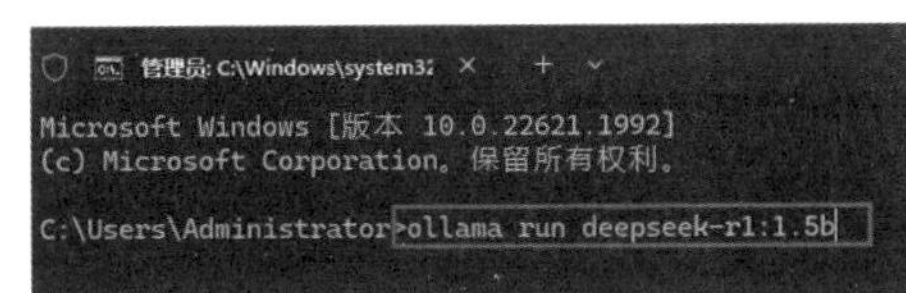

图1-20

（10）DeepSeek-R1-1.5B 安装成功后，即可在此处与其进行对话，如图 1-21 所示。

```
>>> 请介绍下你自己
<think>

</think>

您好！我是由中国的深度求索（DeepSeek）公司开发的智能助手DeepSeek-R1。有关模型和产品的详细内容请参考官方文档。

>>> Send a message (/? for help)
```

图1-21

1.4.3 部署过程中的疑难排解

在进行 DeepSeek 本地部署的过程中，可能会遇到下载速度慢、C 盘空间不足的问题。

（1）下载速度慢。

若 Ollama 官网下载速度慢，可以选择先下载迅雷，再将 Ollama 下载页面的链接复制到迅雷，使用迅雷进行下载。

（2）C 盘空间不足。

Ollama 默认安装位置为计算机的 C 盘，但若 C 盘空间不足，可以更改 Ollama 的环境变量。

（1）在计算机的“设置”窗口中单击“高级系统设置”超链接，弹出“系统属性”对话框，单击“高级”选项卡中的“环境变量”按钮，如图 1-22 所示。

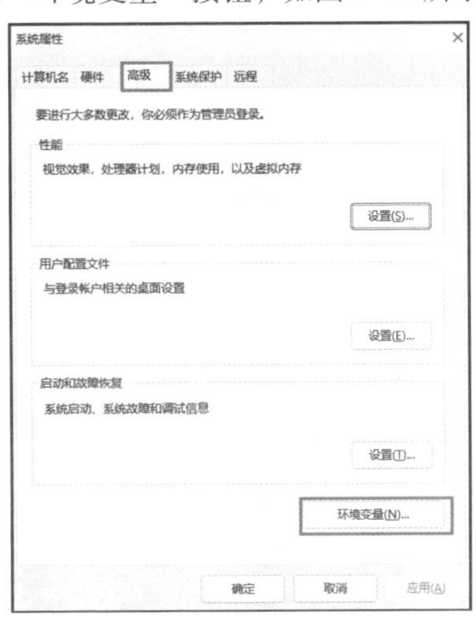

图1-22

（2）弹出“环境变量”对话框，如图 1-23 所示，选择“Path”，单击“编辑”按钮，弹出“编辑环境变量”对话框，找到最后一行 Ollama 安装完成后显示信息，双击进入编辑状态，将其修改为想要转移的目录即可。

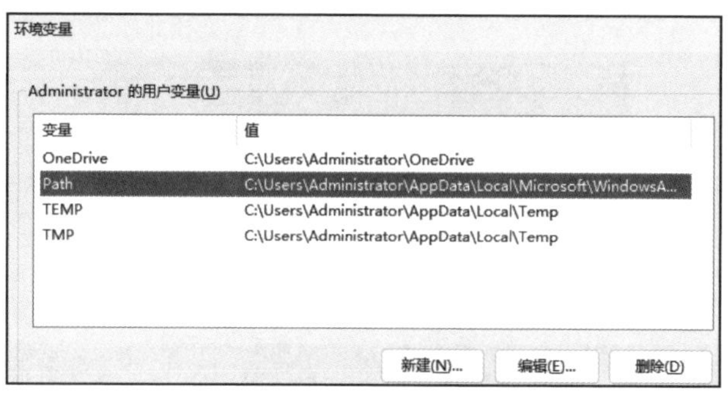

图1–23

1.5 DeepSeek API 调用全攻略

调用 DeepSeek API（Application Program Interface，应用程序接口）有低成本、高性能、易开发和多场景适配的优势，本节即讨论 DeepSeek API 调用攻略。

1.5.1 DeepSeek API 调用的基础流程

DeepSeek API 调用的基础流程为获取 API 密钥、构建 HTTP（HyperText Transfer Protocol，超文本传输协议）请求、发送请求并处理响应。

1. 获取 API 密钥

在调用 DeepSeek API 之前，需要先在 DeepSeek 开放平台上注册并获取 API 密钥。

2. 构建 HTTP 请求

DeepSeek API 的调用主要通过 HTTP 请求实现。用户需要根据 API 文档，构建包含必要参数的 HTTP 请求。

3. 发送请求并处理响应

构建好 HTTP 请求后，可以通过编程语言中的 HTTP 库（如 Python 的 requests 库）发送请求，并接收 API 的响应。

1.5.2 官方平台 DeepSeek API 调用渠道详解

官方平台 DeepSeek API 调用渠道有 3 种，如图 1–24 所示。这里以 Python 为示例，安装好 Python 和 PyCharm 后，即可开始进行 API 调用，具体步骤如下。

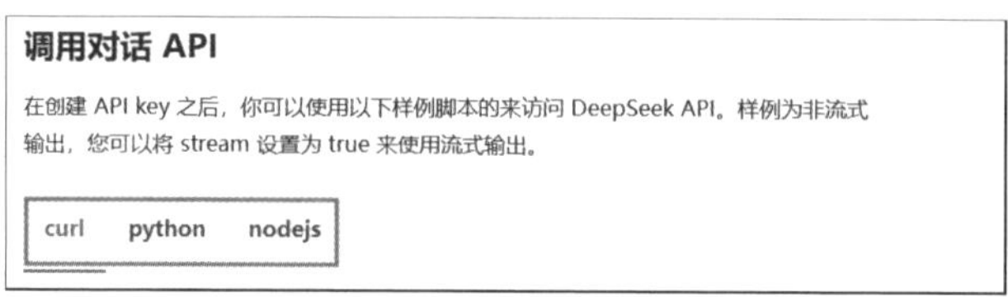

图1–24

（1）进入 DeepSeek 官网，找到 API 开放平台，如图 1–25 所示。

图1–25

（2）如图 1–26 所示，可以使用手机号码注册或使用微信扫码登录 DeepSeek。输入手机号码后，单击“发送验证码”按钮，输入 6 位验证码后即注册成功。

图1–26

（3）DeepSeek 注册成功后，单击“API keys”→“创建 API key”按钮，如图 1–27 所示。

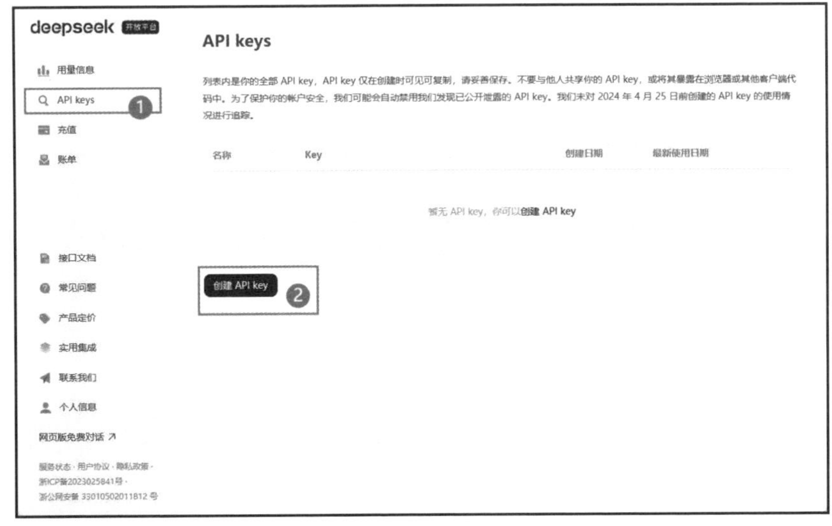

图1–27

（4）如图 1–28 所示，输入 API key 的名称，单击“创建”按钮，即可创建自己的 API key。

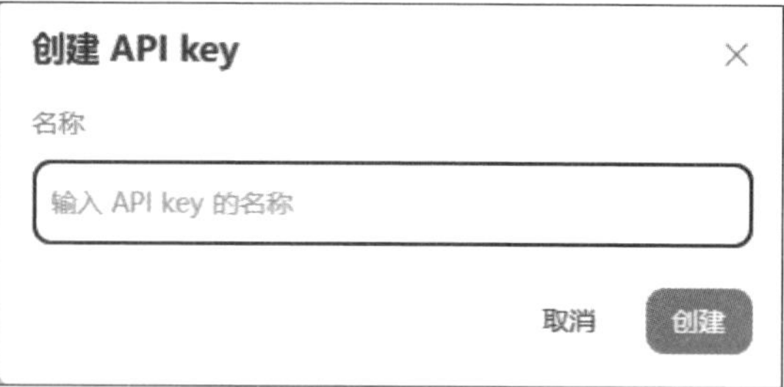

图1–28

（5）如图 1–29 所示，API key 创建完成后需要保存好，退出后将无法再查看。

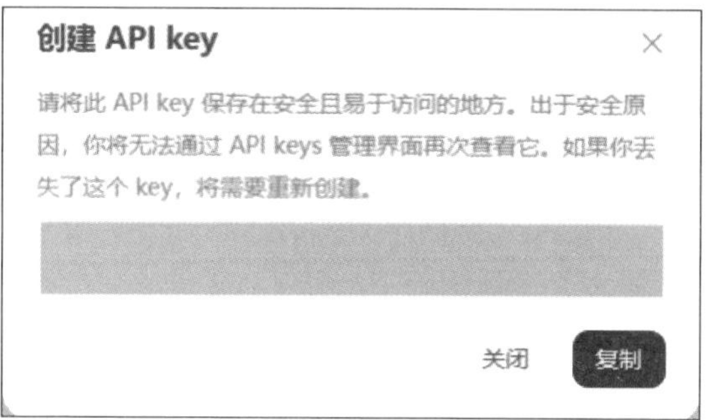

图1–29

（6）打开 PyCharm，单击“终端”按钮，输入安装指令“pip3installopenai”，按 Enter 键，即可开始安装 OpenAI SDK，如图 1–30 所示。

图1–30

（7）如果出现“successfully”字样，则说明安装成功，如图 1–31 所示。

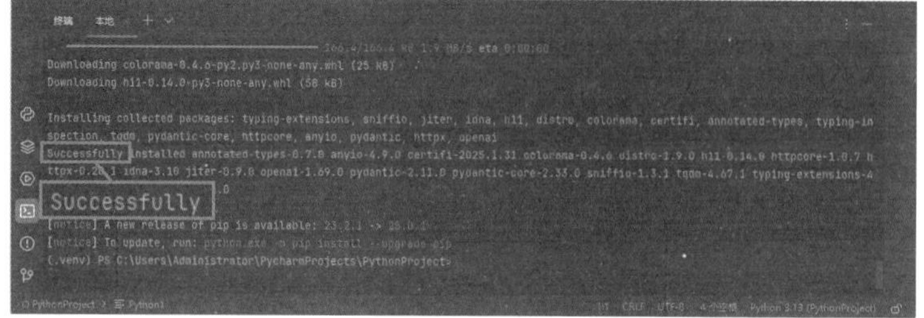

图1–31

（8）在 DeepSeek 开放平台选择“接口文档”→“首次调用 API”→“Python”选项，复制官方提供的代码，如图 1–32 所示。

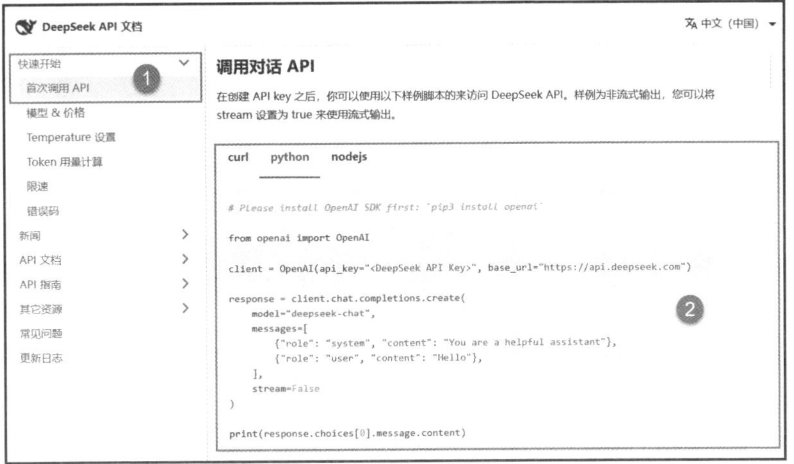

图1-32

（9）打开 PyCharm，选择“新建”→“Python 文件”选项，如图 1-33 所示。

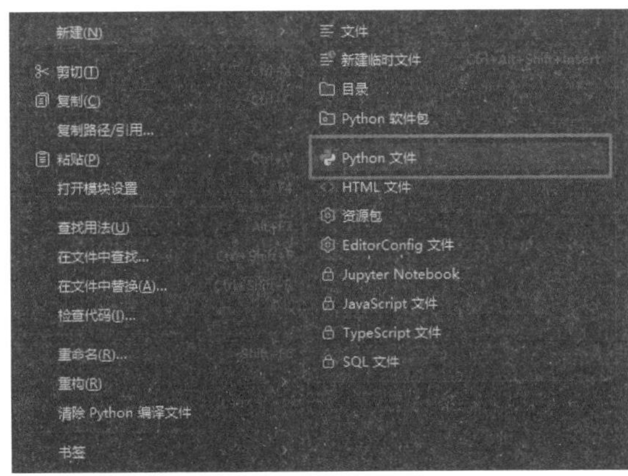

图1-33

（10）将在官网复制的 Python 代码粘贴进新文件（注意，应输入自己的 DeepSeek API key），单击“运行”按钮，如图 1-34 所示。

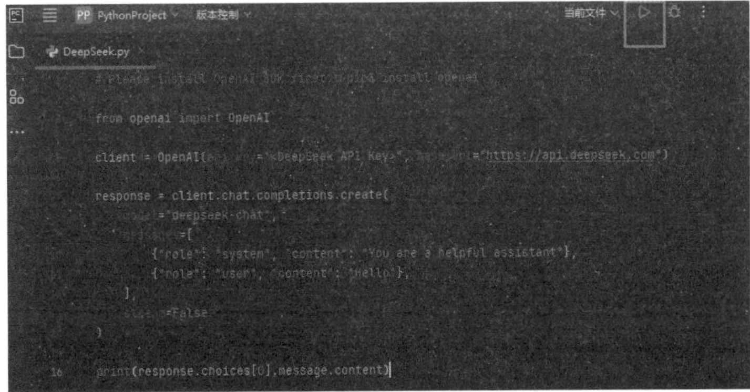

图1-34

（11）运行结果如图 1-35 所示。

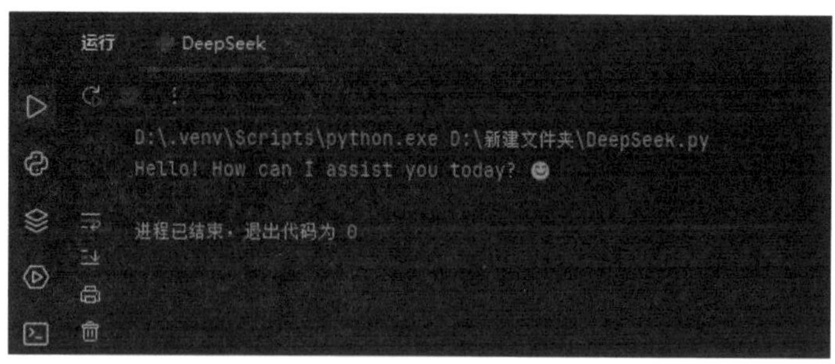

图1–35

1.5.3 第三方平台 API 调用途径简介

部分第三方 AI 服务平台集成了 DeepSeek 模型，可以提供更简化的调用流程和优惠策略。

1. 主要平台

截至 2025 年 3 月，可调用 DeepSeek API 第三方主流平台可分为 5 类，即综合云服务平台、行业垂直平台、智能终端集成、开发者友好型平台和客户端工具。

（1）综合云服务平台。

1）百度智能云千帆：提供 DeepSeek 全系列模型（含满血版 R1/V3），支持免费试用至活动结束，适合代码生成和 Agent 开发。

2）阿里云百炼：集成 R1 推理模型和 V3 通用模型，无须单独开通模型服务，免费额度充足，但需注意后续它可能替换为 Qwen-Max 模型。

3）火山引擎 ARK 平台：支持创建私有 API 接入点，适合企业级复杂推理场景，需在模型广场开通服务并配置接入点 ID。

（2）行业垂直平台。

1）秘塔 AI 搜索：每日 100 次免费调用额度，集成 RAG 技术强化知识检索，支持中文搜索和跨文档分析。

2）知乎直答：结合社区知识库，增强回答准确性，上线知识库功能，适合教育法律等专业领域应用。

3）国家超算互联网平台：支持私有化 API 部署，提供满血版 671B 模型，需资质审核，适合科研机构和高性能计算场景。

（3）智能终端集成。

1）支付宝百宝箱：内置于支付宝客户端，覆盖全量级模型（7 ～ 671B）、支持语音输入和移动端快捷调用。

2）钉钉 / 京东内置 AI：深度融合企业办公数据，支持工单处理、报表生成等场景，需通过企业账号申请 API 权限。

3）小爱同学 / 华为助手：语音交互响应速度提升 30%，支持复杂指令解析，需设备硬件具备（Neural Processing Unit，神经网络处理器）NPU 算力支持。

（4）开发者友好型平台。

1）硅基流动（SiliconFlow）提供 2000 万 Tokens 免费额度（限 Qwen 2.5 模型折算），支持 OpenAI 兼容协议，适合快速迁移项目。

2）英伟达 NIM 平台：无须实名认证，开放全参数调节功能，适合深度学习研究者调试模型。

3）Perplexity AI：国际版 Pro 用户可无限调用满血版 R1，支持多语言混合查询和学术文献解析。

（5）客户端工具。

1）Cherry Studio：跨平台客户端（Windows/Mac/Linux），图形化配置 API 密钥，支持同时连接多个服务商实现负载均衡。

2）Chatbox：移动端和网页端全覆盖，响应延迟低于 1 秒，内置敏感词过滤和企业级审计功能。

2. 获取 API Key 的步骤

接下来以硅基流动、百度智能云千帆为例，展示获取调用 DeepSeek 的 API Key 的步骤。

（1）硅基流动（Silicon Flow）。

用户可通过注册硅基流动平台，获取 API 密钥并直接调用 DeepSeek-R1/V3 模型。

1）进入硅基流动官网，如图 1–36 所示。用户可选择使用手机号码进行注册或采用第三方账号进行登录。输入手机号码，选中“我同意用户协议和隐私政策”复选框，单击“获取验证码”按钮，收到短信后输入验证码，即注册成功。

图1–36

2）进入模型广场，在这里可以看到 DeepSeek-R1/V3 模型。在页面左侧选择“账户管理”→“API 密钥”选项，配置模型名称（如 deepseek-ai/DeepSeek-R1），如图 1–37 所示。

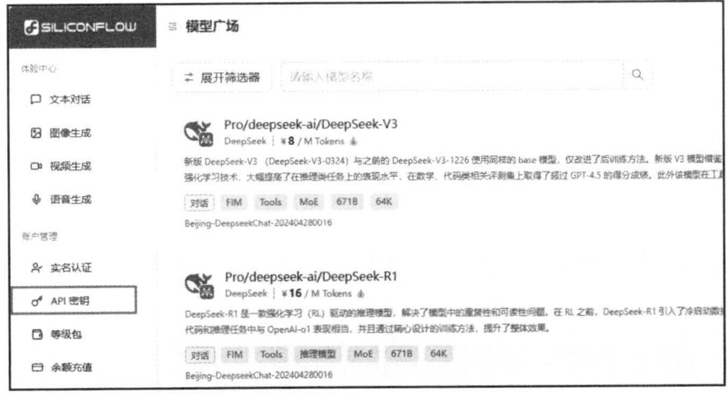

图1–37

3）如图 1–38 所示，单击“新建 API 密钥”按钮，弹出“新建密钥”对话框，输入密钥描述，单击“新建密钥”按钮。

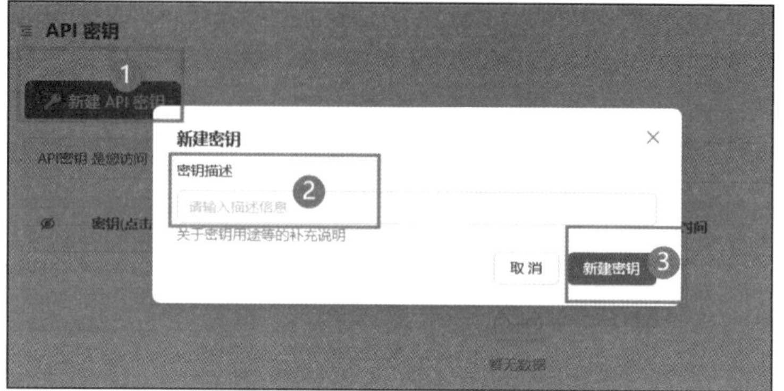

图1–38

4）秘钥创建好后，即可看到并复制密钥相关信息，如图 1–39 所示。拥有 API 密钥后，后续就可以使用 Chatbox 等客户端工具接入，填入密钥和模型参数即可调用。

图1–39

（2）百度智能云千帆。

用户可通过注册百度智能云平台，获取 API 密钥并直接调用 DeepSeek-R1/V3 模型。

1）在浏览器搜索“百度智能云”，进入官网，单击右上角的“免费注册”按钮，没有百度账号可选择注册，已有百度账号可单击右上角的“登录”按钮，如图 1–40 所示。

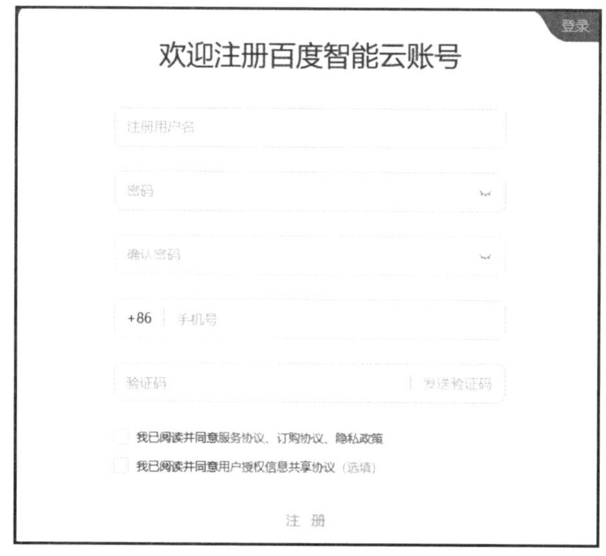

图1–40

2）登录成功后，单击主页面中的“大模型”→“模型广场”按钮，如图 1–41 所示。

图1–41

3）在左侧菜单栏中选择“系统管理与统计”→“API Key”选项。

图1–42　　　　图1–43

4）进入后单击“创建 API Key”按钮，如图 1–43 所示，选择服务后单击“确定”按钮，复制保存好自己的 API Key，后续即可使用 Chatbox 等客户端工具接入，输入密钥和模型参数即可调用。

1.5.4　代码层面的 API 调用方法实操

本节将详细介绍使用 Python 调用 DeepSeek API 的代码步骤。根据 1.5.2 小节的方法获取官方 API 并且安装 OpenAI SDK 后，需要先构造 API 请求，然后处理 API 响应。

1. 构造 API 请求

构造 API 请求的相关代码及逐行解释如下。

```
defcall_deepseek_api(prompt):
#API 服务地址（不同功能需更换对应 endpoint）
url="https://api.deepseek.com/v1/chat/completions"

# 定义 HTTP 请求头（关键认证部分）
headers={
    "Content-Type":"application/json",            # 声明发送 JSON 格式数据
    "Authorization":f"Bearer{API_KEY}"            # 认证头，Bearer 模式传递密钥
```

```
}

# 构造请求体（核心参数配置）
payload={
    "model":"deepseek-chat",              # 指定模型版本（不同模型能力不同）
    "messages":[                          # 对话历史记录（数组格式）
    {"role":"user","content":prompt}      # 当前用户输入
    ],
    "temperature":0.7,                    # 生成随机性控制（0= 确定式输出，2= 高创造性）
    "max_tokens":2000                     # 限制生成内容的 token 数量（防止过长响应）
}

# 发送 POST 请求（核心调用动作）
response=requests.post(                   # 使用 requests 库发起 POST 请求
    url,
    json=payload,                         # 自动将字典序列化为 JSON
    headers=headers                       # 附加认证头信息
)
returnresponse.json()# 将响应解析为 JSON 格式
```

2. 处理 API 响应

处理 API 响应的关键字段的代码及解释如下。

```
response=call_deepseek_api(" 请解释量子计算的基本原理 ")

if"choices"inresponse:                    # 检查是否有有效响应
# 提取首个回复内容（假设单轮对话）
answer=response["choices"][0]["message"]["content"]
print(" 回答内容：",answer)
else:
# 错误信息提取（API 返回的错误结构）
print(" 请求失败：",response.get("error",{}).get("message"))
```

3. 实操案例

在实际应用中，可以通过调整基础示例代码中的参数得到预期结果，以下是相关示例。

Q:

```
fromopenaiimportOpenAI


client=OpenAI(
    base_url="https://api.deepseek.com/",
    api_key="<YOUR_API_KEY>"
)
```

```
completion=client.chat.completions.create(
    model="deepseek-chat",
    messages=[
        {
            "role":"user",
            "content":" 请帮我用 HTML 生成一个五子棋游戏，并给出完整的代码。"
        }
    ]
)

print(completion.choices[0].message.content)
```

当然！下面是一个简单的五子棋游戏的 HTML 代码。这个代码包含了一个基本的五子棋棋盘，玩家可以通过点击棋盘上的格子来下棋。游戏会检测是否有玩家获胜。

```
<!DOCTYPEhtml>
<htmllang="zh-CN">
<head>
<metacharset="UTF-8">
<metaname="viewport"content="width=device-width,initial-scale=1.0">
<title> 五子棋游戏 </title>
<style>
…
```

使用上述代码的方法如下。

（1）将上述代码复制到一个 HTML 文件中。

（2）在浏览器中打开该文件，即可开始游戏。

上述代码是一个简单的五子棋实现，读者可以根据需要进一步扩展和优化。

1.5.5 不同编程语言的 API 调用示例

用不同编程语言调用 DeepSeek 的基本步骤

获取自己的 API key 以后，用不同编程语言调用 DeepSeek 的基本步骤如下。

（1）进入 DeepSeek 开放平台，单击“接口文档”按钮，在左边菜单栏中选择“API 文档”→“对话”→“对话补全”选项，如图 1–44 所示。

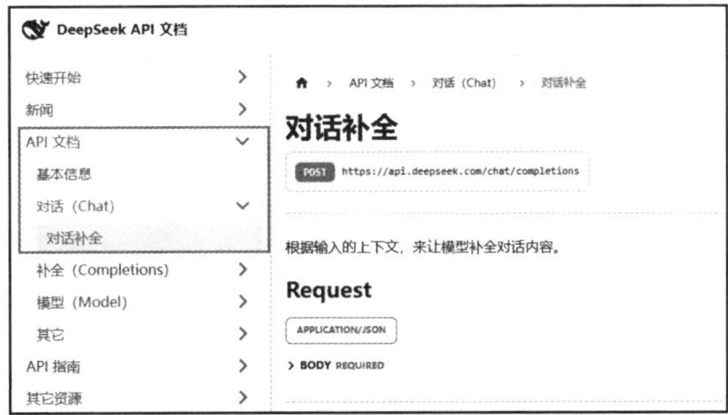

图1–44

（2）在打开的“对话补全”页面中可以选择不同的编程语言，如 Java、NodeJs、PHP 等，选择想使用的编程语言，即可查看调用地址、请求格式和返回格式，如图 1–45 所示。

图1–45

调用示例

下面以 Java 和 PHP 调用 DeepSeek API 的为例进行介绍。

➢ Java。

Q:

```
//DeepSeek API 地址
privatestaticfinalStringDEEPSEEK_API_URL="https://api.deepseek.com/v1/chat/completions";
// 替换为实际 API 地址

// 你的 API Key
privatestaticfinalStringAPI_KEY="your_api_key_here";
                                                    // 替换为你的 DeepSeek API Key

publicstaticvoidmain(String[]args){
    // 构造请求参数
    JSONObjectrequestBody=newJSONObject();
    requestBody.put("model","deepseek-chat");// 模型名称

    // 构造 messages 数组
    JSONArraymessages=newJSONArray();
    JSONObjectmessage=newJSONObject();
    message.put("role","user");
    message.put("content"," 你好，介绍一下你自己 ");
…
```

{"choices":[{"message":{"content":"你好！我是 DeepSeek 的智能助手，很高兴为您服务。"}}]}

➢ PHP。

Q:

```
$api_key='sk-xxxxxx';
$url='https://api.deepseek.com/chat/completions';

$header="Content-Type:application/json\nAuthorization:Bearer$api_key\n";

$requestObj=newstdClass();
$requestObj->model='deepseek-chat';

$response_format=newstdClass();
$response_format->type='json_object';
$requestObj->response_format=$response_format;

$messages=[];
$message=newstdClass();
$message->role='system';
$message->content=' 你是一个作家 ';
$messages[]=$message;

$message=newstdClass();
$message->role='user';
$message->content=<<<EOD
请写一首诗，返回格式为 JSON。
……
```

```
{
  "title":" 归途 ",
  "author":"AI 作家 ",
  "poem":[
        " 远山呼唤着归途，",
        " 星辰指引着方向。",
        " 岁月如歌，轻轻吟唱，",
        ……
        " 拥抱那份久违的温暖。",
        " 归途，不仅是一段旅程，",
        " 更是一次心灵的洗礼。"
  ]
}
```

第02章 进阶之道：解锁高效提问技巧

在数字化浪潮中，DeepSeek 以其强大实力为人们打开知识宝库的大门。然而，若想深度挖掘其潜能，掌握提问技巧则尤为关键。而高效提问，便是开启这座“矿山”，挖掘珍贵“矿石”的关键钥匙。本章即探寻如何巧妙提问，让 DeepSeek 源源不断地为用户输出精准、实用的答案。

2.1 如何提出有效问题

在当今数字化时代，高效获取信息至关重要，DeepSeek 这样强大的工具已成为人们的得力助手。要想发挥 DeepSeek 的最大效能，方法就在于提出有效问题。本节将深入探讨如何借助 DeepSeek 提出有效问题，解锁高效沟通与知识获取的新技能。

2.1.1 明确问题核心

向 DeepSeek 提问时，精准聚焦问题核心是获取有效答案的基础。一个清晰的问题能够帮助 DeepSeek 更好地理解用户的意图，并生成符合预期的内容。

Q:

写文案。

 好的，文案写作需要根据目标（品牌宣传、产品卖点、转化销售等）、受众（年龄、痛点、媒介习惯）和媒介（海报、短视频、详情页等）灵活调整。以下提供一套通用创作框架和不同场景的文案技巧，帮你快速上手：

一、文案核心公式

1. 抓注意力→激发兴趣→建立信任→引导行动

（适用于大多数商业文案）

2. 经典模型

AIDA：注意（Attention）→兴趣（Interest）→欲望（Desire）→行动（Action）

SCQA：情境（Situation）→冲突（Complication）→问题（Question）→答案（Answer）

4U 法则：紧迫（Urgent）、有用（Useful）、独特（Unique）、具体（Ultraspecific）

……（生成内容太多，这里不过多描述）

由以上示例可以看到，“写文案”这样一个模糊的请求无法让 DeepSeek 抓住重点，故而 DeepSeek 罗列了许多可能性，因此需要明确问题核心。

Q:

我是书店店长，请写一篇吸引年轻人的书店的促销文案。

【限时 72 小时】年轻人逃离焦虑指南：在“野狗书店”充电，全场 5 折起！

——谁说书店只能安安静静？这里欢迎一切不羁的灵魂——

你有多久没读完一本书了？

刷短视频到手麻？工作消息看到 PTSD（Post-Traumatic Stress Disorder，创伤后应激障碍）？

“野狗书店”3 天快闪治愈计划——

☑ 5 折抢畅销书（从《原子习惯》到《被讨厌的勇气》，专治消极心态）。

☑ 咖啡 + 书 = 套餐价 29 元（美式配哲学，拿铁搭小说，你的精神碳水我们包了）。

☑ 打卡送叛逆书签（印着“老板的话左耳进右耳出”“周一宜躺平”等）。

年轻人专属暗号区

带“社畜朋友”同行，第二杯咖啡免单。

发小红书 @ 野狗书店，抽 3 人送“拒绝内耗大礼包”（含解压捏捏乐 + 毒鸡汤笔记本）。

时间：6.14 ～ 6.16（周五至周日）。

地址：×× 路 123 号（地铁 3 号线“躺平站”A 口出走 100 米）。

⚠ 警告：

本店书籍可能导致——

突然想通人生 / 上班摸鱼灵感爆发 / 朋友圈装 × 素材 +10086。

（扫码进群提前锁折扣）

可以看到以上描述不仅明确了书店促销，还指出了目标受众人群，让 DeepSeek 言有所指。DeepSeek 可依据书店会员数据与消费特点，制定从活动策划、宣传推广到效果评估的全流程方案，如依据会员阅读偏好分类举办分享会，利用短信、公众号精准推送活动信息等，助力书店高效达成目标。

2.1.2 提供必要背景

为问题提供充分背景信息，如同为 DeepSeek 搭建理解问题的桥梁。

Q:

请问有什么养生方法？

养生方法需要根据个人体质、年龄和生活节奏科学调整，避免盲目跟风。以下整理出实用、易坚持的养生策略，分为基础养生法和进阶养生法，适合年轻人、上班族和中老年人灵活选择。

基础养生法（适合所有人）

1. 饮食：吃对时间比吃什么更重要

黄金早餐：7 ～ 9 点（胃经当令）吃温热食物（粥 / 燕麦 / 鸡蛋），避免空腹喝冰美式咖啡。

午餐吃饱：13 点前吃完，主食 + 优质蛋白（鱼 / 豆类）+ 深色蔬菜。

晚餐吃早：18点前最佳，消化差的人少食油腻（夜宵是脾胃杀手）。

小习惯：吃饭时放下手机，细嚼慢咽（每口嚼20下）；下午喝陈皮山楂水（促消化），代替奶茶。

2. 睡眠：修复脏腑的免费良药

子午觉原则：23点前入睡（胆经修复黄金期）。

午睡15～30分钟（超过1小时反而疲劳）。

快速入眠法：睡前1小时用40℃热水泡脚10分钟（加艾草更佳），远离手机蓝光。

3. 运动：微汗为度

每天6000步（如散步）或八段锦（12分钟跟练版）。

久坐族每1小时：拉伸膀胱经（弯腰摸脚/拍打大腿后侧）。

4. 情绪养生：现代人最需要

晨起拍膻中穴（两乳中间）50下，疏解郁气。

焦虑时：用鼻子深吸气4秒→屏息7秒→嘴呼气8秒（重复5次）。

由以上示例可以看到，向DeepSeek提问时，DeepSeek的回答具有普适性。因此，在向DeepSeek提问时，需要向DeepSeek提供必要的背景，如以下案例。

Q:

我长期伏案办公，每天面对电脑超8小时，肩颈酸痛严重，且饮食偏好重口味，很少运动，最近体检还查出轻度脂肪肝，有哪些适合我的日常养生策略？

根据你的情况（长期伏案、肩颈问题、饮食重口味、脂肪肝），需要从“缓解症状”+“根源调理”两方面入手。以下为你定制一套“办公室友好型”养生方案，兼顾可操作性和有效性。

肩颈急救 & 日常维护

1. 每1小时做“3分钟微运动”（坐着就能完成）

点头写“米”字：用下巴缓慢写“米”字（缓解颈椎压力）。

耸肩沉肩：双肩用力耸到耳朵→突然放松下沉（重复10次，放松斜方肌）。

椅子开肩：双手交叉反手推椅背，胸腔向前顶（保持10秒）。

2. 下班后深度放松

热敷：用热水袋敷颈部10分钟（促进血液循环）。

泡沫轴滚背：仰卧将泡沫轴放在胸椎下，缓慢滚动（重点在肩胛骨之间）

……（生成内容太多，这里不过多描述）

视觉提醒：在电脑贴便签“站起来！”“少盐！”，手机屏保设成脂肪肝对比图。

由以上案例可以看出，当详细阐述问题时，DeepSeek便能结合久坐、不良饮食、缺乏运动及身体现状等背景，给出定制化建议，如推荐办公室肩颈放松操、适合脂肪肝患者的清淡食谱、利用碎片化时间进行简单运动的方法等。

2.1.3 避免模糊与歧义表述

提问中巧妙嵌入领域关键词，能引导DeepSeek快速定位知识范畴。

怎样投资赚钱？

投资赚钱需要结合风险承受能力、资金规模、时间精力等因素，选择适合自己的策略。以下分阶段提供务实可操作的方案，避免空谈理论。

一、新手入门（低风险试水）

1. 强制储蓄：先存下第一桶金

52 周存钱法：每周递增存款（如第 1 周存 10 元，第 2 周 20 元……年末轻松存下 1.3 万元）。

货币基金：支付宝中的余额宝、微信中的零钱通（年化 1.5%~2.6% 左右，灵活取用）。

2. 跟投（适合初学者）

指数基金定投：每月固定日期投入沪深或中证。

国债逆回购：月末 / 季末在证券 APP 操作（无风险）。

二、进阶实操（中等风险）

1. 核心资产配置

核心资产配置如表 2–1 所示。

表 2–1

资产类型	比例 /%	推荐标的	特点
宽基指数基金	40	科创、纳斯达克	分散风险
行业基金	20	消费、新能源车	高波动
债券基金	30	招商产业债 A（217022）	稳收益
黄金 ETF	10	518880	抗通胀

2. 套利技巧（年化 58%，无风险收益）

可转债打新：开户后一键申购（中签后上市首日卖出，平均赚 200 元 / 签）。

港股打新：用富途 / 雪盈参与（需 2 万元港币本金，中签率高于 A 股）。

……（生成内容太多，这里不过多描述）。

由以上示例可以看到，模糊的回答让 DeepSeek 列举出了许多可能性。若搭配“资产配置”“股市波动”“年化收益”等专业词汇，可让 DeepSeek 迅速锁定投资领域核心要点，详细剖析各类资产特点，配置比例计算方法，制定风险评估与应对策略等，如下面示例所示。

Q:

在当前股市波动环境下，如何运用资产配置策略，合理搭配股票、债券、基金，实现年化 10% 左右的稳健收益，风险控制在可承受范围内？

在当前波动市场下实现年化 10% 收益且控制风险，需通过多资产配置 + 动态再平衡来对冲单一资产风险。以下提供一套经过实战验证的配置策略（附具体比例和操作细节）。

一、核心配置模型（全天候策略改良版）

1. 基础组合（平衡型）

基础组合（平衡型）如表 2–2 所示。

表 2–2

资产类别	配置比例 /%	推荐标的	功能说明
A 股宽基指数	30	300ETF（510300）+ 中证 500ETF（510500）	获取市场平均收益
港股 / 中概股	10	恒生科技 ETF（513180）	低估值修复机会
利率债	20	10 年期国债 ETF（511260）	股市暴跌时的避险资产
信用债	20	招商产业债 A（217022）	增强固收收益
黄金	10	黄金 ETF（518880）	抗通胀 + 地缘风险对冲
现金	10	国债逆回购 / 货币基金	捕捉暴跌抄底机会

2. 预期收益测算

股票部分（40%）年化 812%，债券部分（40%）年化 46%，黄金 + 现金（20%）年化 23%，综合年化约 911%（波动率比纯股票组合降低 40%）。

二、关键操作技巧

1. 动态再平衡（每半年一次）

触发条件：某类资产涨跌导致比例偏离初始值 ±5%。

例如，股票从 40% 涨到 45%，则卖出 5% 转投债券。

作用：强制"高抛低吸"，避免情绪化操作。

……（生成内容太多，这里不过多描述）。

由以上示例可以看出，提问时需要精准聚焦核心，提供必要背景，运用精准表述，能助 DeepSeek 迅速理解需求，输出更具针对性与实用价值的回答。

2.2　9 大提示词模板应用

随着科技的发展，DeepSeek 处理中文愈发熟练，能精准捕捉各类提示词的含义。凭借强大的算法和丰富的语料库，DeepSeek 能依据知识问答类、内容生成类、数据分析类、格式要求类、逻辑推理类、创意启发类、多轮交互类、对比分析类和总结归纳类等 9 大提示词模板，精准生成贴合需求的优质内容。

2.2.1　知识问答类

DeepSeek 的知识问答类提示词广泛应用于学习与教育（辅助理解掌握学科知识）、日常知识查询（解决生活中的各类问题）、工作与专业领域（助力职场人士获取专业资料和解决问题）、知识拓展与兴趣培养（满足拓宽知识面和培养兴趣爱好的需求）等场景。

1. 学科知识问答

在学校教学、在线课程、自学等场景中，学生可以通过输入提示词来获取特定知识点的解释、案例、相关理论等信息，帮助他们更好地理解和掌握学科知识。

Q:

请列举关于珠穆朗玛峰的5个关键事实，包括它的海拔高度、地理位置、人类首次登顶时间、地质构造特点以及攀登的主要挑战。

关于珠穆朗玛峰的5个关键事实

1. 海拔高度

最新官方数据：8848.86米（2020年中尼两国共同宣布）。

争议：部分测量显示雪盖高度8848米，岩面高度8844米。

2. 地理位置

横跨两国：北坡位于中国西藏自治区定日县，南坡属于尼泊尔萨加玛塔专区。

坐标：27° 59′ 17″ N，86° 55′ 31″ E。

3. 人类首次登顶时间

1953年5月29日，新西兰登山家埃德蒙·希拉里（Edmund Hillary）和尼泊尔夏尔巴向导丹增·诺尔盖（Tenzing Norgay）从南坡登顶成功。

中国首登：1960年5月25日，王富洲、贡布、屈银华从北坡登顶。

4. 地质构造特点

板块运动形成：印度板块与欧亚板块碰撞挤压，仍以约每年4厘米的速度抬升。

岩石构成：顶部为奥陶纪灰岩（5亿年前形成），下部存在片麻岩和变质岩。

5. 攀登主要挑战

死亡区（8000米以上）：氧气含量不足海平面30%，体温调节和认知能力急剧下降。

极端天气：风速可达200千米/小时，气温低至60℃。

危险路段：希拉里台阶（近乎垂直的岩壁）、昆布冰瀑（移动冰川裂缝）。

高死亡率：截至2023年，登顶超6000人次，死亡约300人（死亡率约5%）。

附加冷知识：珠峰顶部WiFi覆盖（中国移动2020年部署5G基站）；每年因登山活动产生约12吨垃圾，需专项清理。

2. 日常生活问答

人们在日常生活中遇到各种问题时，可以利用提示词查询相关知识。

Q:

如何挑选新鲜的水果？

水果挑选技巧

通用原则

看：颜色均匀，无黑斑、皱皮。

闻：有自然果香，无酸腐味。

摸：稍软有弹性，过软或过硬不选。

掂：同品种选重的，水分更足。

热门水果速查

西瓜：纹路清晰，拍打声闷响。

草莓：叶子鲜绿，籽凸起无白肩。

葡萄：果粒紧实，表面有白霜。

芒果：果肩微软，带糖斑更甜。

榴莲：裂缝微开，气味浓不刺鼻。

🚫 避坑

反季水果慎买，预切果不新鲜。

太亮或太完美的水果可能打蜡 / 泡药。

记住：自然香、手感好、无损伤！

3. 工作与专业领域

职场人士在工作中遇到专业问题或需要相关资料时，可借助提示词获取相关信息。

Q:

请问：至今甲骨文的研究现状如何?

甲骨文研究至今已取得显著进展，但仍有许多未解之谜。以下是甲骨文主要研究现状的简洁总结。

1. 基础研究进展

（1）文字释读：已识别约 4500 个单字（其中约 1500 个单字可确解），占总数 1/3，剩余多为专有名词或罕见字。2022 年新释读的“屯”字等，进一步揭示了商代社会的细节。

（2）数字化与 AI 应用：甲骨文大数据平台（如“殷契文渊”）收录超 15 万片，AI 辅助缀合残片（如复旦大学缀合系统效率提升 30%）。

（3）考古新发现：安阳殷墟近年仍出土无字甲骨、朱书甲骨；2021 年陕西周原发现先周时期甲骨，拓展了研究时空的范围。

2. 前沿领域突破

（1）多学科交叉：化学分析揭示朱砂书写工艺，基因检测证实祭祀用牛来源，天文学验证甲骨文中“月食”“超新星”记录（如公元前 1136 年商朝月食）。

（2）社会形态重构：通过祭祀卜辞还原商王世系，证实《史记 · 殷本纪》基本准确；“妇好”相关甲骨证实女性军事统帅地位。

3. 待解难题

（1）文字障碍：剩余 2/3 未解字多涉及地名、方国名。

（2）材料局限：现存甲骨仅约 16 万片，占原数量极小部分。

（3）技术需求：AI 释读需更多标注数据，当前准确率仅约 70%。

4. 未来方向

（1）AI 深度参与：清华大学团队正训练专用大模型释读疑难字形。

（2）公众普及：甲骨文入选《世界记忆名录》，动画《如果国宝会说话》推动年轻群体认知。

总结：甲骨文研究正从“识字”转向“透史”，科技与人文结合将揭开商代文明更多密码。

（数据截至 2023 年，如需具体案例或文献可进一步补充）

4. 知识拓展与兴趣培养

Q:

我是一名没有受过音乐培训的大一学生，请问雷鬼音乐的特点有哪些？并向我推荐几首雷鬼风格的入门曲。

一、雷鬼音乐（Reggae）核心特点

1. 慵懒反拍节奏（Offbeat）

标志性切分音：吉他或钢琴在弱拍（如“and”拍）上短促弹奏，制造跳跃的松弛感。

▶ 试听：*Bob Marley StirIt Up* 前奏的“嗒空嗒空”吉他。

2. 厚重绵长的贝斯线

贝斯旋律缓慢下沉，与鼓点的轻快形成反差，营造“走路带风”的律动。

▶ 典型模式：根音持续＋少量滑音（如 *Could You Be Loved*）。

3. 主题：反抗、灵性与爱

歌词内容：包含社会、政治及人文关怀，强调批判性的内容。

▶ 经典句：

“Emancipate yourself from mental slavery.”

（*Redemption Song* 中“解放你的思想奴役”）

4. 乐器配置

核心三件套：电吉他（反拍切分）、贝斯（旋律主导）、鼓（强调第三拍，如“咚嗒咚嗒”）。

特色音色：钢鼓（Steel Drum）、管乐点缀（如 *SunIs Shining* 中的萨克斯）。

5. 文化符号

红黄绿配色：代表非洲、阳光与土地（牙买加国旗色）。

雷鬼的“松弛哲学”。

速度：中慢速（约 70 ～ 90BPM），适合摇摆而非狂舞。

精神内核：用慢对抗快，用爱消解暴力（如 *One Love* 呼吁和平）。

二、入门曲推荐

（1）Bob Marley 的 *No Woman,No Cry*——雷鬼圣歌。

（2）UB40 的 *Red Red Wine*——流行化雷鬼。

（3）Toots&The Maytals 的 *Pressure Dro*——早期斯卡雷鬼。

听雷鬼音乐的关键：放松身体，感受贝斯从脚底震到心脏的震颤。

2.2.2 内容生成类

DeepSeek 拥有强大的语言系统，其能依据指令，结合自身知识储备，从多个维度展开论述，产出逻辑清晰、内容丰富且贴合需求的文本内容。

Q:

帮我写一篇关于 AI 未来趋势的博客，确保体现出机器学习算法优化、对医疗和交通行业的变革性影响。文章篇幅短，通俗易懂。

AI 未来趋势：更聪明、更高效、更贴近生活

AI 正在以前所未有的速度改变世界，未来几年，它的发展将更加深入我们的生活。今天，我们就来聊聊 AI 未来的三大关键趋势：更高效的机器学习算法、医疗行业的革命，以及交通出行的智能化。

1. 机器学习算法优化：让 AI 更聪明

过去的 AI 依赖海量数据训练，但未来，它会更高效。

小样本学习：AI 能用更少的数据学会任务，降低计算成本。

可解释 AI：让 AI 的决策过程更透明，比如解释为什么拒绝你的贷款申请。

边缘计算：AI 直接在手机、汽车等设备上运行，反应更快，隐私更好。

为什么重要？这意味着中小企业也能用上 AI，而不仅仅是科技巨头。

……（生成内容太多，这里不过多描述）

作为普通人，我们可以：

✅ 拥抱 AI 带来的便利（如健康监测、智能导航）。

⚠ 关注数据隐私，合理使用 AI 工具。

未来已来，你准备好了吗？

除了上述写作辅导应用场景外，DeepSeek 还可应用内容营销（社交媒体与电子邮件营销等）、教育培训（教学资源制作、学生写作练习）、智能客服（自动回复、常见问题解答）、娱乐互动（游戏剧情设计、虚拟社交）等内容生成类场景。

2.2.3　数据分析类

DeepSeek 不仅能处理简单的数据任务，还能完成从销售趋势分析、数据可视化到生成商业报告等复杂工作。对于日常 Excel 的处理、市场研究、企业数据决策，DeepSeek 都是一个得力助手。

1. 分析 Excel 销售数据

..\2023—2024 年度销售数据表格 .xlsx，请帮我分析销售趋势，并总结关键增长点。

销售趋势分析及关键增长点总结

一、销售趋势

1. 年度销售趋势

2023 年：总销售额为 6877 元，总销售数量为 145 元。

2024 年：总销售额为 7669 元，总销售数量为 157 元。

销售额同比增长 (7669−6877)/6877×100%≈11.5%，销售数量同比增长 157−145/145×100%≈8.3%。

结论：2024 年销售额和销售数量均实现增长，销售额增长幅度高于销售数量增长幅度，表明商品单价可能有所提升或高单价商品销售占比增加。

2. 季度销售趋势

2023 年各季度销售额：

第 1 季度：480+550+480=1510。

第 2 季度：588+638+656=1882。

第 3 季度：720+780+765=2265。

第 4 季度：645+684+581=1910。

2024 年各季度销售额：

第 1 季度：572+616+567=1755。

第 2 季度：690+708+756=2154。

第 3 季度：816+868+870=2554。

第 4 季度：720+754+688=2162。

……（生成内容太多，这里不过多描述）

结论：所有商品销售额均实现增长，其中商品 C 增长最快（16.1%），其次是商品 A（15%）。商品 B 销售额基数最大，但增长率略低于其他商品。

二、关键增长点总结

商品 C 的突出表现：销售额增长最快（16.1%），主要得益于销售数量增加和单价小幅提升。这可能是因为市场对新功能或高性价比的认可，建议进一步分析其增长动因。

商品 A 的单价驱动增长：单价增长显著（7.6%），可能是产品升级或品牌溢价的结果。需关注客户对涨价的接受度，避免未来需求下滑。

第 3 季度的季节性高峰：两年中第 3 季度均为销售高峰，可能与暑期或节日促销相关。建议提前备货并加大营销力度，以获最大化旺季收益。

客户拓展与维护：2024 年新增客户（如 AA、BB 等），可能贡献了部分增长。需关注高价值客户（如客户 FF 单笔金额较高）的维护策略。

三、建议

商品 C：加大生产和营销投入，巩固其增长势头。

商品 A：平衡单价与销量，避免过度涨价影响客户忠诚度。

季节性策略：针对第 3 季度设计专项促销活动。

客户分析：进一步研究高贡献客户的需求，制订个性化服务方案。

2. 财务自动生成可视化报表

Q:

..\2023—2024 年度利润表 .xlsx，帮我分析影响盈利的因素，并用图表展示。

影响盈利的关键因素分析

1. 收入增长驱动

营业收入同比增长 11.5%，是利润增长的核心动力（与销售数据中商品 A/C 的单价提升、销量增加一致）。

建议：进一步优化高增长商品（如商品 C）的供应链，维持收入增速。

2. 成本费用控制

营业成本、销售费用、管理费用均与收入同比例增长（假设为固定占比），未实现成本优化。

关键问题：费用率未下降，导致营业利润增长率与收入一致（11.5%），未形成杠杆效应。

建议：通过规模化采购或流程优化降低营业成本占比（如从 60% 降至 58%）。

3. 所得税影响

净利润增长率（11.1%）略低于营业利润，因所得税费用随利润增加而上升。不同季度对比如图 2–1 所示，不同商品销售数量占比对比如图 2–2 所示。

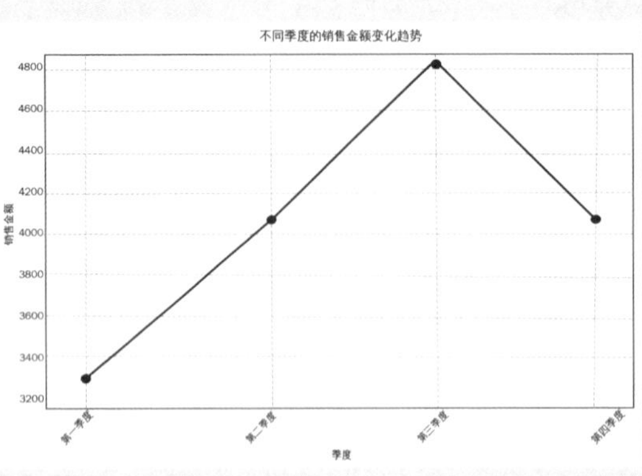

图2–1

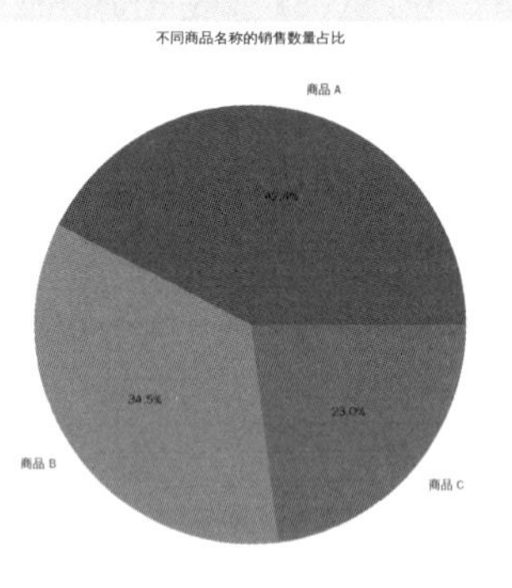

图2–2

建议：合理利用税收优惠政策（如研发费用加计扣除）降低税负。

除了进行销售、财务数据分析外DeepSeek还能应用于医疗健康（疾病诊断、药物研发等）、教育研究（学生成绩分析、教学效果评估等）、社会科学研究（人口统计分析、舆情分析等）以及工业生产（质量控制、流程优化等）等数据分析类场景。

2.2.4 格式要求类

在运用DeepSeek时，若期望输出内容符合特定格式，可借助格式要求类提示词，如下面示例所示。

Q:

请以APA格式为我生成关于AI伦理问题研究的文献综述部分，要求包含至少5篇参考文献，并按照APA格式规范进行引用标注，同时段落排版需首行缩进2个字符，字体为宋体小四号。

文献综述：AI伦理问题研究

随着AI技术的快速发展，其伦理问题日益受到学界关注。本文综述了AI伦理领域的核心议题，包括算法偏见、隐私保护、责任归属、自主决策的边界以及对就业的影响。

首先，算法偏见是AI伦理中的关键问题。Crawford（2021）指出，训练数据的偏差会导致AI系统强化社会不平等，如在招聘和司法领域中的性别或种族歧视（p.45）。类似地，Mehrabi等（2022）通过实证研究发现，自然语言处理模型常隐含对少数群体的刻板印象，呼吁建立更公平的数据标注规范（p.12）。

其次，隐私保护问题在AI应用中尤为突出。Zuboff（2019）提出“监控资本主义”概念，批评企业通过AI技术滥用用户数据谋利，强调需立法限制数据采集范围（p.78）。而Floridi（2021）则从哲学角度论证，AI设计应遵循“隐私嵌入”原则，将隐私保护作为技术开发的默认设置（p.203）。

此外，责任归属问题尚未形成共识。Bostrom和Yudkowsky（2020）认为，当AI系统造成损害时，开发者、运营商与用户应承担连带责任（p.315）。相反，Bryson（2021）主张通过“技术透明化”明确责任链条，如要求AI系统提供可解释的决策日志（p.94）。

最后，AI对就业的冲击引发伦理争议。Acemoglu和Restrepo（2022）通过经济模型证明，AI可能导致低技能岗位永久性消失，建议政府实施再培训计划（p.156）。而Ford（2020）则乐观预测，AI将创造新型职业，但需重构社会保障体系以应对过渡期风险（p.67）。

（注：实际排版时需设置宋体小四号字体，段落首行缩进2字符。）

2.2.5 逻辑推理类

基于 DeepSeek 强大的语言理解能力，如果提示词具有逻辑推理性质，便能引导 DeepSeek 进行深度逻辑分析，如下面示例所示。

1. 结果类推理

Q:

基于某电商平台商品好评率与销量呈正相关，且某新款商品质量过硬、功能创新(初始条件)，通过消费者购买决策受产品口碑影响，以及质量和功能是影响好评率关键因素的原理（中间推理步骤所涉及的原理），推导出该新款商品在平台上有望获得高销量的结论，详细阐述每一步的推理过程。

1. 初始条件

（1）电商平台商品好评率与销量呈正相关：好评率越高，销量也倾向于越高；好评率越低，销量也倾向于越低。

（2)某新款商品质量过硬、功能创新：该商品的核心特点，表明其在质量和功能上有显著优势。

2. 中间推理步骤所涉及的原理

（1）消费者购买决策受产品口碑影响：口碑主要通过用户评价（如好评率）体现。消费者在电商平台购物时，往往会参考其他用户的评价来判断商品的好坏。好评率高的商品更容易获得消费者的信任，从而增加购买意愿；反之，好评率低的商品会降低消费者的购买意愿。

（2）质量和功能是影响好评率的关键因素：商品的质量过硬（如耐用、可靠）会减少用户的负面体验，从而减少差评，提高好评率；功能创新（如解决用户痛点、提供新体验）会提升用户的满意度，从而增加好评。

3. 详细推理过程

（1）从商品特点到好评率：由于该新款商品“质量过硬”，用户在使用过程中不太可能遇到质量问题（如损坏、性能不达标等）。因此，因质量问题产生的差评会很少；由于该商品“功能创新”，其创新功能可能更好地满足用户需求或提供新体验，从而更容易获得用户的好评。

结合“质量和功能是影响好评率的关键因素”，可以推导出该商品的好评率会较高。

（2)从好评率到销量：由于“好评率与销量呈正相关”，因此较高的好评率会推动销量的增长；由于同时，“消费者购买决策受产品口碑影响”，因此高好评率会增强消费者的购买信心，进一步促进销量。

因此，该商品的高好评率会转化为高销量。

（3）其他潜在影响因素：如果该商品的定价合理、营销推广到位、竞争环境有利（如竞品无明显优势)，会进一步强化高销量的结论；但如果存在其他负面因素(如价格过高、物流服务差、竞品更强），可能会部分抵消好评率对销量的正向影响。但题目未提及这些因素，因此可以忽略。

4. 结论

基于以上推理链条：质量过硬 + 功能创新→高好评率；高好评率 + 口碑影响 + 好评率与销量正相关→高销量。

因此，该新款商品在平台上有望获得高销量。

2. 剧情类推理

Q:

在一个宁静的小镇上发生了一起盗窃案。珠宝店的一批名贵钻石被盗，警方迅速锁定了 3 名嫌疑人：杰克、汤姆和亨利。

警方通过调查，获取了以下线索。

（1）盗窃发生时，杰克和汤姆要么都在现场，要么都不在现场。

（2）汤姆和亨利两人中至少有一人在现场。

（3）如果杰克在现场，那么亨利一定会在现场。

请问，这 3 人中谁一定参与了盗窃？

提示：通过对每个线索进行逻辑分析和组合推理，逐步排除不可能的情况。

解题思路：首先需要列出所有可能的在场组合（共 $2^3=8$ 种可能），然后根据 3 条线索逐一排除不符合的情况，最后剩下的就是唯一可能的组合。

符号说明：用 J 表示杰克在场，¬J 表示杰克不在场；用 T 表示汤姆在场，¬T 表示汤姆不在场；用 H 表示亨利在场，¬H 表示亨利不在场。

所有可能的组合共有 8 种。

（1）J,T,H。

（2）J,T,¬H。

（3）J,¬T,H。

（4）J,¬T,¬H。

（5）¬J,T,H。

（6）¬J,T,¬H。

（7）¬J,¬T,H。

（8）¬J,¬T,¬H。

现在用 3 条线索逐一排除不可能的组合。

根据线索 1，杰克和汤姆的状态相同，即要么 J ∧ T，要么 ¬J ∧ ¬T，因此排除以下组合（杰克和汤姆状态不同）。

（1）J,¬T,H（组合 3）。

（2）J,¬T,¬H（组合 4）。

（3）¬J,T,H（组合 5）。

（4）¬J,T,¬H（组合 6）。

剩下的可能组合如下。

（1）J,T,H。

（2）J,T,¬H。

（3）¬J,¬T,H。

（4）¬J,¬T,¬H。

根据线索 2，汤姆或亨利至少一人在场，即 T ∨ H。

……（推理过程太长，暂且省略，如果读者感兴趣，可自行向 DeepSeek 提问）

结论：亨利一定参与了盗窃。

除此之外，逻辑推理还能应用于科学研究（假设验证、理论推导）、商业分析（市场趋势预测、竞争策略制定)、游戏娱乐(解谜游戏、策略游戏)、日常决策(选择判断、利弊分析)等逻辑推理类场景。

2.2.6 创意启发类

人们可以将自己的想法提供给 DeepSeek，让 DeepSeek 帮助人们启发创意。

Q:

我们想做一款智能手表，面向对象是年轻人，并结合当下流行的元宇宙。请根据以上条件，为我提供一个广告创意，描述创意的核心概念、表现形式及预期效果。

广告创意：MP 智能手表——你的元宇宙通行证

一、核心概念："现实与虚拟的脉搏同步"

MP 是一款专为 Z 世代设计的智能手表，将健康监测、社交互动与元宇宙体验无缝结合。它不仅记录你的心跳、运动数据，还能同步你在虚拟世界中的身份和活动，成为连接现实与数字生活的关键设备。

二、表现形式

1. 广告片叙事(15～30 秒短视频)

开头：一位年轻人在晨跑，MP 实时显示他的心率、步数和卡路里消耗。

转折：他路过一面 AR 广告屏，手表自动弹出提示："你的虚拟演唱会即将开始。"

高潮：他轻点表盘，瞬间进入元宇宙场景——置身于万人虚拟演唱会，手表同步他的心跳节奏，让虚拟形象随真实生理状态动态变化(如兴奋时角色发光)。

结尾：画面切回现实，他继续跑步，画外音："MP——你的现实，你的元宇宙，同步跳动。"

2. 互动营销

AR 体验：用户扫描手表包装或海报，触发元宇宙迷你游戏，用手表完成挑战后可兑换虚拟服饰或 NFT 徽章。

社交裂变：佩戴 MP 的用户在元宇宙中相遇时，手表会振动提示"附近有同款玩家"，鼓励线下社交。

……(生成内容太多，这里不过多描述)

Slogan 候选：

"心跳不止，世界无界。"

"MP：现实虚拟，由你定义。"

这款创意既突出产品功能，又绑定元宇宙潮流，符合年轻人对个性化和科技沉浸感的追求。

DeepSeek 具有强大的搜索和整合引擎，创意技法成熟。用户只要将自己的想法输入 DeepSeek，DeepSeek 就能生成一个兼具创新性与可行性的创意方案，从概念雏形到细化执行步骤一应俱全。无论是商业推广策略、艺术创作构思，还是生活中的趣味点子，DeepSeek 生成的创意方案都能精准贴合人们的需求，为人们开辟全新思路。

2.2.7 多轮交互类

对于一些问题，当 DeepSeek 不能一次性给出完整满意的回答时，可以与 DeepSeek 进行多轮交互，反复迭代，DeepSeek 会联系上下文对问题进行深入并完善。下面以公司策划团建活动为例进行介绍。

Q:

我要策划一场面向公司员工的团建活动，请从活动类型选择方面给些建议。

策划一场成功的团建活动，关键在于选择符合团队特点、能激发参与热情且达到预期效果的活动类型。以下是针对不同需求的活动类型建议，分为经典常规型和创意新颖型两大类，供你参考。

一、经典常规型（适合大多数团队）

1. 户外拓展训练

形式：攀岩、绳索挑战、信任背摔、团队接力赛等。

优点：提升团队协作、沟通与信任，适合需要突破舒适圈的团队。

注意点：需提前评估员工体能，避免高风险项目。

2. 主题运动会 / 趣味竞技

形式：趣味运动会（拔河、两人三足、躲避球）、迷你马拉松、彩虹跑等。

优点：轻松活泼，适合释放压力，增强凝聚力。

3. 手工 DIY/ 创意工坊

形式：陶艺、油画、木工、烘焙、香薰蜡烛制作等。

优点：激发创造力，适合偏静或艺术型团队，活动成果可带走留念。

4. 沉浸式剧本杀 / 密室逃脱

形式：团队合作解谜、角色扮演（可选职场主题或古风悬疑）。

优点：锻炼逻辑思维和分工协作，年轻人参与度高。

……（生成内容太多，这里不过多描述）

Q:

如果选择户外拓展类型，有哪些适合在城市周边开展的具体项目，且能同时满足团队协作与趣味性需求？

以下是适合在城市周边开展的户外拓展项目，兼顾团队协作与趣味性，且无须复杂装备或长途跋涉，轻松落地执行。

一、轻量级协作挑战类

1. 团队定向寻宝

形式：分组利用地图 /App，在城市公园或景区完成打卡任务（如解谜、拍照、收集物品）。

协作点：分工规划路线、共享线索，考验沟通与资源分配。

趣味点：加入“隐藏 NPC”或反转任务（如用方言完成挑战）。

2. 极限飞盘争夺赛

形式：分组进行飞盘传递比赛，规则简单但需高度配合。

协作点：无身体对抗，依赖团队传盘策略。

趣味点：加入“突然死亡”规则（最后 1 分钟得分翻倍）。

……（生成内容太多，这里不过多描述）

选择建议

预算有限：优先“定向寻宝”“飞盘争夺赛”，道具成本低。

年轻团队：选择“鱿鱼游戏”“水球大战”，互动强，拍照出片。

亲子团建：适合“生态徒步”“荒野厨房”，孩子也能参与。

确定了团队定向寻宝，在活动组织流程上，从前期准备、现场执行到后期总结，每个阶段的关键步骤有哪些？

以下是团队定向寻宝活动的完整组织流程，分前期准备、现场执行、后期总结3个阶段，涵盖所有关键步骤和细节，确保活动流畅且有趣。

一、前期准备阶段

1. 确定活动框架

目标：破冰？提升协作？还是纯娱乐？

时间：建议3～4小时（含讲解和总结）。

地点：城市公园 / 文创园 / 大学校园（需提前确认是否需报备）。

预算：道具、奖品、保险等。

2. 设计任务与规则

任务类型（每组58人）：必做任务有解谜、拍照打卡（如“全组模仿雕塑姿势”）；隐藏任务有随机触发（如“向路人收集签名”），反转规则为最后10分钟公布（如“得分最低组可抢夺其他组一条线索”）。

评分标准：完成任务数量、创意度、时间效率。

3. 物资准备

基础物资：任务卡 / 电子线索（推荐用微信小程序或二维码）、地图（纸质或电子版）、对讲机 / 微信群沟通、队旗、记号笔、计时器。

道具：谜题道具（密码锁、拼图碎片）、拍照道具（搞笑头套、公司LOGO手举牌）。

4. 人员分工

工作人员：裁判（监督规则）、NPC（发放隐藏任务）、摄影跟拍、安全员（处理突发情况）。

分组：提前混合不同部门，避免小团体扎堆。

5. 提前通知

邮件 / 群公告告知：时间地点、着装建议（运动鞋）、禁止单独行动；预热小任务（如“提前想好队名和口号”）。

……（生成内容太多，这里不过多描述）

当无法从一个问题得到自己想要的确切的答案时，就需要耐心地与DeepSeek进行多轮交互，以得出自己满意的答案。每一轮交互都是探索的深入，DeepSeek能基于用户补充的细节与偏好，持续优化答案。用户可逐步阐明心中所想，从不同角度抛出疑问，DeepSeek会像经验丰富的向导，引领用户穿越思维迷雾，直至抵达理想答案的彼岸，收获远超预期的洞察与启发。

2.2.8 对比分析类

当需要进行对比分析，如“对比安卓和苹果手机系统在隐私保护方面的差异”时，可向DeepSeek清晰罗列对比对象与分析维度，指令可为“从数据加密方式、应用权限管理、用户数据收集政策等方面，详细对比安卓和苹果手机系统在隐私保护上的不同之处，以表格形式呈现”。

DeepSeek 能整合相关信息，从多方面对比剖析，让差异一目了然，助力用户在产品选型、方案评估、市场调研等场景中，基于客观对比做出明智决策。

Q:

对比小米手机和苹果手机在性能（处理器性能、显卡性能）、价格、外观设计特点方面的差异，以表格对比和段落对比阐述相结合的形式展示，并总结各自优势与劣势。

以下是小米手机和苹果手机(以旗舰机型为例，小米 14Pro vs iPhone 15Pro)在性能、价格、外观设计等方面的对比分析，如表 2–3 所示。

表 2–3

对比维度	小米 14Pro	iPhone 15Pro
处理器性能	骁龙 8Gen3（3.3GHz，多核性能强）	A17Pro（3.78GHz，单核性能 + 能效领先）
显卡性能	Adreno750（游戏优化强，支持高帧率）	Apple6 核 GPU（光追支持，Metal 优化更佳）
价格（起售）	¥4999（12+256GB）	¥7999（128GB）
外观设计	曲面屏 + 陶瓷 / 玻璃机身，极窄边框	钛金属直角边框，超瓷晶面板，更轻薄
屏幕	2K 120Hz AMOLED（LTPO 自适应刷新）	1.5K 120Hz ProMotion OLED（色彩校准更准）
扩展性	支持快充（120W）+ 反向充电	仅 27W 快充，无反向充电

二、分项对比分析

1. 性能表现

（1）处理器。

苹果 A17Pro：单核性能碾压安卓阵营，能效比极高（续航更强），适合高强度应用（如视频剪辑）。

骁龙 8Gen3：多核性能接近 A17Pro，但功耗略高，优势在于兼容性强（支持更多安卓生态）。

（2）显卡。

iPhone：Metal 引擎优化佳，适合《原神》《崩坏》等大作的光追效果。

小米：Adreno 显卡 + 狂暴引擎调校，高帧率游戏（如《王者荣耀》120 帧）更稳定。

小结：苹果性能更高，小米性价比更优。

……（生成内容太多，这里不过多描述）

四、选购建议

选小米 14Pro，如果：

- ✅ 预算有限但想要旗舰性能。
- ✅ 注重快充 / 游戏体验。

- [x] 喜欢安卓系统的开放性。

选 iPhone 15Pro，如果：

- [x] 追求无缝生态（Mac/iPad 联动）。
- [x] 重视长期系统流畅度。
- [x] 愿意为品牌和设计买单。

最终决策点：预算和生态偏好 > 绝对性能差距。

2.2.9 总结归纳类

DeepSeek 的总结归纳功能在处理大量信息时极具实用价值。当面对诸如长文、会议记录、分析报告等繁杂资料，期望提炼要点时，只需向 DeepSeek 清晰下达指令，明确需总结的内容范围以及期望呈现的方式，如概括特定领域在不同方面的应用情况并以简洁段落展示，DeepSeek 便会凭借智能算法快速梳理文本，精准提取关键信息，将冗长复杂的资料高效浓缩为精练要点，助力用户节省时间，迅速抓住核心内容。

Q:

对关于演唱会调研的多组数据，包括用户需求偏好、竞争对手产品特点、市场份额变化进行总结归纳，以图表和简短文字说明相结合的形式展示核心信息，并总结该产品在市场中的竞争态势。

以下是针对演唱会市场调研数据的总结归纳，结合图表与文字分析，并提炼竞争态势结论。

一、用户需求偏好（核心数据）

观众购票决策因素如表 2-4 所示。

表 2-4

因素	占比 /%	备注
票价合理性	42	学生群体对折扣票需求最高
艺人知名度	35	头部艺人贡献 70% 票房
现场体验（音响 / 舞美）	15	Z 世代更看重沉浸式互动（如 AR）
交通便利性	8	二三线城市观众最关注

文字说明：用户更倾向于“高性价比 + 强互动”的演唱会，单纯依赖艺人流量的模式正在被体验需求稀释。

二、竞争对手产品特点对比

主流演唱会服务商对比如表 2-5 所示。

表 2–5

品牌	核心优势	劣势	市场份额（2023）/%
A 公司	独家签约顶流艺人	票价溢价严重	38
B 公司	科技赋能（VR 直播 / 数字票务）	线下场地覆盖不足	25
C 公司	下沉市场低价票策略	内容同质化(多为拼盘演出）	18
其他	—	—	19

三、市场份额变化趋势

2019—2023 年市场份额对比如下。

A 公司：45% → 38%（受高价策略反噬）。

B 公司：12% → 25%（VR 直播拉动增长）。

C 公司：20% → 18%（下沉市场饱和）。

文字说明：技术驱动型公司（B）份额翻倍，传统依赖艺人的模式增长乏力。

四、市场竞争态势总结

SWOT 分析如表 2–6 所示。

表 2–6

维度	机会与优势	威胁与劣势
机会	Z 世代对科技互动体验需求激增	头部艺人签约成本持续走高
威胁	短视频平台分流线下观众（如线上演唱会）	政策对票务黄牛打击影响短期销量
优势	可整合 AR/ 数字藏品等创新体验	缺乏独家艺人资源
劣势	线下场地合作网络薄弱	用户对票价敏感度高于预期

第03章 日常生活：衣食住行全商定

随着技术的进步，DeepSeek 已经非常完美地融入了日常生活中。DeepSeek 能够作为“生活小助手”，也能成为人们旅游出行的“攻略手册”，抑或成为人们的娱乐休闲活动“推荐官”。本章将探讨 DeepSeek 在日常生活场景中的应用。

3.1 生活小助手

对于生活中的饮食、穿搭、购物等，都可以向 DeepSeek 寻求帮助，要求它帮忙制订计划、给出指南或者提供相关知识。

3.1.1 制订健康饮食计划

DeepSeek 可以根据用户的个人身体状况和具体饮食要求，提供合理的健康饮食计划。

1. 明确提问关键词

为了获得明确的答案，在提问前要向 DeepSeek 提供个人情况，阐述饮食需求。

（1）个人情况：包括身高体重、日常作息、是否有基础疾病、运动禁忌等情况。

（2）饮食需求：包括一日三餐或多餐、需要补充蛋白质、喜欢吃水果蔬菜、每餐营养均衡等需求。

2. 实操案例

Q:

我是身高 165 厘米，体重 55 千克，是糖尿病患者，请你设计一份适合糖尿病患者的健康饮食计划，要求：计划中需包含一日三餐，营养需均衡。

以下是针对你身高 165 厘米、体重 55 千克（标准体重 60 千克）的糖尿病患者设计的健康饮食计划，结合最新指南与多份权威资料综合制定。

1. 基础饮食规划

（1）热量计算。

标准体重：165 厘米～105 厘米应是 60 千克的体重，实际体重 55 千克（偏瘦）。

每日总热量：按 30 千卡 / 千克标准体重计算，60 千克 ×30 千卡 / 千克 =1800 千卡（可酌情增加至 2000 千卡）。

（2）营养配比。

碳水化合物：50%（225 克）→优先低 GI 全谷物，占主食 1/3 以上。

蛋白质：20%（90 克）→需补充优质蛋白。

脂肪：30%（60 克）→以不饱和脂肪酸为主。

2. 具体三餐安排（总热量 1800 千卡）

（1）早餐（7 ∶ 00 ～ 8 ∶ 00）约 450 千卡。

主食：燕麦片 40 克（煮粥）+ 蒸玉米半根（100 克）。

蛋白质：水煮蛋 1 个 + 无糖豆浆 200 毫升。

蔬菜：凉拌西蓝花 100 克（橄榄油 3 克）。

加餐（10 ∶ 00）：核桃仁 15 克（约 3 颗）。

营养解析：燕麦含 β- 葡聚糖，可延缓糖吸收；玉米提供抗性淀粉；西蓝花富含铬元素，可增强胰岛素敏感性。

（2）午餐（12 ∶ 00 ～ 13 ∶ 00）约 600 千卡。

主菜：清蒸鲈鱼 120 克（或去皮鸡腿肉 100 克）。

主食：杂粮饭（糙米 30 克 + 黑米 20 克）。

蔬菜：蒜蓉空心菜 200 克 + 凉拌木耳 150 克。

豆制品：豆腐虾仁汤（嫩豆腐 80 克 + 鲜虾仁 30 克）。

加餐（15 ∶ 30）：苹果 100 克（约半个）。

烹饪要点：鱼肉用柠檬汁去腥；杂粮提前浸泡 2 小时，以减少升糖指数；蔬菜急火快炒，以保留营养素。

……（生成内容太多，这里不过多描述）

3. 关键执行原则

（1）烹饪禁忌。

禁用糖醋、红烧、勾芡等烹饪方式，每日食盐≤ 5 克。

避免稀粥、糊化面条等易升糖食物，杂粮占比不超过主食 1/3（防胃肠负担）。

（2）营养强化。

每周食用 2 次深海鱼（三文鱼 / 鳕鱼），补充 ω-3 脂肪酸。

每日保证 20 克坚果摄入，补充维生素 E 和膳食纤维。

建议每 3 个月进行体成分检测，定期到营养科调整食谱。该方案需配合个体化血糖监测记录的膳食日记模板，初始执行阶段建议连续记录 3 天饮食与血糖对应关系。

DeepSeek 制订的计划中包括每日的总热量要求及脂肪、蛋白质、碳水化合物的配比，并给出了三餐的具体安排和一些执行该饮食计划需要注意的问题。

3.1.2　提供宠物养护知识

如果家里养了可爱的小动物，但是不太了解宠物的习性，不懂如何喂养宠物，此时 DeepSeek 就可以成为小助手，提供宠物养护知识。

1. 明确提问关键词

为了获得明确的答案，提问前需要和 DeepSeek 描述宠物的基本情况，说明想了解的知识。

（1）宠物的基本情况：包括物种、品种、外形、习性等情况。

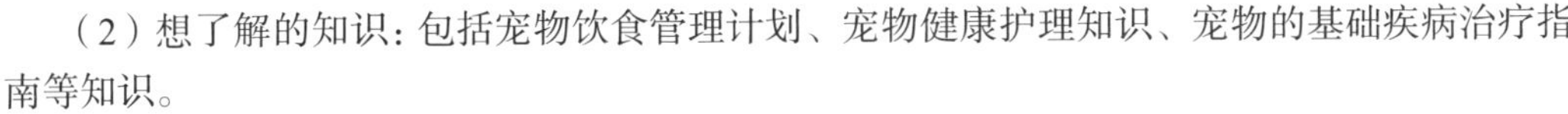

（2）想了解的知识：包括宠物饮食管理计划、宠物健康护理知识、宠物的基础疾病治疗指南等知识。

2. 实操案例

Q:

我养了一只小狗，它是一只比熊犬，体型小巧，白色的毛发蓬松卷曲。它温顺乖巧，对人很友善，没有攻击性，眼角总是有眼泪。请你给我分享一些比熊的养护知识，要求：包括饮食管理、健康需求、毛发养护。

比熊犬是一种非常受欢迎的宠物犬，因其温顺、友善的性格和蓬松的白色毛发而备受人们喜爱。以下是关于比熊犬的饮食管理、健康需求和毛发养护的详细建议。

1. 饮食管理

（1）幼犬期（2～12个月）：比熊幼犬需要频繁喂食，建议每天喂食3～4次，每次30～40克，狗粮需泡软至无硬芯。

（2）成犬期（1～7岁）：成年比熊犬每天喂食1～2次，主食量为体重（千克）×30千卡，如5千克的比熊犬每天约喂食150克。

（3）老年期（7岁以上）：老年比熊犬的新陈代谢慢，建议减少20%的热量摄入，并增加关节养护成分，如葡萄糖胺和软骨素。

（4）营养均衡：比熊犬的饮食应包含高质量的蛋白质、适量的必需脂肪酸、丰富的维生素和矿物质。避免喂食人类剩饭剩菜，尤其是高盐、高脂肪的食物。

（5）喂食技巧：定时喂食，保持食物新鲜，定期检查体重，并根据兽医建议调整饮食计划。

……（生成内容太多，这里不过多描述）

3. 毛发养护

（1）日常梳理：每天至少梳理一次毛发，交替使用针梳和排梳，防止毛发打结。梳理时应从毛尖开始，逐渐过渡到根部，动作轻柔。

（2）定期洗澡：夏季每1～2周洗一次，冬季每2～3周洗一次。使用宠物专用沐浴露，避免使用人类产品，以免导致毛发干燥。

（3）修剪毛发：每隔1～2个月带比熊犬去专业宠物美容店修剪毛发，保持其可爱造型。

（4）眼部护理：定期修剪眼周毛发，减少泪痕沾染，并使用犬用眼药水清洁眼部。

通过科学的饮食管理、健康护理和毛发养护，你可以为你的比熊犬提供健康、快乐的生活环境。希望这些建议对你有所帮助！

DeepSeek给出了不同年龄阶段的比熊犬的饮食习惯，在营养均衡和喂食技巧上提供了建议；针对比熊眼角有眼泪的问题，给出了泪痕管理和眼部护理的建议；其他相关的健康需求和毛发养护，包括疫苗接种、洗澡、剪毛，DeepSeek都提出了时间间隔上的建议，非常贴心。

3.1.3 提供日常穿搭指南

当面对一整个衣柜的衣服，却不知如何搭配时；当面对不同的天气，不知该穿什么衣服时；当有重要聚会，却不会进行服装搭配时……DeepSeek都能根据具体的情况，提供合理的穿搭指南。

1. 明确提问关键词

为了获得明确的答案，提问前需要和 DeepSeek 明确个人情况及穿搭需求。

（1）个人情况：包括身高、体重、个人形象、穿搭习惯、搭配喜好等情况。

（2）穿搭需求：包括需要搭配适合哪种场合的衣服、在色系风格上的具体要求。

2. 实操案例

Q:

我的身高是 165 厘米，体重是 55 千克，年龄 30 岁，腰围 67 厘米，大腿围 50 厘米，小腿围 30 厘米；我有“八字”刘海，长度在耳上；我是梨形身材，小腿肌肉发达，肤色偏黄。请你给我推荐适合我的穿搭风格，并搭配出适合我的日常穿搭，要求：适合日常出门，掩盖我的身材缺点，突出我的身材优点。

根据你的身材特点和需求（梨形身材、小腿肌肉发达、肤色偏黄），结合时尚穿搭法则，为你推荐以下搭配方案。

一、基础穿搭法则

1. 扬长避短核心

（1）突出优势：通过收腰设计强调 67 厘米细腰，展现上半身纤细线条。

（2）修饰劣势：用 A 字裙、阔腿裤等单品遮盖臀部 / 大腿，硬挺面料直筒裤修饰小腿肌肉。

（3）配色技巧：上浅下深（如米色 + 深蓝），利用深色收缩下半身；暖调色系（姜黄、酒红），提亮偏黄肤色。

2. 细节优化

（1）选择 V 领 / 方领上衣，拉长颈部线条；搭配锁骨链，转移视觉焦点。

（2）鞋履选浅口单鞋 / 尖头穆勒鞋，延伸小腿线条。

二、推荐日常穿搭组合

方案 1：通勤知性风

（1）上装：米白色收腰衬衫（腰部褶皱设计强化曲线）。

（2）下装：深咖色高腰直筒西装裤（裤长盖住脚踝，硬挺面料修饰腿型）。

（3）外套：燕麦色 H 形中长款风衣（遮盖臀部，显身形修长）。

（4）鞋包：裸色尖头乐福鞋 + 同色系托特包（视觉增高 5 厘米）。

适配场景：办公室、客户会议。

……（生成内容太多，这里不过多描述）

三、避雷单品清单

1. 慎选款式

（1）紧身牛仔裤 / 铅笔裤（暴露臀腿缺陷）。

（2）超短包臀裙（强调臀部宽度）。

（3）荧光色下装（膨胀感加重下半身存在感）。

2. 发型建议：搭配金属质感耳圈 / 贝雷帽，平衡耳上长度刘海的少年感，增添女性柔美气息。

四、肤色适配色卡

肤色适配色卡如表 3-1 所示。

表 3-1

推荐色系	代表单品	效果说明
暖调米色 / 浅卡其	针织开衫、风衣	中和黄调，显气色红润
砖红 / 陶土色	半裙、围巾	提升肤色明亮度
深牛仔蓝	直筒裤、A 字裙	收缩下半身，经典不出错
薄荷绿	真丝衬衫	冷调中和暖黄皮，显清爽

可根据季节变化调整材质（春夏季选择棉麻、雪纺，秋冬季选择毛呢、针织），保持修饰效果的同时提升穿搭舒适度。

以上示例中，DeepSeek 根据个人优缺点，扬长避短，给出了基础的穿搭法则，并推荐了通勤知性风、休闲减龄风、优雅轻熟风 3 款适合日常生活的穿搭，还避雷了一些不适合的单品清单，并为后续挑选服装提出了肤色适配的相关建议。

3.1.4 推荐日常购物

在购物前，人们往往会耗费许多时间精力，反复对不同产品进行“种草”又“拔草”，将不同产品进行反复比对，最后发现无论是哪一款产品都褒贬不一，使人陷入难以抉择的境地。此时，可以借助 DeepSeek 进行产品信息筛选，以用最少的时间挑好心仪的产品。

1. 明确提问关键词

为了获得明确的答案，提问前需要和 DeepSeek 明确购物类型及产品需求。

（1）购物类型：包括产品类型（食品 / 日用品 / 家居用品 / 电子产品）、购物渠道、购物频率等情况。

（2）产品需求：包括品牌偏好、风格审美偏好、价格预算等需求。

2. 实操案例

Q:

我今年30岁，夏天是混油皮；鼻子容易出油；冬天是混干皮。脸颊干燥脱皮。敏感肌，毛孔粗大，黑眼圈严重。请你给我推荐护肤品，产品要求：能够改善毛孔粗大，淡化黑眼圈，有美白效果。

针对你的肤质和需求，结合多个权威护肤评测和产品分析，推荐以下护肤品组合。

一、毛孔粗大改善方案

1. YSL 夜皇后精华

（1）核心成分：水油分离配方（含 3.4% 甘醇酸 + 白池花籽油）。

（2）功效：温和代谢角质，调节油脂分泌，改善毛孔堵塞问题，同时油相成分缓冲酸类刺激，适合敏感肌。

（3）用法建议：夜间使用，每周 2 ～ 3 次，搭配舒缓类产品。

2. XZ 蜗牛原液精华

（1）核心成分：天然蜗牛原液（含糖蛋白和尿囊素）。

（2）功效：通过促进胶原蛋白生成细腻毛孔，同时修护敏感肌屏障，改善外油内干问题。

（3）适用场景：早晚均可，作为肌底液或单独精华使用。

二、黑眼圈淡化方案

1. 兰蔻发光眼霜

（1）核心成分：二裂酵母 + 小球藻提取物 + 咖啡因。

（2）功效：针对血管型黑眼圈（熬夜型），促进微循环，淡化青紫色暗沉；酸奶质地清爽，油皮无负担。

2. 海蓝之谜浓缩修护眼霜

（1）核心成分：3 倍浓缩神奇活性精萃 + 海洋明眸酵素。

（2）功效：强效修护眼周敏感，搭配银质导入棒按摩可缓解浮肿，适合长期色素沉淀型黑眼圈。

……（生成内容太多，这里不过多描述）

五、组合使用建议

组合使用建议，如表 3–2 所示。

表 3–2

步骤	晨间护肤	夜间护肤
清洁	氨基酸洁面	卸妆油 + 氨基酸洁面
爽肤水	黛珂焕白水（提亮）	CPB 钻光精华（促吸收）
精华	宣致蜗牛原液（全脸）	YSL 夜皇后（T 区）/ 娇韵诗双萃
眼霜	兰蔻发光眼霜	海蓝之谜浓缩眼霜
乳液 / 霜	黛珂焕白乳	如新湿凝霜（敏感期）

注意事项：

（1）酸类产品需逐步建立耐受，敏感肌建议从每周 1 次开始。

（2）美白成分（如烟酰胺、曲酸）可能引发敏感，首次使用前建议进行耳后测试。

（3）黑眼圈需配合作息调整（23 点前入睡），因为护肤品效果有限。

DeepSeek 针对毛孔粗大、淡化黑眼圈、美白提亮 3 个方面的护肤要求给出了不同的护肤品选项，并指出了它们的核心成分和功效，以供选择；除此之外，DeepSeek 还根据护肤步骤给出了组合使用建议，并针对某些护肤品提出了使用注意事项。

3.1.5 制订健身计划

2025 年是国家卫生健康委员会（以下简称卫健委）提出的“体重管理年”，体重管理不是一味的节食减肥，导致饿到失眠；也不是疯狂跳绳，导致膝盖受伤；更不是为了追求快速瘦身而乱吃减肥药，搞垮新陈代谢。若仍迷茫不知如何安排健身计划，DeepSeek 可以成为健身小助手，制订详细的健身计划。

1. 明确提问关键词

为了获得明确的答案，提问前需要和 DeepSeek 明确个人情况及健身需求。

（1）个人情况：包括身高、体重、年龄、健康状况、运动禁忌、可用运动时间、作息规律等情况。

（2）健身需求：包括健身目标、运动偏好等需求。

2. 实操案例

我是一个身高 165 厘米，体重 55 千克的女生，我的斜方肌发达，有双下巴和脖子前倾状况。

我想通过健身塑形，改善自己的体态，练出优美的肩颈和背部肌肉，同时减掉小肚子，请你给我制订一个合适的健身计划。

根据你的身高体重（165厘米/55千克）和体态需求，结合科学健身原则及多篇专业指南，制订以下综合健身计划。

一、体态矫正与肩背塑形方案

1. 斜方肌舒缓与颈部线条训练（每日15分钟）

（1）胸锁乳突肌拉伸：坐直后头侧倾45°。手轻压头部对侧，保持30秒/侧，3组

（2）YTWL训练：俯身与地面平行，双臂依次摆出Y、T、W、L字母形态，每组10次，强化菱形肌与下斜方肌。

（3）颈部抗阻训练：双手交叉置于后脑勺，头部缓慢后仰对抗阻力，增强颈后肌群。

2. 背部激活与体态重塑（每周3次）

（1）弹力带高位下拉：坐姿固定弹力带，肩胛下沉带动手臂下拉，15次/组×3组（改善圆肩）。

（2）俯身哑铃划船：膝盖微屈，背部挺直，手肘贴紧身体后拉哑铃，12次/组×4组（强化背阔肌）。

（3）靠墙天使：靠墙站立，双臂上下滑动保持贴墙，20次/组×3组（矫正头前倾）。

二、全身减脂与腹部雕刻计划

1. 高效燃脂组合（每周2～3次）

（1）HIIT训练：开合跳+高抬腿+波比跳循环，30秒高强度+30秒休息，持续20分钟。

（2）有氧选择：游泳/椭圆机（保护颈椎）40分钟，或坡度12°速度5m/s的爬坡快走。

2. 核心强化专项（隔日训练）

（1）死虫式进阶：仰卧屈膝抬腿，对侧手脚交替伸展，20次/侧×3组（深层核心激活）。

（2）侧支撑转体：侧平板撑姿势，单手负重转体触地，12次/侧×3组（消除腰腹赘肉）。

（3）真空腹训练：跪姿深吸气后完全呼出，收腹保持30秒×5组（改善腹部松弛）。

……（生成内容太多，这里不过多描述）

五、周期训练安排示例

周期训练安排示例如表3–3所示。

表3–3

时间	周一	周三	周五	周日
早晨	体态矫正训练	HIIT+核心训练	体态矫正训练	游泳/瑜伽
傍晚	背部塑形+有氧	休息/拉伸	背部塑形+核心	户外徒步

注意事项：

（1）训练前必做10分钟动态热身（招财猫/弹力带绕肩）。

（2）斜方肌发达者避免耸肩发力，重点强化前锯肌与菱形肌。

（3）体态改善需8～12周见效，建议每周拍照记录侧面体态变化。

由以上示例可以看出，DeepSeek能根据用户的个人身体状况、健身目标，制订个性化的健身计划，其中包括各个部位的塑形健身运动以及健身频率；同时，DeepSeek以一周为例，给出了健身安排示例和健身注意事项，用户可以依据具体情况对健身计划进行调整。

3.1.6 查询家具修护知识

在生活中，人们有时会遇到以下情况：家里的桌椅出现裂缝、柜子结构松动、沙发出现划痕或者有无法擦除的印记，虽然这些家具没有完全损坏，但既不美观，又影响使用感受。这时，可以寻求 DeepSeek 的帮助，要求它提供一些家居修护的知识。

1. 明确提问关键词

为了获得明确的答案，提问前需要和 DeepSeek 明确家具的基础信息及家具的具体问题。

（1）家具的基础信息：包括家具类型、材质信息、品牌类型、购买时间等信息。

（2）家具的具体问题：包括家具的损坏情况、损坏程度、损坏原因、修护目标等问题。

2. 实操案例

Q:

我有一款 YS 木语的布艺沙发，沙发腿是木质的，坐垫和靠背均是混纺布料，内填海绵。现在它的沙发腿有些松动，坐上去时会发出声音，而且坐垫上有一些无法洗去的污渍。我应该怎么做才能让沙发腿不再松动，并洗去坐垫上的污渍。

一、针对沙发腿松动的解决方法

1. 检查松动原因

确认沙发腿是单纯松动还是存在裂缝或损坏。若沙发腿仅为松动，可进行加固；若有明显损坏，需更换新腿。

2. 加固方法

（1）木材加固（适用于木质腿）：测量沙发腿直径和长度，切割一块相同材质的木块；将木块插入沙发腿底部，用螺丝刀和螺母固定。

（2）胶水加固（辅助措施）：清洁腿与底座接触面后，涂抹木工胶（如白乳胶）；对齐安装并夹紧固定，待胶水完全干燥（通常为 24 小时）后再使用。

二、针对坐垫污渍的清洁方案

1. 日常去污步骤

（1）干洗剂 / 酒精处理：用白色毛巾蘸取干洗剂或高度白酒，从污渍外围向内轻擦；配合软毛刷顺布料纹路轻刷，最后以湿毛巾擦拭残留。

（2）泡沫清洁剂法：摇匀泡沫清洁剂后喷洒污渍处，静置 5 分钟；用冷风挡电吹风吹干泡沫，避免热风损伤纤维。

2. 注意事项

（1）切勿水洗或漂白混纺布料，可能导致缩水或褪色。

（2）清洁后保持通风晾干，防止霉变或异味。

三、后续维护建议

（1）定期翻转坐垫：每周翻转一次，使磨损均匀分布，延长使用寿命。

（2）吸尘清洁：每周用吸尘器清理织物缝隙，减少灰尘堆积。

（3）避免阳光直射：用窗帘遮挡，防止布料褪色老化。

通过以上方法，可有效解决沙发腿松动和污渍问题，同时通过日常维护延长沙发使用年限。若污渍顽固或结构损坏严重，建议联系专业家具维修服务。

针对沙发腿松动和坐垫污渍的问题，DeepSeek 分别提出了解决办法与步骤，并给出了后续维护建议，十分实用。

3.1.7 提供家电使用指南

现代科技发展迅速，家电更新换代的速度越来越快，新型产品层出不穷，人们沉浸在拥有新产品喜悦的同时，也会看着手中的说明书陷入无尽的疑惑与迷茫。如果拥有新家电不会使用，不妨咨询 DeepSeek，让 DeepSeek 提供一个详细的使用指南。

1. 明确提问关键词

为了获得明确的答案，提问前需要和 DeepSeek 明确家电的基础信息及使用家电时遇到的问题。

（1）家电的基础信息：包括产品类型、产品品牌、产品型号、设备状态、购买时间等信息。

（2）使用家电时遇到的问题：包括基础操作、功能疑问、故障现象等问题。

2. 实操案例

Q:

我购买了一款 JY 豆浆机，我不太了解这款豆浆机的使用方法，请你给我一份这款豆浆机的使用指南，要求详细说明制作和清洗步骤，并为我提供一份营养食谱。

以下是为 JY 豆浆机整理的使用指南，综合了制作流程、清洗技巧及营养食谱，助您轻松掌握操作并享受健康饮品。

一、制作豆浆的详细步骤

1. 食材准备

（1）使用量杯取豆类（如黄豆、黑豆）或其他谷物，建议干豆用量为 50～80 克（约 1/3 量杯）。

（2）提前浸泡豆类（黄豆需 6～8 小时，黑豆 4 小时），软化后更易研磨且提升口感。若使用“干豆模式”可免浸泡，但口感稍逊。

2. 加水与食材配比

（1）按豆浆机内胆标注的水位线添加清水，推荐豆水比例为 1 ∶ 12（如 80g 黄豆配约 1000 毫升水）。

（2）食材不宜超过内胆容量的 2/3，避免溢出。

3. 功能选择与启动

（1）插电后，根据食材类型选择对应功能键（如“豆浆”“五谷浆”“米糊”等），K7PRO 可能具备快速模式（约 20 分钟）或浓香模式（30～40 分钟）。

（2）按下启动键，机器自动完成研磨、加热、熬煮，完成后发出“滴滴”提示音。

4. 调味与饮用

倒出豆浆后，可依口味添加糖、蜂蜜或盐调味。建议用滤网过滤豆渣，以获得更细腻口感。

二、清洗与保养指南

1. 日常清洁

（1）及时清洗：使用后立即断电，趁热用清水冲洗刀头、内胆及过滤网（如有），避免豆渣干结。

（2）工具辅助：用附赠的清洁刷轻刷刀片缝隙和杯体死角，注意勿划伤涂层。

（3）防潮处理：用干布擦拭机身外部，避免水分进入电源接口或控制面板。

2. 深度清洁

（1）白醋去垢：每月 1 次，用温水 +10% 白醋溶液浸泡内胆 10 分钟，溶解水垢后冲洗干净。

（2）密封圈检查：定期拆卸刀头组件，清洁密封圈并确保无残留，防止漏液。

……（生成内容太多，这里不过多描述）

通过以上指南，您可充分发挥九阳 K7PRO 的多样化功能，定制健康饮品。若需更多食谱或功能细节，可查阅随机附赠的说明书或参考九阳官方资源。

DeepSeek 详细说明了豆浆制作步骤，并贴心地提供了日常清洗建议、深度清洗建议以及使用时的注意事项；DeepSeek 推荐的食谱中，材料、用量、步骤和功效都有具体的说明，用户可以根据自身要求酌情选择。

3.2 旅游出行攻略

当人们兴致勃勃地决定旅游出行时，选择旅游地点、安排出行计划等旅游前的步骤就已经能难倒许多人。如果因为出去玩找攻略而犯难，如果害怕旅游时踩雷，如果想轻松地开启一段旅程，此时可以咨询 DeepSeek，让 DeepSeek 制定合适的旅游出行攻略。

3.2.1 推荐旅游景点

如果确定好了最终目的地，但却因时间有限，无法游玩每一个景点，此时可以向 DeepSeek 寻求建议，让 DeepSeek 给你推荐一些旅游景点。

1. 明确提问关键词

为了获得明确的答案，提问前需要和 DeepSeek 明确旅游基础信息及个人兴趣偏好。

（1）旅游基础信息：包括出发地 / 目的地、计划出行时间、旅行时长、同行人情况、旅游预算等信息。

（2）个人兴趣偏好：包括旅行类型、活动偏好、避雷倾向、出行方式等偏好。

2. 实操案例

Q:

我打算在 7 月时去新疆旅游；我偏向自然风光优美、文化底蕴深厚的景点，并爱好品尝当地美食。请你给我推荐一些合适的旅游景点。

根据你的需求，结合 7 月新疆的自然风光、文化底蕴和美食特色，为你推荐以下景点和体验。

一、自然风光推荐

1. 赛里木湖

（1）亮点：被称为“大西洋最后一滴眼泪”，湖水清澈见底，7 月湖畔野花盛开，雪山倒映湖面，景色如画。可环湖骑行或徒步，感受高原湖泊的纯净。

（2）特色活动：环湖摄影、体验哈萨克族牧民文化。

2. 那拉提草原

（1）亮点：世界四大草原之一，7 月绿草如茵，野花遍地，牛羊成群。空中草原景观独特，可骑马或乘坐观光车深入山谷。

（2）推荐路线：结合独库公路（中南段）自驾，感受“一天四季”的壮丽。

3. 巴音布鲁克草原

（1）亮点：中国第二大草原，九曲十八弯的开都河日落堪称绝景，夏季天鹅成群栖息于天鹅湖。

（2）最佳时间：傍晚拍摄日落，需注意保暖（昼夜温差大）。

4. 天山神秘大峡谷（库车）

……（生成内容太多，这里不过多描述）

四、行程建议（7～10 天）

（1）北疆＋伊犁环线：乌鲁木齐→天山天池→赛里木湖→那拉提草原→独库公路→巴音布鲁克→库车大峡谷→喀什古城。

（2）文化深度游：喀什→塔县（帕米尔高原）→库车→吐鲁番，结合古城、峡谷、沙漠与民俗体验。

五、注意事项

（1）气候与装备：7 月新疆昼夜温差大，需备防风外套、防晒霜；伊犁地区多雨，建议携带轻便雨具。

（2）交通：建议包车或参加专列（如京津冀专列可覆盖南北疆主要景点，省时省力）。

（3）文化尊重：参观清真寺或少数民族家庭时，注意着装和礼仪。

如需更详细的路线规划或小众景点推荐，可参考新疆中国旅行社的线路设计，或关注当地实时花期、节庆活动（如伊犁薰衣草节）。

DeepSeek 可以根据用户的偏好推荐不同的景点，同时提供该景点的亮点，并在最后给出行程建议和旅游时的注意事项，为用户提供最佳的旅游体验。

3.2.2 制订出游计划

想旅游时，如果不知道去哪里，可以让 DeepSeek 针对旅游目的地，制订一份详细的出游计划。

1. 明确提问关键词

为了获得明确的答案，提问前需要和 DeepSeek 明确旅游基础信息及个人兴趣偏好。

（1）旅游基础信息：包括旅游目的地、出行时间、停留时间、预算范围等。

（2）个人兴趣偏好：包括交通方式、景点偏好、行程强度、住宿需求、饮食习惯等。

2. 实操案例

Q:

我要在 8 月时去云南旅游，停留时间为 7 天，预算为 5000 元；我想着重体验苍山洱海、西双版纳的美丽自然风光，请为我规划一个合适的出游计划。

根据你的需求和预算，结合云南 8 月旅游特点，我为你规划以下 7 天行程方案（总预算约 5000～5500 元）。

一、行程总览

（1）路线：昆明（中转）→大理（3 天）→西双版纳（3 天）→返程。

（2）特色：兼顾苍山洱海的诗意风光与西双版纳的热带风情，避开过度商业化景点，深度体验自然与民族文化的结合。

二、详细行程安排

1. Day1：抵达昆明→大理（预算：750 元）

（1）交通：各地飞昆明（机票参考价：非旺季单程 800～1200 元），昆明站→大理站（动车 2 小时，二等座 145 元）。

（2）住宿：大理古城周边经济型民宿（约 180 元 / 晚）。

（3）活动：傍晚抵达大理，夜游古城人民路，品尝烤乳扇、酸汤鱼。

（4）小贴士：8 月大理日落约 19 ：30，建议提前预订古城内民宿，方便出行。

2. Day2：环洱海骑行 + 喜洲古镇（预算：450 元）

（1）交通：租电动车（80 元 / 天）或共享单车（30 元 / 天）。

（2）路线：龙龛码头→才村（骑行约 1.5 小时，沿途海鸥与稻田）→喜洲古镇（打卡转角楼、体验扎染，门票免费，扎染体验 80 元）。

（3）餐饮：喜洲破酥粑粑（10 元）、白族石板烧（人均 60 元）。

（4）住宿：继续住大理古城。

……（生成内容太多，这里不过多描述）

7. Day7：返程（预算：300 元）

（1）活动：昆明篆新农贸市场（购买鲜花饼、菌菇干货）。

（2）交通：昆明返程（预留机场大巴费用 30 元）。

三、预算分配

预算分配如表 3–4 所示。

表 3–4

项目	费用 / 元	说明
交通	2000 ～ 2400	含机票（根据出发地浮动）、动车、包车、市内交通
住宿	1200	6 晚经济型住宿（200 元 / 晚）
餐饮	800	日均 100 ～ 120 元
门票	450	主要景点联票 + 体验项目
其他	500	购物、应急支出

四、注意事项

（1）雨季准备：8 月云南多阵雨，携带防水鞋、折叠伞，苍山徒步需防滑。

（2）高原适应：大理海拔约 2000 米，避免剧烈运动；西双版纳湿热，注意防蚊。

（3）门票优惠：学生 / 老人携带证件可享折扣，部分景点提前网购更便宜。

（4）交通替代：若机票超预算，可选大理→西双版纳夜班火车（卧铺约 200 元，10 小时）。

五、推荐体验

（1）大理：洱海日出（龙龛码头）、周城扎染（非商业工坊更原生态）。

（2）西双版纳：夜游植物园（萤火虫季）、傣族园泼水活动（免费参与）。

希望这份攻略能助你畅游云南！

DeepSeek 能根据用户的需求和预算，结合目的地的特点，制订个性化的出游计划。每一天行程的活动及预算，DeepSeek 均有合理安排，并在最后提供了每个项目经费的安排说明，用户可以根据自己的个人情况进行调整。

3.2.3 安排交通路线

如果不知道如何选择合适划算的交通工具，也不知道怎样安排每个景点之间的详细路线，则 DeepSeek 可以提供合理的交通路线安排。

1. 明确提问关键词

为了获得明确的答案，提问前需要和 DeepSeek 明确旅游基础信息及核心需求。

（1）旅游基础信息：包括旅游的起始地与目的地、旅游时间、总预算及交通预算等信息。

（2）核心需求：明确倾向的交通方式、必去或者可放弃的旅游景点、每日行程强度、饮食住宿偏好等需求。

2. 实操案例

Q:

我要从长沙出发去新疆，有 15 天时间，预算为 12000 元，其中交通费用为 4000 元；到达新疆后我倾向于自驾游，希望经过赛里木湖、天山、伊犁草原。请你为我安排合理的交通路线。

以下是基于用户的需求和预算（15 天，总预算 12000 元，其中交通费用 4000 元）设计的交通路线及自驾游方案，覆盖赛里木湖、天山、伊犁草原等核心景点，综合多个搜索结果优化行程。

一、整体交通规划

1. 长沙至新疆大交通（预算约 2000 ～ 2500 元）

（1）推荐方式：飞机直飞乌鲁木齐（飞行时间约 5 小时，机票价格 1500 ～ 2000 元，提前预订可更低）。

（2）备选方案：火车硬卧（约 35 小时，费用约 600 ～ 800 元，但耗时较长，建议优先选择飞机）。

2. 新疆境内自驾交通（预算约 2000 ～ 2500 元）

（1）租车建议：落地乌鲁木齐后租车，选择 SUV 或越野车（日均租金约 250 ～ 300 元，10 天总费用约 2500 ～ 3000 元，含基础保险）。

（2）油费 + 过路费：新疆境内约 3000 公里，油费约 2000 元，过路费约 500 元。

二、15 天行程安排

第 1 ～ 2 天：长沙→乌鲁木齐（飞机）→赛里木湖

（1）交通：飞机抵达乌鲁木齐后取车，驱车前往赛里木湖（约 550 公里，6 小时）。

（2）游览重点。

1）赛里木湖：环湖自驾，拍摄日落和星空，体验“大西洋最后一滴眼泪”的清澈湖水。

2）果子沟大桥：沿途欣赏天山山脉与峡谷风光。

（3）住宿：赛里木湖景区内或附近民宿（预算约 300 元 / 晚）。

……（生成内容太多，这里不过多描述）

第 14 ～ 15 天：乌鲁木齐→长沙（返程）

交通：飞机返程，预留半天时间购买特产（干果、馕等）。

三、预算分配

预算分配（总计约 12000 元）如表 3-5 所示。

表 3-5

项目	费用（元）	说明
往返机票	2500	长沙⇌乌鲁木齐经济舱
租车 + 油费	3000	含 10 天租车费 + 油费 + 过路费
住宿	3500	14 晚，日均 250 元
餐饮	2000	日均 150 元（建议品尝大盘鸡、烤包子）
门票	700	赛里木湖、喀拉峻、那拉提等联票
其他	300	应急、保险、纪念品

四、注意事项

（1）季节与路况：独库公路和伊昭公路仅在 6～9 月开放，建议 6 月中旬至 8 月出行。

（2）车辆准备：提前检查车况，备好防滑链（高海拔路段可能降雪）。

（3）防晒与装备：新疆紫外线强烈，需备高倍数防晒霜、墨镜和防风外套。

（3）文化尊重：进入少数民族聚居区时注意穿着和言行。

DeepSeek 可以根据用户的预算及出行需求，制订合理的交通路线，提供相关交通工具及费用作为参考，并在最后提供预算分配表。

3.2.4 制定住宿美食攻略

在旅游过程中，大部分游客十分注重住宿和饮食体验，希望自己在旅途中住得舒服、吃得美味。DeepSeek 就可以根据用户的需求和偏好，筛选合适的住宿和美食。

1. 明确提问关键词

为了获得明确的答案，提问前需要和 DeepSeek 明确旅游基础信息及核心需求。

（1）旅游基础信息：包括旅游的途经点、旅游时间、总预算及住宿饮食预算等信息。

（2）核心需求：提供明确的住宿习惯和饮食偏好。

2. 实操案例

Q:

我计划去云南旅游，时间为 7 天 6 晚，会经过昆明、大理、西双版纳三个城市。我希望住在交通便利、安静、平价的地方；我喜欢辛辣的面食和甜品，希望品尝到当地特色的美食。请你为我制订一份住宿攻略和美食攻略。

云南 7 天 6 晚住宿攻略（昆明、大理、西双版纳）

一、昆明（建议 2 天）

1. 北市区

（1）特点：老城区，价格实惠（100～200 元/晚），交通便利，靠近火车站和东部客运站，周边有特色小吃街和购物商场，适合喜欢烟火气的游客。

（2）推荐酒店：锦江之星酒店、昆明饭店（历史建筑，环境安静）。

2. 呈贡新区

（1）特点：新兴区域，住宿性价比高（150～250元/晚），地铁直达市中心，周边有大学城和公园，适合喜欢安静且需要交通便利的游客。

（2）推荐酒店：如家快捷酒店（呈贡店）、汉庭酒店（地铁站附近）。

二、大理（建议2天）

1. 大理古城西门附近

（1）特点：靠近苍山，远离古城核心区的喧嚣，淡季价格200～300元/晚，步行可至公交站和苍山景区入口。

（2）推荐客栈：老故事客栈（提供免费接站服务）、大理古城泰和居客栈（卫生干净，性价比高）。

2. 才村/磻溪村

（1）特点：洱海日出观赏地，多为二线海景民宿（300～400元/晚），环境静谧，适合摄影爱好者。

（2）推荐民宿：大理梦心谷客栈（靠近古城，设施简单但安静）。

三、西双版纳（建议3天）

1. 泼水广场周边

（1）特点：市中心地段，交通便利（步行可达江边夜市），老牌酒店居多（150～250元/晚），生活配套齐全。

（2）推荐酒店：西双版纳洲际度假酒店（园林风格，含早餐）。

2. 告庄西双景外围

（1）特点：避开夜市核心区的嘈杂，民宿价格200～300元/晚，兼具傣族风情和便利交通（靠近景区直通车站点）。

（2）推荐民宿：匠庐·南糯山民宿（安静避世，提供接机服务）。

云南美食攻略（辛辣面食+特色甜品）

……（生成内容太多，这里不过多地描述）

其他建议

（1）交通：昆明和大理优先选择地铁或公交，西双版纳租电动车更灵活（约50元/天）。

（2）预算控制：淡季（非泼水节/暑假）住宿价格更低，提前1个月预订可享折扣。

根据用户的预算、需求，DeepSeek会提供不同地点的住宿区域，并推荐相关酒店或民宿；同时，DeepSeek会根据用户的喜好，推荐每个城市可能会喜欢的特色美食，帮助用户更快速地做出选择。

3.2.5 制定旅游省钱攻略

如果旅游预算有限，希望用最少的钱获得一次最佳的旅游体验，则可以尝试使用DeepSeek，让其成为旅途中的省钱小助手，将每一分钱都利用到极致。

1. 明确提问关键词

为了获得明确的答案，提问前需要和DeepSeek明确旅游基础信息及合理诉求。

（1）旅游基础信息：包括旅游的起始地、目的地、途经点、旅游时间、经费预算等信息。

（2）合理诉求：提供经费分配倾向等相应诉求，如希望住得更舒服一些或者选择最便宜的交通工具。

2. 实操案例

Q:

我是一名大学生，要从长沙出发去武汉旅游，时间为 3 天 2 晚，预算为 1000 元；在旅途中，我希望选择最便宜的交通工具，但是住宿条件要好一点。请你为我制订一份旅游省钱攻略，无须包含行程规划，但要求包括吃、住、行、景点门票及备用金的费用安排。

根据你的需求，结合武汉旅游的消费特点和搜索结果中的实用信息，以下是从长沙出发的 3 天 2 晚省钱攻略，费用安排如下（总预算控制在 1000 元以内）。

一、交通费用（往返 + 市内）

1. 长沙→武汉往返

（1）最省方案：选择普通火车硬座，单程票价约 27 ～ 53.5 元，往返总费用约 100 ～ 110 元（如选择凌晨车次，还能省一晚住宿费）。

（2）高铁替代方案：若时间紧张，可选择最低价高铁（如 G546 次单程约 175 元），但会大幅压缩其他预算，不推荐。

2. 武汉市内交通

（1）地铁 / 公交：提前下载“Metro 新时代”App，覆盖地铁和公交，日均花费约 10 元，3 天共 30 元。

（2）轮渡：体验长江轮渡，单程仅需 1.3 元，建议傍晚乘坐看日落，性价比极高。

（3）共享单车：短途骑行日均约 5 元，3 天共 15 元。

（4）总交通费：往返 110 元 + 市内 45 元＝ 155 元。

二、住宿费用

（1）推荐区域：武昌区（近黄鹤楼、户部巷）或江汉路附近，交通便利且景点集中。

（2）经济型酒店：连锁品牌（如如家、汉庭）或民宿，两晚预算 200 ～ 250 元 / 人，选择评分 4.5 分以上、带独立卫浴的房型。

（3）省钱技巧：通过多个平台比价（如携程、美团），新人优惠可省 20 ～ 50 元。

三、餐饮费用

1. 本地小吃为主

（1）早餐（过早）：热干面（5 元）、豆皮（7 元）、糊米酒（4 元），日均约 10 元。

（2）正餐：小吃街（如户部巷、粮道街）人均 15 ～ 20 元 / 餐，或选择平价餐馆（如小民大排档，人均 30 元）。

（3）饮品：蜜雪冰城（7 元 / 杯）或自带水杯。

（4）总餐饮费：日均 40 元 / 天 ×3 天＝ 120 元。

……（生成内容太多，这里不过多描述）

四、总预算分配

总预算分配如表 3–6 所示。

表 3–6

项目	费用 / 元	说明
交通	155	往返火车 + 市内交通

续表

住宿	250	两晚经济型酒店
餐饮	120	本地小吃＋平价正餐
门票	50	轮渡＋古德寺请香等
备用金	150	应急或额外体验
总计	725	剩余275元可灵活支配或节省

五、省钱技巧补充

（1）错峰出行：避开周末，住宿价格更低。

（2）学生证优惠：部分景点（如武汉大学樱花季）可能有学生票，但需提前确认。

（3）免费活动：关注东湖夜樱灯光秀、江滩夜景等免费项目。

按此方案，总花费可控制在800元左右，既能保证住宿舒适度，又能深度体验武汉的烟火气和历史底蕴。

针对给出的旅游经费及旅游时间，DeepSeek能按照用户的主要需求和次要需求，合理安排经费，推荐最便宜最省钱的交通方式、住宿、餐饮门票等，并给出预算分配表。

3.3 娱乐休闲服务

人们常常希望利用周末、节假日这段闲暇时光放松身心，其中大部分人会尝试进行有乐趣、能满足自己兴趣爱好的活动，如阅读、看电视、听音乐、玩游戏等。这些娱乐休闲活动能够缓解压力，促进身心健康。但经过一周的工作或学习后，人们可能会感到疲惫，没有足够的时间或者精力选择安排适合自己的娱乐休闲活动，这时可以利用DeepSeek，让它帮助挑选娱乐休闲活动。

3.3.1 定制阅读书单

阅读是一项极具价值的休闲活动，其能丰富人的知识储备，提升人的思维能力。阅读时，人们可以沉浸在书的世界里，暂时忘却生活中的烦恼，放松身心。如果热爱阅读，却不知道自己应该看什么，则可以借助DeepSeek制定一份个性化的阅读书单。

1. 明确提问关键词

为了获得明确的答案，提问前需要和DeepSeek明确个人情况、阅读需求。

（1）个人情况：包括年龄、认知水平、兴趣领域等情况。

（2）阅读需求：提供阅读目的（如提升技能）、分享阅读习惯（如利用碎片化时间阅读）等需求。

2. 实操案例

Q:

我是一个喜欢阅读的大学生，对现实主义文学、科幻小说十分感兴趣；我喜欢利用周末的闲暇时间进行阅读。现在请你给我推荐一个阅读书单，要求符合我的兴趣，并且是一天就能读完的短篇小说。

根据你的兴趣和阅读时长需求，我为你精选了一份兼顾现实主义文学与科幻短篇的书单。以下作品均可在一天内读完，且涵盖经典与新锐之作。

一、现实主义文学短篇推荐

1.《最后一课》（阿尔丰斯·都德）

（1）关键词：民族尊严、母语情结、战争创伤。

（2）通过小弗郎士视角展现普法战争期间法国人被迫放弃母语的悲壮，细腻刻画孩童的觉醒与教师的爱国情怀。经典片段如韩麦尔先生写下“法兰西万岁”的无声告别，震撼力十足。

（3）阅读时长：约 1 小时。

2.《狗仔》（诗人何勇）

（1）关键词：社会阶层跌落、人性异化、生存困境。

（2）讲述富二代郭守信因父亲入狱后从奢靡堕入底层挣扎的故事，通过老鼠药、漏雨出租屋等细节展现现实压迫感，结尾的绝望投海极具冲击力。

（3）阅读时长：约 2 小时。

……（生成内容太多，这里不过多描述）

5.《门后的爱人》（骆平）

（1）关键词：婚姻困境、现代性孤独、身份反思。

（2）探讨高知女性在家庭与自我间的撕裂感，通过一扇象征隔阂的“门”映射当代人的情感疏离。

（3）阅读时长：约 1.5 小时。

二、科幻短篇推荐

1.《火星上的祝融》（王侃瑜）

（1）关键词：人工智能觉醒、文明存续、存在主义。

（2）描绘人类离开火星后，AI 祝融通过改造奥林帕斯山实现自我进化，追问“何为生命”的哲学命题。结尾的自由感与孤独感交织，余韵悠长。

（3）阅读时长：约 2 小时。

2.《闪光的生命》（柳文扬）

（1）关键词：复制人、爱情抉择、生命意义。

（2）学生意外复制自己，复制体仅存半小时生命却替本体向暗恋对象表白，以科幻外壳包裹纯爱内核，催泪指数满分。

（3）阅读时长：约 1 小时。

……（生成内容太多，这里不过多描述）

5.《蛤蟆舱实验》（菲利普·K·迪克）

（1）关键词：递归悖论、荒诞逻辑、存在虚实。

（2）两名教授为验证青蛙能否跳出井底的数学问题，展开疯狂实验，结局的黑色幽默颠覆认知。

（3）阅读时长：约 1 小时。

三、阅读安排建议

（1）上午（现实主义）：《最后一课》+《狗仔》（共 3 小时）。

（2）下午（科幻）：《火星上的祝融》+《最后的问题》（共 2.5 小时）。

（3）晚间（自由选择）：契诃夫《套中人》或柳文扬《闪光的生命》。

所有作品电子版可通过网页链接获取（如河南省图书馆资源、科幻世界杂志社平台）。若想深入阅读，可拓展至《莫泊桑作品全集》《契诃夫全集》或《阿西莫夫短篇集》。

根据用户提供的兴趣领域，DeepSeek 能给出相关的书籍推荐，并简要概括书籍内容，提供阅读时长以供参考，使用户能自由选择阅读书籍。

3.3.2 推荐影视音乐

看电视、电影，听音乐都是极受欢迎且成本较低的休闲活动，它们各自有着自己独特的魅力和价值。忙碌了一天后，适量看电视是很好的放松方式，不同类型的电视节目能够满足不同的兴趣，为生活增添色彩。在劳累时听音乐能够调节人的情绪，促进身心健康；在学习工作时听音乐尤其是古典乐，能够帮助集中注意力，提升效率。如果不知道如何选择适合自己的影视节目或者音乐，则可以让 DeepSeek 为用户推荐。

1. 明确提问关键词

为了获得明确的答案，提问前需要和 DeepSeek 明确个人习惯及偏好需求。

（1）个人习惯：包括观影习惯（如影院观看）、使用场景（如工作学习时听音乐）等信息。

（2）偏好需求：包括提供偏爱的影片类型或音乐风格、影片 / 音乐的语言地区、时间范围、喜欢的歌手或演员等个人偏好。

2. 实操案例

Q:

我平时喜欢在各个影视平台观看电视剧，以此来放松自己；我喜欢悬疑剧情类、刑侦破案类的影片。请你给我推荐一个影片观看单，要求：符合我的兴趣，电视剧、电影均可，不限语言地区，需要是高分好评影片。

一、电影推荐

1. 华语佳作

《心迷宫》（豆瓣 8.8 分）。

（1)看点：一具尸体引发多线叙事，人性在谎言与欲望中层层剥落，被誉为“华语悬疑天花板”。

（2）推荐理由：导演忻钰坤的处女作，叙事结构精巧，结局震撼。

……（生成内容太多，这里不过多描述）

《暴裂无声》（豆瓣 8.2 分）。

（1）看点：失语矿工寻子，揭露社会阶层与人性之恶的无声控诉。

（2）推荐理由：忻钰坤导演的又一力作，隐喻深刻，画面冲击力强。

2. 国际经典

《七宗罪》（豆瓣 8.8 分）。

（1）看点：以宗教“七宗罪”为名的连环谋杀，结局“盒子”反转震撼。

（2）推荐理由：大卫 · 芬奇的冷峻风格，摩根 · 弗里曼与布拉德 · 皮特的黄金搭档。

……（生成内容太多，这里不过多描述）

《杀人回忆》（豆瓣 8.9 分）。

（1）看点：韩国真实连环杀人案改编，警察与凶手跨越 10 年的绝望追捕。

（2）推荐理由：奉俊昊的社会批判力作，结尾定格镜头成影史经典。

二、电视剧推荐

1. 华语剧集

《沉默的真相》（豆瓣 9.0 分）。

（1）看点：检察官用生命揭露黑幕，3 条时间线交织的“正义接力”。

（2）推荐理由：国产悬疑剧巅峰，社会意义深远，泪点与燃点并存。

《白夜追凶》（豆瓣 8.9 分）。

（1）看点：双胞胎兄弟共用一个身份追凶，潘粤明一人分饰两角。

（2）推荐理由：硬核刑侦推理，节奏紧凑无注水。

2. 国际剧集

《真探》第一季（豆瓣 9.3 分）。

（1）看点：双警探追查邪教连环案，哲学与罪案交织的史诗级叙事。

（2）推荐理由：马修·麦康纳神级演技，氛围阴郁充满文学性。

《信号》（豆瓣 9.2 分）。

（1）看点：跨时空对讲机连接现在与过去，破解未结悬案。

（2）推荐理由：韩剧悬疑天花板，真实案件改编，情感与推理并重。

三、其他高分推荐

（1）《调音师》（印度，豆瓣 8.2 分）：盲人钢琴师卷入谋杀案，反转多达 50 余次。

（2）《误杀瞒天记》（印度，豆瓣 8.6 分）：父亲为保护女儿，制造完美不在场证明。

（3）《致命 ID》（美国，豆瓣 8.8 分）：汽车旅馆连环杀人案，多重人格终极反转。

四、推荐逻辑

（1）题材覆盖：包含心理悬疑、社会犯罪、高智商对决等子类型。

（2）口碑保障：均选自豆瓣 8 分以上作品，部分为国际电影节获奖影片。

（3）节奏适配：电影适合短时沉浸，电视剧适合追剧解谜。

可根据个人偏好选择单部观看，或按“华语→国际→剧集”顺序逐步深入。

DeepSeek 能根据用户的观影偏好，分别推荐同类型的电视剧或电影，并将其分为国内与国外，以便用户个人自由地选择观看。

3.3.3 提供游戏攻略

游戏中的关卡怎么也过不去，在网络平台上也找不到有用的闯关攻略，此时不妨求助 DeepSeek，让 DeepSeek 成为游戏闯关助手，提供游戏攻略。

1. 明确提问关键词

为了获得明确的答案，提问前需要和 DeepSeek 明确游戏的基础信息，描述具体问题和攻略需求。

（1）游戏的基础信息：包括游戏名称、游戏版本、游戏等级、资源拥有情况等信息。

（2）具体问题和攻略需求：包括具体的游戏关卡、游戏任务、攻略形式偏好（如提供文字步骤）。

2. 实操案例

Q:

我在玩一款游戏，它的名字叫“开心消消乐”，游戏版本是 1.143.112。我现在卡在 1189 关过不去，该关卡要求消除 12 个黑毛球和 48 个蜂蜜，我没有任何免费道具，但我拥有 576.85 万银币和 73 个金币。请你给我提供一个过关攻略，要求用文字描述步骤。

根据你提供的关卡信息（1189 关，目标为 12 个黑毛球、48 个蜂蜜）以及当前游戏资源，结合搜索结果中的攻略，以下是具体操作步骤和策略。

1. 开局布局分析

（1）优先激活闪电鸟。开局观察两侧闪电鸟的激活条件（通常需要消除相邻元素），利用底部或中间的三消快速点亮闪电鸟。若无法直接激活，则优先消除雪块或魔法石附近的元素（网页 2 提到雪层会阻碍接触蜜罐）。

（2）打破蜂蜜罐。蜂蜜罐分布在中间区域，需通过消除其周围元素或爆炸特效尽早打破，否则蜂蜜蔓延会占据步数。

2. 中期核心策略

（1）闪电鸟的斜向消除技巧。闪电鸟的斜线消除（如左上→右下或右上→左下）可同时清除两侧冰块、石板和黑毛球，大幅减少障碍。优先将闪电鸟的交换路径设计为斜线。

（2）集中处理黑毛球。黑毛球密集分布在底部，但受运输带影响会变换位置。建议在消除闪电鸟后，通过竖直特效（如爆炸包）或横向特效（如直线火箭）一次性清除多列黑毛球。

（3）利用运输带调整布局。两侧运输带会带动元素移动，可提前预判下一轮布局，优先消除可能被移出屏幕的目标（如边缘的蜂蜜或毛球）。

3. 收尾阶段技巧

（1）补足剩余蜂蜜。蜂蜜需多次消除才能收集，后期优先制造魔力鸟 + 爆炸包组合，或利用魔法石持续触发连消。若蜂蜜未铺满，可手动制造小范围三消填补空缺。

（2）合理使用金币与银币。若步数不足，可用 73 个金币购买 +5 步（约需 50 个金币）。银币可保留用于后续关卡的增益道具，当前阶段暂无需消耗。

4. 关键注意事项

（1）避免无效移动：每步需确保消除目标或障碍，尤其前期不要盲目消除无关元素。

（2）优先清理雪块：雪块会阻挡蜜罐和黑毛球，需通过闪电鸟或爆炸包快速清除。

（3）观察石板变化：石板翻转后可能提供新连击机会，可暂留一步等待其翻转再消除。

5. 备用方案（如多次失败）

若反复卡关，可尝试以下调整：开局手动制造爆炸包 + 直线火箭组合，快速清场；通过银币购买“刷新”道具（约 20 万银币 / 次），重置不利开局。

通过以上策略，可在 24 步内稳定达成目标。若步数紧张，建议在最后 3 ～ 5 步使用金币补步，确保三星通关。

DeepSeek 能够根据用户提供的游戏信息和个性化用户信息，提供详细的闯关步骤。用户可以根据自己的游戏类型及具体需求，详细描述闯关目标，并反复对某一个步骤进行提问，以期获得最佳的游戏攻略。

3.3.4 查询周边娱乐场所

如果处于一个较为陌生的区域，但又想出去放松自己，寻找一些娱乐场所进行户外休闲活动，这时可以利用 DeepSeek 整理周边娱乐场所信息。如果向 DeepSeek 提供目前所在位置，其还能规划路线。

1. 明确提问关键词

为了获得明确的答案，提问前需要和 DeepSeek 明确目前位置信息和目标场所信息。

（1）目前位置信息：包括提供城市、具体区域、明确地点等详细的位置信息。

（2）目标场所信息：包括提供场所类型偏好（如博物馆）及其他附加需求（开放时间、价格范围、距离限制）。

2. 实操案例

Q:

我在长沙市天心区，周末想带家人去 5 公里内的户外公园，要求公园绿化环境好，有儿童游乐设施，交通便利，靠近商圈。请你给我查询一下合适的场所。

根据你的需求，结合长沙市天心区 5 公里范围内的公园信息和最新动态，以下推荐适合周末家庭出行的户外场所。

1. 南郊公园

（1）特色：绿化覆盖率高达 92.57%，被誉为“绿色明珠”。近期推出七大亲子主题活动，包括手工课、义卖公益活动、露天汽车影院等；公园内还有惠泉亭、摩天轮草坪等适合拍照的景点。

（2）儿童设施：手工活动区、露天电影、摩天轮草坪野餐。

（3）交通与商圈：位于湘江中路旁，拟建西大门直接连通湘江路；周边靠近新开铺商圈，车程约 10min 可达保利国际广场等商业体。

2. 天心滨江公园

（1）特色：安静且绿化丰富，设有火车头文化元素和探险式游乐设施，适合孩子释放好奇心。

（2）儿童设施：火车主题游乐区、平衡车 / 滑板车场地、沙池等。

（3）交通与商圈：位于湘江南路，紧邻地铁 1 号线南门口站（步行约 1 公里）；靠近南郊公园商圈，周边有超市、餐饮配套。

……（生成内容太多，这里不过多描述）

5. 火车头文化公园

（1）特色：铁路主题公园，复古火车车厢和铁轨场景适合拍照打卡，兼具文艺与怀旧氛围。

（2）儿童设施：火车主题探索区、草坪放风筝、沙池。

（3）交通与商圈：湘江中路与般家冲街交叉口，公交便利；靠近南郊公园和南门口老城区，周边餐饮选择丰富。

总结建议

（1）优先推荐：南郊公园（综合性强）和高云生态公园（免费且设施新）。

（2）交通便利性：天心滨江公园和湘府文化公园地铁直达，适合无车家庭。

（3）商圈结合：南郊公园和湘府文化公园周边商业配套更成熟，方便用餐购物。

可结合孩子年龄选择：低龄儿童更适合天心滨江公园的探险设施，学龄儿童可参与南郊公园的手工或公益活动。

DeepSeek 能明确地针对用户的需求筛选出符合条件的娱乐场所，以上 5 个公园均符合绿化好、有儿童设施、靠近商圈的要求。最后，DeepSeek 还给出了总结性的建议，筛选出优先推荐的场所。

3.3.5 推荐线上娱乐资源

以上涉及的娱乐活动，大部分需要从网络上寻找线上资源，如阅读需要寻找电子书资源、影视音乐需要寻找影片歌曲资源。当选好了书单、影片观看单、歌单，但却找不到相关资源时，可以使用 DeepSeek 提供相关平台或资源库。

1. 明确提问关键词

为了获得明确的答案，提问前需要和 DeepSeek 明确日常习惯及个人偏好。

（1）日常习惯：包括提供已拥有的设备与网络信息（如平板电脑）、使用场景（通勤碎片时间 / 睡前放松 / 周末沉浸式娱乐）、娱乐时长（10 分钟短娱乐 /2 小时以上长内容）等日常娱乐习惯。

（2）个人偏好：包括提供娱乐类型、题材类型、语言地区偏好、付费接受度、社交需求。

2. 实操案例

Q:

我喜欢看电视剧，我拥有的设备是电脑和安卓手机，我偏好科幻悬疑类欧美剧和治愈类日韩剧，想找免费高清的资源，可以接受少量广告。请你为我推荐几个娱乐平台或者资源库。

根据你的设备偏好（电脑和安卓手机）和影视类型需求（科幻悬疑欧美剧、治愈系日韩剧），结合免费高清资源及少量广告的要求，以下推荐几类平台和资源库。

一、欧美科幻悬疑剧资源平台

1. 人人影视字幕组

（1）特点：专注海外剧字幕翻译，资源涵盖《迷失》《黑镜》《西部世界》等经典科幻悬疑剧，提供多语言字幕和未删减版资源。

……（生成内容太多，这里不过多描述）

3. B 站影视专区

（1）特点：通过 UP 主搬运或官方合作，可免费观看《恩珠的房间》《天气好的话我会去找你》等剧，部分需大会员但广告较少。

（2）访问方式：电脑 / 安卓端直接搜索剧名，筛选“影视”标签。

……（生成内容太多，这里不过多描述）

三、安卓端免费影视 App 推荐

1. 鲨鱼影视（2024 最新版）

（1）特点：整合全网资源，支持“韩剧 / 治愈”分类筛选，可离线缓存，画质可选 720P/1080P。

（2）广告情况：启动页有 5 秒广告，播放前无广告。

2. 影视大全高清版

（1）特点：聚合类 App，提供《我们的蓝调》《酒鬼都市女人们》等热门韩剧，支持投屏功能。

（2）下载渠道：绿色资源网或应用宝搜索。

3. 斑马影视

特点：个性化推荐算法精准，适合发现小众治愈剧如《闪亮的西瓜》，VIP 资源免费解锁。

四、综合资源站（电脑 / 手机端通用）

1. 茶杯狐

引擎聚合全网资源，输入剧名即可跳转多个源站，适合查漏补缺。

2. 电影先生

支持下载功能，适合收藏《治愈系日剧合集》《科幻悬疑剧包》等资源包。

五、注意事项

部分网站需复制链接到浏览器打开，避免被国内浏览器拦截；安卓应用建议从官方渠道（如绿色资源网）下载，避免恶意插件；遇到弹窗广告勿点击，关闭即可，多数资源站无强制广告。

如需具体剧集资源链接或更多平台，可告知剧名，我会进一步筛选！

在推荐相关平台和资源库时，DeepSeek 会简要分析平台特点，并提供访问方式或网址（此处省略），用户根据推荐选择后，直接复制网址或下载相关软件即可使用，十分方便。

第04章 教育教学：高效学习有妙招

DeepSeek 拥有大量的知识储备能力和强大的自然语言处理能力，因此它在教育教学中具有巨大的应用潜力。可以将 DeepSeek 当作学习时的“小助手”，要求它制订计划、答疑解惑；也可以将 DeepSeek 当作语言学习时的“小老师”，要求它讲解知识、模拟对话；还可以把 DeepSeek 当作备考时的“监督者”，要求它制订备考计划、模拟考试、讲解错题。本章将探讨 DeepSeek 在教育教学中的具体应用。

4.1 学习小助手

不管是阶段性的学习还是持久性的学习，也不论是学习知识还是学习技能，都可以要求 DeepSeek 制订学习计划、查询学习资料、生成文献摘要或者进行作业辅导和重难点分析。

4.1.1 制订学习计划

学习计划就像导航地图，可以帮助人们少走弯路，学得更明白、更轻松、更有成就感。学习计划可以使人们的学习方向更明确，学习效率更高效，学习习惯更自律。按照计划学习，人们会觉得自己离目标越来越近，让学习压力变小。利用 DeepSeek，即可以制订出高效合理的学习计划。

1. 明确提问关键词

为了获得明确的答案，提问前要向 DeepSeek 提供个人基础信息及计划执行要求。

（1）个人基础信息：包括年龄、学习阶段、当前知识水平、学习领域、现有学习资源、身体条件限制。

（2）计划执行要求：包括学习周期、可用学习时间、学习时段偏好、学习方式偏好、自律程度、是否需要外部监督、是否需要动态调整学习计划。

2. 实操案例

Q:

我是汉语言文学专业毕业的学生，我想零基础学习出版编辑方向的知识；我在工作日每天能学习 30 分钟，在周末每天能学习 2 小时。请你为我制订一个月的学习计划。

以下是为您制订的零基础出版编辑方向学习计划（四周），结合汉语言文学专业背景和碎片化时间特点，系统覆盖出版基础理论、实务操作与行业规范。

一、第一周：出版基础理论与行业认知

1. 目标

建立出版行业框架认知，掌握基础概念。

2. 学习内容

（1）出版核心概念（工作日每天 30 分钟）。

1）阅读《出版专业基础（初级）整理笔记》，重点理解：出版的定义、功能（文化传承 / 教育 / 经济），出版流程（选题策划→编辑加工→印刷发行），出版物分类（图书 / 数字出版物特点对比）

2）工具书辅助：查阅《现代汉语词典》《辞海》规范术语。

（2）行业规范与职业道德（周末 2 小时）。

1）学习《作者编辑常用标准及规范》，掌握：文字 / 数字 / 量和单位的使用标准（如“汉字数字与阿拉伯数字混排规则”）、出版物质量评价体系（内容质量 / 装帧设计 / 印刷工艺）。

2）实践：分析 1 篇网络文章，标注其是否符合出版规范。

……（生成内容太多，这里不过多描述）

四、第四周：综合应用与模拟实战

1. 目标

整合知识，完成完整编辑项目。

2. 学习内容

（1）全流程模拟（工作日每天 30 分钟）。

1）选择一篇未校对的稿件，完成“三审三校”流程（参考《图书编辑校对实用手册》）。

2）使用“国学大师”网站核查古籍引用内容。

（2）考试与复盘（周末 2 小时）。

1）完成《出版专业基础知识试题》并对照答案解析。

2）撰写学习总结，参照网页 6 的“个人发展规划”模板规划下一步学习方向。

学习资源与工具推荐

1. 核心教材

《出版专业基础（初级）》笔记及试题（优先学习）、《作者编辑常用标准及规范》（必备工具书）。

2. 在线工具

术语在线（科技名词核查）、国学大师（古籍 / 字典查询）。

3. 延伸阅读

《咬文嚼字》杂志（提升语言敏感度）、《编辑岗位周工作计划》（时间管理参考）。

时间分配建议如表 4–1 所示。

表 4–1

时间段	学习内容（示例）
工作日 30 分钟	理论阅读（20 分钟）+ 病句 / 术语练习（10 分钟）
周末 2 小时	实务操作（1 小时）+ 模拟考试 / 总结（1 小时）

提示：建议每天固定时段学习（如通勤时阅读电子资料，晚间练习实操），周末优先完成需要连续注意力的任务（如排版设计）。可通过“出版专业资格考试办公室”官网关注行业动态，补充相关知识。

DeepSeek 可以根据用户的学习目标、目前知识水平及可用学习时间，合理安排学习内容，推荐可用的学习资源和学习工具。如果用户有特殊的学习要求，也可以告知 DeepSeek，要求其动态调整学习计划。

4.1.2 查询学习资料

在学习过程中，人们往往需要查询许多相关的书籍、资料。网络平台上虽然能搜索到许多资料，但有的资料并不完整，获取完整资料的方式也各不相同，或是需要付费或是需要朋友圈集赞。这种情况下，就可以借助 DeepSeek 查询有关资料。

1. 明确提问关键词

为了获得明确的答案，提问前要向 DeepSeek 描述学习需求，提供个性化辅助信息。

（1）描述学习需求：包括具体学习领域、学习内容深度（基础 / 进阶）、学习类型（理论 / 实操）、学习目标、学习资源偏好、已有学习工具。

（2）提供个性化辅助信息：包括当前学习水平（零基础 / 已掌握前置知识）和学习习惯（碎片化学习 / 长时段专注）。

2. 实操案例

Q:

我需要《现代汉语》第四章内容的名词解释例题，教材版本是黄伯荣、廖序东编写的《现代汉语》（第六版），请你以文字的形式，将资料整理好发给我。

根据黄伯荣、廖序东《现代汉语》（第六版）第四章“语法”相关内容，结合配套题库及复习资料中的名词解释例题，整理如下。

1. 语法单位相关名词

（1）语法：语言中词、短语、句子等语言单位的组合规则和运用规律的总和。

例：汉语的语法规则包括语序、虚词使用等。

（2）语素：最小的音义结合体，是构词的基本单位。

例：“书”是一个语素，不能再分割为更小的有意义单位。

（3）词：能够独立运用的最小语法单位，由语素构成。

例：“学习”由两个语素构成，但作为一个词独立使用。

（4）短语（词组）：词与词按一定语法规则组合而成的语言单位，没有句调。

例：“认真学习”是偏正短语。

（5）句子：具有特定句调、能够表达完整意义的语言单位，是语法分析的最大单位。

例：“今天下雨了。”是一个陈述句。

2. 句法结构类型相关名词

（1）主谓短语：由主语和谓语构成的短语，表示陈述关系。

例：“天气晴朗”。

（2）动宾短语：由动词和宾语构成的短语，表示动作与受事的关系。

例：“写作业”。

（3）偏正短语：由修饰语和中心语构成，分为定中短语（如“美丽的校园”）和状中短语（如“快速奔跑”）。

（4）联合短语：由两个或以上语法地位平等的成分并列组成。

例：“老师和学生”。

（5）中补短语：由中心语和补语构成，补充说明动作的结果或状态。

例：“洗干净”“高兴得跳起来”。

……（生成内容太多，这里不过多描述）

4. 语法分析概念

（1）层次分析法：通过逐层切分揭示语言单位组合层次的方法。

例：分析“研究汉语语法”为动宾短语，进一步切分为“研究”和“汉语语法”。

（2）句类：按语气划分的句子类型，包括陈述句、疑问句、祈使句、感叹句。

（3）句型：按结构划分的句子类型，如主谓句、非主谓句、单句、复句等。

以上内容综合整理了第四章的核心名词解释及典型例题，覆盖语法单位、结构类型、特殊句式等知识点，可结合教材和题库进一步练习。如需完整题库解析或具体题型训练，可参考黄、廖版《现代汉语》配套章节题库及考研真题精选。

只要用户能提供具体的学习方向、资料需求，DeepSeek 就能提供相应的资料。若对推荐的结果不满意，可说明具体改进方向，DeepSeek 会根据要求优化后续推荐。下面是相关示例。

Q:

请你删除名词解释下的举例。

根据黄伯荣、廖序东《现代汉语》（第六版）第四章“语法”核心内容，整理名词解释如下（已删除举例）。

1. 语法单位相关名词

（1）语法：语言中词、短语、句子等语言单位的组合规则和运用规律的总和。

（2）语素：最小的音义结合体，是构词的基本单位。

（3）词：能够独立运用的最小语法单位，由语素构成。

（4）短语（词组）：词与词按一定语法规则组合而成的语言单位，没有句调。

（5）句子：具有特定句调、能够表达完整意义的语言单位，是语法分析的最大单位。

2. 句法结构类型相关名词

（1）主谓短语：由主语和谓语构成的短语，表示陈述关系。

（2）动宾短语：由动词和宾语构成的短语，表示动作与受事的关系。

（3）偏正短语：由修饰语和中心语构成，分为定中短语和状中短语。

（4）联合短语：由两个或两个以上语法地位平等的词语并列组成。

（5）中补短语：由中心语和补语构成，补充说明动作的结果或状态。

3. 特殊结构及句子类型

（1）连谓短语：由两个或两个以上谓词性成分连续组合而成，表示连续的动作或状态。

（2）兼语短语：前一个动词的宾语同时是后一个谓语的主语，形成“动宾 + 主谓”结构。

（3）存现句：表示事物存在、出现或消失的句子，结构为“处所 / 时间词 + 动词 + 名词”。

（4）“把”字句：用介词“把”将受事提前至动词前的句式，强调处置意义。

（5）“被”字句：表示被动意义的句式，常用介词“被”引出施事。

4. 语法分析概念

（1）层次分析法：通过逐层切分揭示语言单位组合层次的方法。

（2）句类：按语气划分的句子类型，包括陈述句、疑问句、祈使句、感叹句。

（3）句型：按结构划分的句子类型，如主谓句、非主谓句、单句、复句等。

以上为精简版名词解释，适用于背诵或快速复习。如需进一步补充或调整，请随时说明。

删除举例后的名词解释更为精简明了，利于读记背诵。因此，用户可以根据自己的需求反复反馈，说明改进方向，用户提供的信息越多，获得的资料就越准确。

4.1.3 生成文献摘要

借助 DeepSeek 生成文献摘要是一种很高效的文献阅读方式。DeepSeek 能对论文进行梳理，对论文中的研究对象、研究方法、得出的结论等核心内容进行标注，整理出关键信息以供参考。

1. 明确提问关键词

为了获得明确的答案，提问前要向 DeepSeek 明确文献基本信息及摘要内容要求。

（1）文献基本信息：包括标题、作者、发表年份、文献研究领域、文献关键术语、文献类型（学术论文 / 书籍章节 / 会议演讲）。也可直接在 DeepSeek 输入框单击回形针按钮，在附件中上传相关文献文档，如图 4–1 所示。

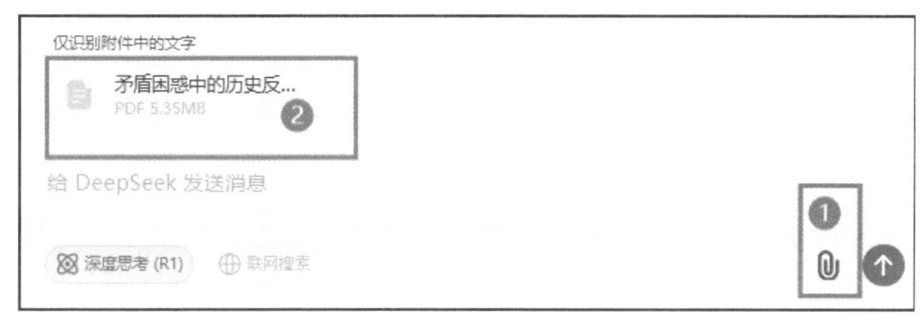

图4–1

（2）摘要内容要求：包括摘要内容侧重点、摘要深度与长度、目标读者适配（如面向专家 / 大众科普）、摘要输出格式要求（如分段 / 标注小标题）、内容输出语言、内容引用要求。

2. 实操案例

Q:

请你根据我上传的文件《矛盾困惑中的历史反思：评卜正民新著<纵乐的困惑：明代的商业与文化>》正文内容，生成一篇300字左右的文献摘要，要求突出论文中指出的卜正民书中的谬误。

《矛盾困惑中的历史反思》一文在肯定卜正民《纵乐的困惑》学术价值的同时，重点指出其存在的多重谬误。首先，在史料运用上，作者误将李乐《见闻杂记》中地域性记载泛化为全国现象，错误解读"门摊税"改革实质，并误判南京城砖铭文中的"总甲"为"招甲"，曲解明代砖文制度。其次，史实考据存在硬伤，如误称《天工开物》仅存日本刻本（实则中、法均有藏本），错误归因明英宗禁矿政策为遏制白银流通（实为管控流民），混淆金花银改革减轻官田佃户负担的本质。再次，制度认知层面出现基础性错误：将里甲制推行时间误前推至1371年（实为1381年），混淆保甲与里甲制度的性质差异，误用"四川省御史"等不合明代官制的表述。此外，研究方法存在缺陷，如选用唐宋背景的《紫箫记》《水浒传》插图论证明代社会，削弱论据效度；注释规范性不足，误标《经籍会通》为独立著作，曲解原始文献题名。尽管存在这些史料误读与史实讹误，评者仍肯定该书通过"四季"框架与多重视角，为明代商业文化研究提供了新的阐释路径，但其过度强调商业单线作用的史观仍需辩证审视。

DeepSeek 给出的文献摘要语言简洁，逻辑清晰，避免了过于技术化的术语，同时保持了学术的严谨。

4.1.4 进行作业辅导

如果在完成各科目的作业时遇到了难题，网络上智能搜索到的答案模棱两可、不够准确，不妨将问题抛给 DeepSeek，要求其辅助完成作业。

1. 明确提问关键词

为了获得明确的答案，提问前要向 DeepSeek 提供作业内容与目标及个人情况与需求。

（1）作业内容与目标：包括具体学科作业、作业类型、作业要求、输出格式要求、作业完成进度。为了保证作业内容的完整性，可以选择在附件中上传图片或文件，如图 4-2 所示。

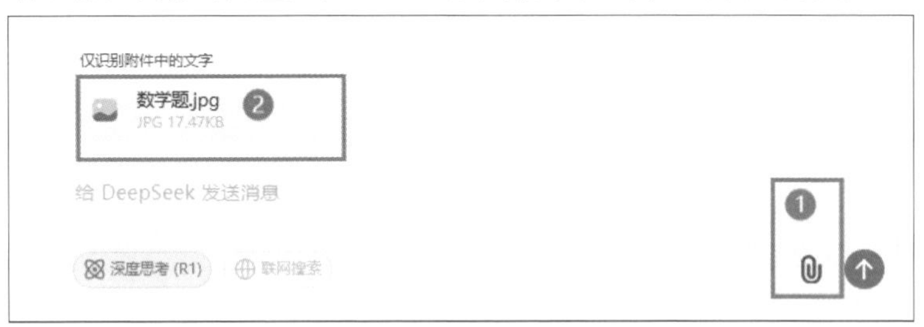

图4-2

（2）个人情况与需求：包括目前的知识水平、对相关知识点的掌握情况、辅导的方式（如文字解释 / 图表演示）、解题要求（如详细分步解析 / 仅关键提示）。

2. 实操案例

Q:

我是一名高三的学生，正在备战高考，请你为我提供这道政治题的解题过程，并说明相关考点。以下是完整题目。

18.(8 分) 阅读材料，完成下列要求。

“全球南方”最初泛指没有进入工业化社会的国家，冷战结束后，以金砖国家为代表的新兴市场国家和发展中国家群体性崛起成为“全球南方”兴起的集中体现。作为“全球南方”的一员，中国提出独立自主是“全球南方”的政治底色，发展振兴是“全球南方”的历史使命，公道正义是“全球南方”的共同主张。中国积极维护“金砖 +”合作模式，使金砖国家合作的影响超越成员国和地区范畴；积极开展共同关注领域的南南合作，维护发展中国家的发言权和发展权，积极与其他国际组织协作，坚定维护以联合国为核心的全球治理体系；积极落实全球发展倡议，帮助其他发展中国家走上绿色、可持续发展道路。

结合材料，运用当代国际政治与经济知识，阐释中国采取上述行动的原因。

解题思路与答案

本题要求结合材料分析中国在“全球南方”框架下采取一系列行动的原因，属于原因类主观题，需要从中国的外交政策、国际地位、全球治理主张等角度展开分析。以下是分步解析。

一、明确考点

本题涉及《当代国际政治与经济》的核心知识点：中国的外交政策宗旨与理念（维护世界和平、促进共同发展）；全球治理体系变革与南南合作；中国在国际事务中的角色与担当（构建人类命运共同体）；发展中国家团结合作的重要性。

二、提取材料关键信息

（1）中国主张：独立自主是政治底色，发展振兴是历史使命，公道正义是共同主张。

（2）具体行动：推动“金砖+”合作模式，扩大金砖影响力；开展南南合作，维护发展中国家权益；与联合国等国际组织协作，维护全球治理体系；落实全球发展倡议，促进绿色可持续发展。

三、答案组织与逻辑分析

……（生成内容太多，这里不过多描述）

四、参考答案（8分）

中国采取上述行动的原因在于：

（1）维护发展中国家共同利益，推动构建人类命运共同体。中国作为“全球南方”成员，与发展中国家历史使命一致，通过南南合作和金砖机制促进共同发展。

（2）推动国际关系民主化。中国反对霸权主义，通过“金砖+”模式扩大发展中国家话语权，维护国际公平正义。

（3）践行中国特色大国外交理念。中国落实全球发展倡议，帮助他国实现可持续发展，彰显大国责任担当。

（4）维护联合国为核心的全球治理体系。中国支持多边主义，推动全球治理体系改革，促进国际秩序更加公正合理。

五、评分标准

每点2分，需结合材料与知识点进行分析，仅罗列知识点最高得4分。

关键词：发展中国家共同利益、国际关系民主化、大国担当、联合国与全球治理。

DeepSeek 首先为题目明确了有关考点；然后结合材料提取了关键信息，并进行答案组织；最后给出了参考答案及评分细则。

4.1.5 分析重难点

学习时分析重难点，能学得明白、省时省力，越学越有劲。重难点能让人们知道学习该抓什么，不把时间浪费在简单题上，集中精力攻难题，快速地掌握重难点知识。当面对复杂的知识无从下手时，就可以利用 DeepSeek 分析重难点。

1. 明确提问关键词

为了获得明确的答案，提问前要向 DeepSeek 提供分析内容的基础信息及个人学习情况。

（1）分析内容的基础信息：包括具体学科 / 领域、具体章节 / 知识点、分析用途（备课 / 考前复习）、分析侧重点（理论 / 易错题 / 实际应用）、关联要求（结合考纲 / 真题）。

（2）个人学习情况：包括当前学习水平（基础能力掌握程度 / 常见误区）、学习方式（图文解析 / 视频演示）、可用学习工具、已有学习资源。

2. 实操案例

Q:

我是一名大三的学生，正在备考研究生，政治基础弱，马克思主义基本原理部分学习起来比较吃力，无法抓住重点知识，内容背起来较为拗口，请你为我归纳考研政治马克思主义基本原理部分的重难点。

针对你的备考需求，结合考研政治马克思主义基本原理部分的学科特点和近年命题趋势，我整理了以下重难点框架及复习建议。

一、学科框架与核心模块划分

马克思主义基本原理可分为四大模块：导论、马克思主义哲学、马克思主义政治经济学、科学社会主义。其中，马克思主义哲学（占比约 50%）是绝对核心，包含唯物论、辩证法、认识论、唯物史观四大板块；马克思主义政治经济学（占比约 30%）难度较高，涉及经济学原理；科学社会主义（占比约 20%）内容相对简单，但近年分值有所提升。

二、重难点知识梳理

1. 马克思主义哲学

（1）唯物论。

1）重点：物质与意识的辩证关系、世界的物质统一性原理、实践观（实践是自然存在与社会存在分化的基础）。

2）难点：区分“物质”的哲学定义与日常概念，理解“意识是客观内容与主观形式的统一”这一抽象表述。

（2）辩证法。

1）核心规律：对立统一规律（矛盾分析法）、质量互变规律（度与临界点）、否定之否定规律（螺旋式上升）。

2）高频考点：矛盾普遍性与特殊性的关系（如“具体问题具体分析”）、主次矛盾转化、联系的多样性（如系统思维）。

3）难点：辩证法的五对范畴（如原因与结果、必然性与偶然性、可能性与现实性、现象与本质、内容与形式）需结合实例理解，避免混淆概念。

（3）认识论。

1）核心原理：实践与认识的辩证关系、真理的客观性与相对性、真理与价值的统一。

2）高频考点：认识过程的两次飞跃（感性→理性→实践）、真理检验标准的唯一性（实践）。

（4）唯物史观。

1）重点：社会存在与社会意识的关系、社会基本矛盾（生产力与生产关系、经济基础与上层建筑）、人民群众的历史作用。

2）难点：区分“社会形态”与“社会制度”，理解“科学技术是第一生产力”的现代意义。

2. 马克思主义政治经济学

（1）基础理论：商品二因素（使用价值和价值）、劳动二重性（具体劳动与抽象劳动）、货币的本质与职能。

（2）高频考点：价值规律的表现形式（价格围绕价值波动）、剩余价值理论（绝对 / 相对剩余价值）、资本有机构成。

（3）难点：理解“劳动力成为商品的条件”与资本主义剥削的本质，需结合公式（如剩余价值率 = 剩余劳动时间 / 必要劳动时间）强化记忆。

3. 科学社会主义

（1）重点：社会主义从空想到科学的发展、无产阶级专政的本质、共产主义的基本特征。

（2）命题趋势：近年多结合“人类命运共同体”“共同富裕”等时政热点考查理论联系实际的能力。

三、复习策略与技巧

……（生成内容太多，这里不过多描述）

四、常见误区提醒

（1）忌死记硬背：马克思主义基本原理强调逻辑性，如“否定之否定规律”需结合“种子→植株→新种子”的实例理解。

（2）忌脱离真题：部分教材表述与真题答案存在差异（如“辩证唯物主义”与“历史唯物主义”的关系），需以真题答案为修正标准。

（3）忌忽视时政：近年分析题常以“科技创新”“生态文明”等热点为材料，需训练理论迁移能力。

通过系统性框架梳理和针对性练习，可显著提升马克思主义基本原理复习效率。建议结合《考研政治大纲解析》和《肖秀荣 1000 题》进行专项突破，每天预留 1h 用于马克思主义基本原理模块的滚动复习。

DeepSeek 首先分析了马克思主义基本原理知识框架和核心模块，然后对知识重难点进行了梳理，并给出相应的学习策略，指出常见的学习误区。

4.2 语言学习

传统的语言学习方式，如背单词、记语法、练写作等，虽然能够打好扎实的语言基础，但学起来费时费力，很容易学成“哑巴外语”。DeepSeek 能为语言学习者营造良好的学习氛围，提供丰富的学习资源。遇到不会的单词、语句时，DeepSeek 能总结高频词汇，提供翻译；遇到疑难语法时，DeepSeek 能归纳讲解知识点；DeepSeek 还能提供写作指导，模仿外国人和用户进行对话练习。本章将探讨 DeepSeek 在语言学习中发挥的作用。

4.2.1 总结高频词汇

在语言学习的道路上，词汇如修路的石子，会直接影响理解与表达。只有掌握足够的词汇，才能听懂句子、读懂文章，并避免表达单一；才不会发生想交流但词汇太多，只能比手画脚的情形。另外，词汇量不足会导致考试抓不住重点，刷题无数却总在重复错误。可以说，词汇量决定了语言学习的效率。利用 DeepSeek，可以进行高频词汇总结，提升语言学习效率。

1. 明确提问关键词

为了获得明确的答案，提问前要向 DeepSeek 提供词汇主题与目标，总结形式与应用需求。

（1）词汇主题与目标：包括具体学习领域（高考英语 / 四六级 / 雅思）、具体学习方向（如写作词汇）、个人学习水平（基础 / 进阶 / 高阶）。

（2）总结形式与应用需求：包括输出格式（中英对照 / 分类归纳）、详细程度（仅核心词汇 / 扩展搭配）、其他附加需求（如数量限制、标注记忆技巧）。

2. 实操案例

Q:

我是一名大学生，目前正在备考雅思，当前词汇量 6000 左右；我的目标分数是 7 分，我需要强化学术写作词汇，常混淆同义词。请你为我总结这方面的高频词汇，要求包含中文翻译，按词性分类总结并以表格形式输出。

以下是针对雅思学术写作的高频词汇总结，按词性分类整理，包含易混淆同义词辨析及中文翻译。表格设计清晰，方便对比记忆。

雅思学术写作高频词汇表

雅思学术写作高频词汇表（易混淆同义词）如表 4-2 所示。

表 4-2

词性	基础词汇	学术替换词	中文翻译	辨析与用法
名词	problem	Issue、dilemma	问题 / 困境	issue 较中性，dilemma 强调两难选择
	result	Outcome、consequence	结果 / 后果	outcome 指最终成果，consequence 多指负面后果
	advantage	Benefit、merit	优点 / 好处	merit 强调内在价值，benefit 侧重实际利益
动词	show	indicate、demonstrate	表明 / 证明	indicate 暗示关系，demonstrate 需逻辑论证
	increase	escalate、surge	增加 / 激增	escalate 多指负面增长，surge 强调突然性
	affect	influence、impact	影响	impact 强调重大 / 长期影响，后接 on
形容词	important	crucial、significant	重要的	crucial 指关键性，significant 强调统计学意义或突出影响
	enough	sufficient、adequate	足够的	adequate 含 " 勉强够用 " 之意，sufficient 更绝对
	clear	evident、apparent	明显的	evident 需证据支持，apparent 含 " 表面看似 " 之意
副词	finally	eventually、ultimately	最终	eventually 强调过程结果，ultimately 表根本性结论
	quickly	rapidly、promptly	快速地	rapidly 侧重速度，promptly 强调及时性
	mainly	predominantly、primarily	主要地	predominantly 指比例优势，primarily 强调首要性

2. 重点强化建议

（1）语境记忆：通过例句对比记忆（例：The outcome reflect steam work, while the consequence reveals policy flaws）。

（2）搭配训练：掌握固定搭配（例：significant difference、crucial factor、profound impact）。

（3）同义替换：在写作中主动替换基础词汇（将 important 替换为 pivotal/critical）。

（4）反义对照：同步记忆反义词（例：escalate↔subside、benefit↔ drawback）。

3. 高频学术词组补充

（1）因果关系：contributeto、leadto、resultin、giveriseto。

（2）对比转折：bycontrast、conversely、nevertheless、notwithstanding。

（3）结论强调：undoubtedly、remarkably、itisnoteworthythat。

建议配合剑桥雅思真题写作范文，标注其中的学术词汇使用场景，每周完成 3～5 篇精读分析，重点记录词汇的精准使用和同义转换技巧。

DeepSeek 可以根据用户给出的学习内容、学习目标及薄弱点，结合考点，针对性地总结高频词汇。

4.2.2 翻译外语

在外语学习中，难免会遇到一些陌生的词汇或是句子，而 DeepSeek 作为一款先进的 AI 工具，可以解决专业性很强的复杂词汇句子翻译问题，并且帮助用户积累一些翻译技巧。

1. 明确提问关键词

为了获得明确的答案，提问前要向 DeepSeek 提供翻译内容信息及翻译功能需求。

（1）翻译内容信息：包括需翻译的具体文本段落或文件内容（含特殊符号及格式要求）、内容所属行业或主题。也可直接在 DeepSeek 输入框单击回形针按钮，在附件中上传相关翻译内容，如图 4–3 所示。

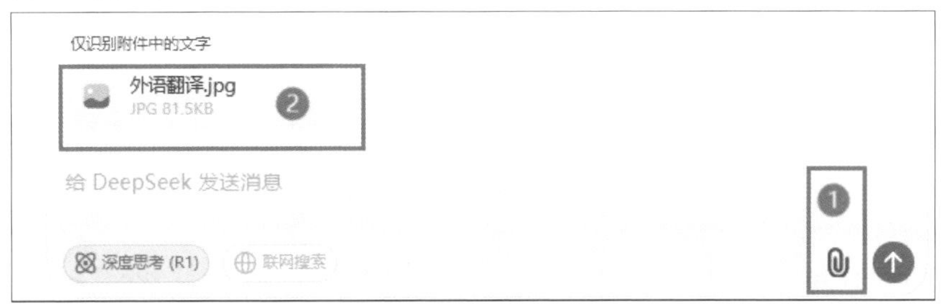

图4–3

（2）翻译功能需求：包括明确源语言与目标语言（如中译英）、翻译风格（正式文书 / 口语化文本）、翻译用途（应对考试 / 日常交流 / 学术研讨）。

2. 实操案例

下面以一篇韩语阅读翻译（图 4–4）作为相关示例进行介绍。

꽃집을 지나다가 꽃말에 이끌려 금잔화 꽃씨를 샀다. 화분에 심어 사무실의 내 책상 위에 두었더니 어느 날 싹이 텄다. 때맞춰 물도 주며 나는 수시로 들여다보았다. 신기했다. 작고 여린 싹은 눈에 띄게 쑥쑥 자랐다. 그런데 내가 상상한 모습이 아니었다. <u>도대체 여기서 어떻게 꽃이 핀다는 건지.</u> 무순처럼 길쭉하게 위로만 자라는 것이었다. 하루는 출근해 보니 금잔화가 쓰러져 있었다. 그럼 그렇지. 내가 무슨 식물을 키우나. 그날 나는 화분을 창가로 옮겨 놓았다. 죽을 것 같은 모습을 눈앞에서 보고 싶지 않았다. 그런데 어느 날부턴가 점점 줄기가 굵어지더니 잎도 제법 풍성해지기 시작했다. 어느 날에는 꽃망울도 올라와 있었다. 금잔화는 창문으로 들어오는 풍성한 햇볕 속에서 <u>스스로</u> 튼튼해졌다. 금잔화에게는 햇빛이 더 많이 필요했었나 보다. 사람도 식물도 사랑하려면 그 대상을 제대로 알아야 하는 건 똑같구나 싶었다. 씩씩하게 꽃피운 금잔화의 꽃말은 '반드시 올 행복'이다.

图4–4

Q:

我目前已通过 TOPIK Ⅰ，正在备考 TOPIK Ⅱ，我希望能提升阅读能力，请你为我准确翻译这篇文章。

以下是您提供的韩语文章的准确中文翻译，并附有词汇解析，以帮助您备考 TOPIK Ⅱ。

1. 翻译

偶然路过花市时，被花语吸引，买下了金盏花的种子。我将它种在花盆里，放在办公室的桌上。某天，种子悄然发芽。我时常低头观察，感到十分新奇——细小的嫩芽从泥土中探出，飞快地生长。然而，它并非我预想中的模样。这株植物究竟要如何开花？它只是像豆芽一般细长地向上蹿升。一天清晨，我发现金盏花倒伏了。果然如此啊，我哪会照料植物呢？那天，我将花盆移到窗边，不忍亲眼看着它枯萎。但不知从何时起，它的茎秆逐渐粗壮，枝叶也愈发繁茂。某日，竟结出了花苞。在从窗户倾泻而入的丰沛阳光下，金盏花自顾自地茁壮起来。原来，它需要更多的光照。无论是爱人还是爱植物，若想真正呵护对方，必先了解其本质——我恍然领悟。如今，金盏花绚烂绽放，它的花语是“必将到来的幸福”。

2. 重点词汇解析

（1）금진화（金盏花）：常见花卉，花语多与希望、幸福相关。

（2）꽃말（花语）：韩国文化中常以花语传递情感，需结合文化背景理解。

（3）튼튼해지다（茁壮成长）：拟态词，生动描述植物生长的状态。

（4）색색하게（绚烂的）：副词，强调花开时的繁盛景象。

3. 文章结构分析

（1）叙事逻辑：以种植金盏花的过程为线索，从期待、困惑、顿悟到感悟，层层递进。

（2）主题升华：通过植物生长引申到“爱与理解”的关系，符合 TOPIK Ⅱ 阅读题中常见的哲理类文章特点。

建议对照原文逐句分析连接词（如 -는데、-더니）和比喻手法，提升长句理解能力。祝备考顺利！

根据用户的语言基础及学习目标，DeepSeek 不仅提供了原文翻译，还针对考试附加了重点词汇解析及文章结构分析。

4.2.3 讲解语法知识

语法是语言精准性与创造性的基石，更是突破学习瓶颈的关键推力。然而，对于大多数人而言，学习语法却是语言学习中的一大难题，面对不同于中文表达的语法知识，人们想要理解都十分困难，更不要说背记。DeepSeek 能帮助用户在庞大的语法系统中，快速掌握语法知识。

1. 明确提问关键词

为了获得明确的答案，提问前要向 DeepSeek 明确语法内容与目标、个人情况与偏好。

（1）语法内容与目标：包括具体语法点、学习目标（基础掌握 / 考试提分 / 口语纠错）。

（2）个人情况与偏好：包括明确当前语法掌握程度、已有学习教材、可用学习工具、讲解方式（理论输出 / 搭配实战案例）。

2. 实操案例

我是一名大三学生，已经通过 CET6 考试，目前正在备考考研英语。我需要突破长难句翻译，常分不清定语从句和同位语从句，希望你能为我讲解这方面的语法知识，并搭配真题例句进行分析。

以下是针对定语从句和同位语从句的系统讲解，结合考研真题例句分析，助你快速攻克长难句翻译难点。

一、核心区别

从句的功能不同，如表 4–3 所示。

表 4–3

词语	定语从句	同位语从句
功能	修饰名词，相当于形容词（描述特征）	解释名词内容，相当于名词（说明具体信息）
标志	被修饰名词（先行词）范围广泛	被修饰名词多为抽象概念（fact、idea、evidence 等）
引导词	that/which/who 等，在从句中充当成分	that（占 90% 以上）不在从句中充当成分

二、真题例句精析（对比理解更高效）

1. 定语从句例句

例句 1：The method(that/which)he proposed finally solved the problem.

翻译：他提出的方法最终解决了问题。

解析：

先行词：method（具体事物）。

引导词：that/which（可省略，在从句中作宾语，指代 method）。

从句功能：说明 " 方法 " 的特征（是他提出的）。

例句 2：Researchers who study animal behavior shave made new discoveries.

翻译：研究动物行为的研究者们有了新发现。

解析：先行词：researchers（人）。

引导词：who（在从句中作主语，不可省略）。

从句功能：限定研究者的范围（专门研究动物行为的）。

2. 同位语从句例句

例句 1：The fact that the earth is round is undeniable.

翻译：地球是圆的这一事实不可否认。

解析：

抽象名词：fact。

引导词：that（无实义，不充当成分，只起连接作用）。

从句功能：解释 " 事实 " 的具体内容（地球是圆的）。

例句 2：There is evidence that the ancient city was destroyed by atsunami.

翻译：有证据表明，这座古城曾被海啸摧毁。

解析：

抽象名词：evidence。

引导词：that（仅连接作用，从句完整）。

从句功能：说明"证据"的具体结论（古城毁于海啸）。

……（生成内容太多，这里不过多描述）

五、翻译策略总结

定语从句：优先译为"…的"+名词（前置），过长的可拆分为后置分句。

同位语从句：用"即"、"也就是"连接，或用冒号、破折号分隔。

例如：The news that he won the championship excited everyone.

→他赢得冠军的消息让所有人兴奋。（定语式翻译）

→消息传来，即他赢得了冠军，让所有人兴奋。（同位语拆分翻译）

通过反复练习真题例句，你会逐渐形成对两种从句的直觉判断。在长难句中，先锁定主干，再分析从句性质，翻译时灵活调整语序，考研英语的长难句将不再成为障碍！

针对定语从句及同位语从句的相关语法，DeepSeek 首先以表格形式清晰地指出了二者的核心区别，然后按要求搭配例句进行分析，并针对学习目标给出了相应的学习策略。

4.2.4 指导外语写作

写作是检验语言综合应用能力的重要途径，如果用户有用外语进行写作的需求，则 DeepSeek 能提供写作指导。

1. 明确提问关键词

为了获得明确的答案，提问前要向 DeepSeek 明确写作任务信息、个人情况与指导需求。

（1）写作任务信息：包括写作类型（学术论文 / 商务邮件 / 考试作文）、写作主题（学科领域 / 应用场景 / 题目要求）、目标读者（面向教授 / 客户 / 大众）、写作用途（沟通 / 发表）、字数限制、引用规范、段落结构。

（2）个人情况与指导需求：包括明确个人语言水平、当前难点（语法薄弱 / 词汇单一 / 逻辑松散）、现有材料（是否已写草稿）、指导要求（语言润色 / 结构优化 / 提供写作例文）。

2. 实操案例

Q:

我是一名大学生，目前正在备考雅思，当前词汇量6000左右，当前常犯语法错误（时态混淆）、逻辑跳跃，希望加强雅思大作文的写作能力。请你给我一篇写作例文，并针对例文提供一些写作建议。

 以下是针对雅思大作文的示范文章及针对性写作建议。

雅思大作文题目

Somepeoplethinkthattechnologyincreasesthegapbetweenrichandpoor,whileothersbelieveithelpsreducesocialinequality.Discussbothviewsandgiveyourownopinion.

一、示范文章

Therapidadvancementoftechnologyhassparkeddebatesoveritsimpactonsocialequality.Whilesomearguethattechnologicalprogressexacerbatesincomeinequality,otherscontendthatitservesasatooltobridgesocietalgaps.Thisessaywillexplorebothperspectivesbeforepresentingabalancedconclusion.

Proponentsoftheviewthattechnologywidensinequalitypointtotheunequalaccesstoresources.Cutting-edgete chnologies,suchasAIandautomation,areoftenmonopolizedbywealthycorporations,enablingthemtoaccumulategreaterprofitswhiledisplacinglow-skilledworkers.Forinstance,thereplacementoffactoryworkerswithrobotshasleftmanyuneducatedindividualsunemployed,deepeningthewealthdivide.Moreover,thehighcostofadvancededucationintech-relatedfieldscreatesbarriersforunderprivilegedgroups,perpetuatingacycleofpoverty.

Conversely,advocatesfortechnology'sequalizingrolehighlightitspotentialtodemocratizeopportunities.Digitalplatformslikeonlineeducation(e.g.,Coursera)offeraffordableaccesstoknowledge,empoweringpeoplefromdisadvantagedbackgroundstoacquireskills.InruralIndia,mobilebankingserviceshaveenabledfarmerstobypasstraditionalfinancialintermediaries,directlyconnectingthemtomarketsandfairerprices.Furthermore,telemedicineinremoteareasbridgeshealthcaredisparitiesbyprovidingexpertconsultationstothosepreviouslyunderserved.

Inmyview,technologyitselfisneutral;itsimpactdependsongovernanceandpolicy.Governmentsmustregulatetechmonopoliesandinvestindigitalinfrastructureformarginalizedcommunities.Forexample,Estonia'snationwidefreecodingeducationprogramhassignificantlyreducedyouthunemployment,demonstratingthatequitabletechpoliciescanfosterinclusivity.

二、针对性写作建议

1. 解决时态混淆问题

（1）审题时标注时间关键词：若题目涉及过去事件（如 "Historyshowsthat…"），则用过去时；若讨论普遍现象或未来建议（如 "Technologyimpactssociety"），主用一般现在时或将来时。

（2）时间轴写作法：在草稿纸上画出 " 过去原因→现状→未来建议 " 的时间线，强制时态对应（如过去用 has increased，现状用 is widening，建议用 should invest）。

（3）专项练习：改写句子时态，例如将 "Social media connects people"（一般现在时）改为 "Social media connected people during the pandemic"（过去时）。

……（生成内容太多，这里不过多描述）

通过针对性训练语法盲点和逻辑结构，配合高频话题词汇积累，你的写作能力将稳步提升。建议每周精写 2 篇 + 分析 1 篇考官范文，重点关注连接词和例证细节。

根据学习内容，DeepSeek 能提供相应的写作指导。如果用户有需要，也可以将自己写好的文章发送给 DeepSeek，要求它指出错误，提供建议。

4.2.5 模拟外国人对话

对话练习在语言学习中具有不可替代的核心作用。对话练习通过互动，将听力（输入）与口语（输出）紧密结合，帮助学习者在语境中理解语法规则、词汇用法及语音语调，同时强化语言组织能力，帮助学习者突破“哑巴语言”的瓶颈。当没有合适的语言环境展开练习时，DeepSeek 通过定制化场景，能够模拟外国人，和用户进行对话练习，提升用户的语言表达能力。

1. 明确提问关键词

为了获得明确的答案，提问前要设定好双方角色，向 DeepSeek 明确对话场景与目标、个人语言能力与学习需求。

（1）设定双方角色：如游客与服务员、留学生与房东。

（2）明确对话场景与目标：包括明确目标语言、场景设定（日常闲聊 / 餐厅点餐 / 商务谈判 / 旅行问路 / 面试模拟）。

（3）个人语言能力与学习需求：当前表达水平（简单句子 / 连贯表达 / 流利讨论）、重点练

习方向（语法应用 / 词汇扩展 / 文化理解）。

2. 实操案例

Q:

你是美国当地一个餐厅的服务员，我是去旅游的游客，我需要在你工作的餐厅点餐，请你和我用英语进行对话。

Me:Hi there!Welcome to Sunny Side Diner! My name is Jamie. How many people will bed ining with you today?

You:(Respond in English as a tourist.)

(Let's start the conversation!I'll guide you through ordering drinks,appetizers,mains,and desserts.If you're unsure about any terms, I'll adjust accordingly.Ready?)

DeepSeek 根据用户设定的情形，首先展开了对话，随后用户可以紧跟 DeepSeek 的问题进行回答。如果想更好地练习口语表达能力，可以尝试选择输入法中的语音输入，如图 4–5 所示，将回答输入对话框后，即可和 DeepSeek 进行多轮的对话。下面是相关示例。

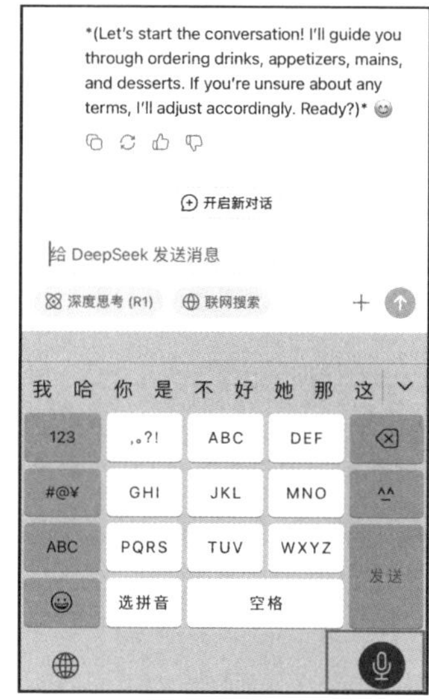

图4–5

Q:

Just me,thanks!

Me:Perfect!Here's a menu for you.Can I start you off with a drink?We'vegotfreshlemonade,icedtea,localcraftbeers, orourfamousstrawberrymilkshake—perfectforcoolingdownonahotday!

(Feelfreetoaskaboutingredients,sizes,orrecommendations!)

I'lltrythelemonade.

 Me:Greatchoice!Wouldyoulikearegularorlargelemonade?Oh,andourhomemadelemonadeisprettytangy—wouldyoupreferitsweetenedoras-is?

（Afterthat, I'llaskaboutappetizers!）

Q:

Aregularandsweetened, please！

Me:Awesome,oneregularsweetlemonadecomingrightup!Now,howaboutalittlesomethingtostart?Ourloadedpotatoskins(crispy,stuffedwithcheese&bacon)areahit,orthespinach-artichokedipwithwarmtortillachips—it'screamyandsogood! Orkeepitlightwithbuffalowings(spicyormild).Anycravings?

(I'lladjustifyou'revegetarian/allergicorjustskiptomains!)

……（生成内容太多，这里不过多描述）

用户可以和 DeepSeek 一直进行对话，也可以开启新对话，更换场景设定进行练习。

4.3 AI 协助备考

DeepSeek 能为用户备考提供个性化的支持，使用户的学习效率变得高效。DeepSeek 可以根据用户的学习进度和考试时间动态调整学习计划，像一位“智能教练”；能快速定位用户的知识盲区，分析薄弱点和考点；推送针对性练习题，生成模拟试卷；通过用户提交的答案，解析错题，相当于一个随身携带“全能家教”。简而言之，DeepSeek 可以让备考从“盲目题海”转向“精准狙击”，用更少的时间获得更大的提分空间。

4.3.1 制订备考计划

科学的备考计划能将碎片化时间整合为系统性学习周期，通过分阶段目标拆解（如基础巩固→专项突破→模拟冲刺），避免盲目刷题或重复性无效学习。借助 DeepSeek，可以制订个性化的备考计划。

1. 明确提问关键词

为了获得明确的答案，提问前要向 DeepSeek 明确考试与目标信息、个人情况。

（1）考试与目标信息：包括考试类型（如公务员考试）、备考科目、备考时长、目标分数。

（2）个人情况：包括各科目基础（可提供模拟考试成绩）、易错题型 / 知识点、可用学习时间、身体条件限制、已有学习资源、学习方式偏好（刷题为主 / 理论精讲 / 错题复盘）、其他附加需求（如动态调整计划）。

2. 实操案例

Q:

我是一名湖南长沙的初三学生，正在备考六月中旬的中考，其中英语科目的总分 100 分（听力 20 分）。我的英语听力部分较弱，我希望将听力部分提升至 18 分，我周一、周四有 30 分钟时间，周六、周日各有 1h 可以练习听力，请你为我制订一份备考计划。

根据你的目标和时间安排，结合湖南中考英语听力题型特点，我为你制订以下分阶段、可执行的备考计划。备考计划分为 3 个阶段（基础巩固→技巧强化→冲刺模拟），充分利用碎片时间，融合精听泛听结合策略。

1. 基础巩固阶段（3 周：3 月 24 日—4 月 13 日）

（1）目标：解决辨音障碍，积累高频场景词汇。

（2）每日任务。

1）周一 / 周四（30 分钟）。

①精听训练（20 分钟）：用《中考英语听力满分训练》或真题材料（如 2024 年长沙中考真题）。

②步骤：盲听 1 遍→逐句暂停跟读模仿→标记连读 / 弱读（如 "wantto → wanna"）→整理生词到场景词汇本。

③场景词汇记忆（10 分钟）：每天专注 1 个高频场景（如问路、购物），用思维导图整理关联词（如问路场景：turn left、opposite、landmark）。

2）周六 / 日（各 1 小时）。

①真题套题模拟（40 分钟）：完整做 1 套听力题→对答案→复听错题部分并分析原因（如漏听 but/however）。

②泛听输入（20 分钟）：听 BBC6 Minute English 或《全新英语听力 · 中考版》配套音频，专注整体理解。

2. 技巧强化阶段（4 周：4 月 14 日—5 月 11 日）

（1）目标：掌握应试策略，突破易错题型。

（2）每日任务。

1）周一 / 周四（30 分钟）。

①预判训练（15 分钟）：快速浏览题干选项（如选项含 $15/$50，预判数字题），用符号速记关键信息（如↑表 increase）。

②弱项专项突破（15 分钟）：针对错题本记录的薄弱点（如数字题），用《天利 38 套》专项练习。

2）周六 / 日（各 1 小时）。

①场景精听（40 分钟）：选择问路 / 电话留言等高频场景材料，完成“盲听→挖空填词→跟读”三步训练。

②影子跟读（20 分钟）：用 VOA 慢速英语 APP，延迟 1 ～ 2 秒跟读，提升语速适应力。

3. 冲刺模拟阶段（3 周：5 月 12 日—6 月 8 日）

……（生成内容太多，这里不过多描述）

6. 注意事项

（1）每周日晚上用 10 分钟制订下周详细计划（精确到具体材料页码）。

（2）每两周用“错题率统计表”跟踪进步（目标：从 40% 错误率降至 10%）。

（3）遇到瓶颈时优先突破“数字题”“转折逻辑题”两类易得分题型。

按此计划执行，结合你现有的听力水平（12 ～ 14 分），通过 3 个月系统训练，可将英语听力稳步提升至 18 分。最后一周减少新题练习，重点复习错题本和场景词汇，保持良好作息即可自信应考！

用户提供的考试信息及个人信息越详细，DeepSeek 制订的计划越具有针对性。DeepSeek 制订的计划包括阶段性目标及每日任务，它还会推荐相关资源，分享一些实用的备考技巧。

4.3.2 总结考试重点

掌握考试重点对备考具有决定性意义。通过精准聚焦重要考点，考生能节省时间和精力，避免无效的撒网式复习，将有限精力集中在提分空间最大的知识点。不但如此，掌握重点还能有效提高效率和成绩，减少考生的学习焦虑。但面对知识的海洋，想要凭借自己的能力快速整合考试重点，难上加难。学会利用 DeepSeek，则可以快速总结考试重点。

1. 明确提问关键词

为了获得明确的答案，提问前要向 DeepSeek 明确考试内容与要求、个人情况。

（1）考试内容与要求：包括考试类型（高考 / 考研 / 资格认证）、考试科目、考试范围、题型分布、考试形式、备考时间。

（2）个人情况：包括各科目基础（可提供模拟考试成绩）、考试弱点、可用学习时间、已有学习资源、学习策略偏好（图表归纳 / 口诀记忆 / 题海战术）。

2. 实操案例

Q:

我是一名大学生，正在准备期末考试，考试科目是生物化学，考试内容是《生物化学原理》的第 3 ～ 8 章。我还有 5 天的时间进行复习，请你为我总结一份考试重点，要包含有助于背诵的记忆口诀。

以下是为您整理的《生物化学原理》第 3 ～ 8 章考试重点及记忆口诀，结合最新考试大纲和高效记忆法，助您 5 天冲刺复习。

第 3 章　核酸

核心考点：

（1）DNA 双螺旋结构：反向平行、碱基互补配对（A-T、C-G）、大沟小沟。

• 口诀："Z 型 zuo 左手 "（Z 型 DNA 为左手螺旋）。

（2）RNA 分类与功能：mRNA（信使 RNA）、tRNA（转运 RNA）、rRNA（核糖体 RNA）。

• 口诀：" 我爱上了大 S，小 S 一路狂奔 "（原核 rRNA：大亚基 23S/5S，小亚基 16S）。

（3）核酸紫外吸收：260nm（核酸），280nm（蛋白质）。

• 口诀：" 王八蛋酸溜溜 "（蛋→蛋白质 280、酸→核酸 260）。

第 4 章　糖类

核心考点：

（1）糖类分类：单糖（葡萄糖）、寡糖（蔗糖）、多糖（淀粉、糖原）。

• 功能：供能、结构支持（如几丁质）、信号分子（如糖蛋白）。

（2）糖组学：研究糖链结构与功能的新兴领域

第 5 章　脂质

核心考点：

（1）脂类功能：储能（甘油三酯）、膜结构（磷脂）、信号传递（类固醇激素）。

• 口诀：" 麻油花生油 "（必需脂肪酸：亚油酸、α－亚麻酸、花生四烯酸）。

（2）胆固醇 代谢。

• 关键酶：HMG-CoA 还原酶。

• 口诀：" 还原故乡 "（HMG-CoA 还原酶是胆固醇合成限速酶）。

……（生成内容太多，这里不过多描述）

第 8 章　糖代谢

核心考点：

（1）糖酵解关键酶：己糖激酶、磷酸果糖激酶 -1、丙酮酸激酶。

• 口诀："邻国疾病急，糖角来救急"（邻→磷酸果糖激酶、疾→己糖激酶、急→丙酮酸激酶）。

（2）三羧酸循环：4 次脱氢、2 次脱羧、1 次底物磷酸化。

• 口诀："柠异戊酮羧三"（3 个关键酶：柠檬酸合酶、异柠檬酸脱氢酶、α - 酮戊二酸脱氢酶）。

复习建议：

（1）优先级排序：酶（第 6 章）>核酸（第 3 章）>糖代谢（第 8 章）>生物氧化（第 7 章）>脂质（第 5 章）>糖类（第 4 章）。

（2）记忆强化：每日抽 30 分钟背诵口诀，结合代谢流程图理解（如糖酵解、三羧酸循环）。

（3）真题演练：重点练习酶动力学计算、呼吸链抑制剂作用机制、代谢途径关键步骤。

祝您考试顺利！如需完整口诀集，可参考小亮老师西综记忆口诀及《生化轻松记》的拓展内容。

针对 5 天的复习时间，DeepSeek 总结的内容精简，重点突出。DeepSeek 分章节列出了核心知识点和对应的口诀，确保考生能在短时间内高效记忆，同时提醒考生复习的优先级排序，给出合理的复习建议。

4.3.3　生成模拟试卷

在备考过程中，除了读、背、记知识点、练习习题外，完成模拟试卷也是十分重要的备考策略。模拟试卷的练习可以针对性强化高频考点，同时锻炼答题节奏与时间管理能力。在练习模拟试卷的冲刺阶段，考生已经掌握了自己的薄弱点、易错点及考试的重难点，此时你就可以要求 DeepSeek 生成针对性强的模拟试卷，进行练习。

1. 明确提问关键词

为了获得明确的答案，提问前要向 DeepSeek 明确试卷基础参数、使用者情况与需求。

（1）试卷基础参数：包括试卷科目、内容范围、题型结构、分值分布、试卷难度、知识点侧重。

（2）使用者情况与需求：包括使用者学段（小学 / 初中 / 大学）、使用者学习水平（如英语四级 500 分水平）、考试总时长、输出格式（文字形式 /Word/PDF/ 在线答题）、是否需答案与解析。

2. 实操案例

Q:

我是一名初中生，请你为我生成一份初二数学模拟试卷，试卷总分为 100 分，考试时间为 60 分钟，其中选择题 12 道、解答题 6 道；考试范围需覆盖一次函数与勾股定理，选择题含 4 道易错陷阱题，解答题重点考查函数图像分析，无须提供答案解析。

初二数学模拟试卷

总分：100 分 考试时间：60 分钟

一、选择题（每题 4 分，共 48 分）

1. 下列各组数中，能构成直角三角形的是（　　）。

A. 1, 2, 3　　B. 3, 4, 5　　C. 4, 5, 6　　D. 6, 7, 8

2. 一次函数 ($y=-3x+2$) 的图像经过的象限是（　　）。

A. 一、二、三　　B. 一、二、四　　C. 一、三、四　　D. 二、三、四

3. 直角三角形两直角边分别为 6 和 8，斜边长为（　　）。

A. 10　　B. 14　　C. 12　　D. 9.5

4. 一次函数 (*y*=(*m*−1)*x*+3) 中，*y* 随 *x* 增大而减小，则 *m* 的取值范围是（　　）。

A. (*m* > 1)　　B. (*m* < 1)　　C.(*m*=1)　　D. (*m* neq 1)

5. 已知点 (*A*(3,4)) 在函数 (*y*=*kx*+1) 的图像上，则 *k* 的值为（　　）。

A. 1　　B. 2　　C. 3　　D. 4

6. 下列勾股数正确的是（　　）。

A. 5, 12, 13　　B. 7, 8, 9　　C. 6, 7, 8　　D. 10, 15, 20

7. 直线 (*y*=2*x*−1) 与 *y* 轴交点的坐标是（　　）。

A. (0, −1)　　B. (1, 0)　　C. (−1, 0)　　D. (0, 2)

8. 直角三角形斜边上的高 h 与两直角边 *a*、*b* 及斜边 *c* 的关系是（　　）。

A. $h=ab/c$　　B. $h=a+b$　　C. $h=c/2$　　D. $h=a^2+b^2$

9.（易错题）下列不能构成直角三角形的是（　　）。

A. 1.5, 2, 2.5　　B. 3, 4, 6　　C. 5, 12, 13　　D. 7, 24, 25

10.（易错题）一次函数图像经过第二、三、四象限，则 *k* 和 *b* 的符号是（　　）。

A. (*k* > 0，*b* > 0)　　B. (*k* > 0，*b* < 0)

C. (*k* < 0，*b* > 0)　　D. (*k* < 0，*b* < 0)

11.（易错题）小明从家出发去图书馆，停留后跑步回家，正确描述该过程的图像是（　　）。

A. 先上升→水平→下降　　B. 先上升→水平→上升

C. 先上升→下降→水平　　D. 先上升→下降→下降

12.（易错题）直角三角形两边长分别为 5 和 12，第三边长为（　　）。

A. 13　　B. (sqrt{119})

C. 13 或 (sqrt{119})　　D. 15

二、解答题（共 52 分）

1.（8 分）已知一次函数 (*y*=−2*x*+4)。

（1）求图像与 *x* 轴、*y* 轴的交点坐标；

（2）画出函数图像，标出截距和斜率。

……（生成内容太多，这里不过多描述）

6.（10 分）点 *A*(0, 6)、*B*(8, 0)，点 *C* 在线段 *AB* 上且 (*AC* ： *CB*=3 ： 1)。

（1）求点 *C* 的坐标；

（2）求原点 O 到 *C* 的距离。

4.3.4　进行错题分析

备考过程中，分析错题能够精准定位薄弱环节并实现高效提分。通过系统整理错题，考生能快速识别知识盲区，针对性强化核心考点，减少重复错误；同时，通过错因诊断，可优化复习策略，避免低效的题海战术。DeepSeek 能根据考生的错题整理知识点，提供复习侧重点及同类型的题目，巩固知识点。

1. 明确提问关键词

为了获得明确的答案，提问前要向 DeepSeek 提供错题信息、个人情况与需求。

（1）错题信息：包括提供原题内容、学生错误答案。为了保证错题内容的完整性，可以选

择在附件中上传扫描图片或文件，如图 4–6 所示，并明确题目来源（教材 / 模拟卷 / 作业题）、同类题重复错误频率。

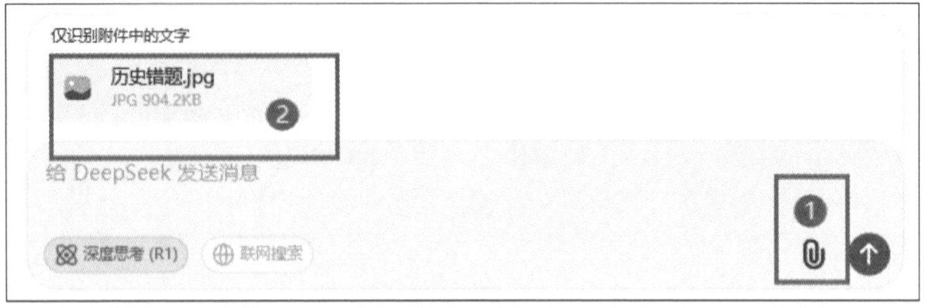

图4–6

（2）个人情况与需求：包括学习学段（小学 / 初中 / 大学）、学习水平（如几何基础薄弱）、答题习惯（如跳过草稿直接口算）、错题分析形式（错误归因报告 / 针对性练习题）。

2. 实操案例

下面以一道历史错题（图 4–7）作为相关示例进行介绍。

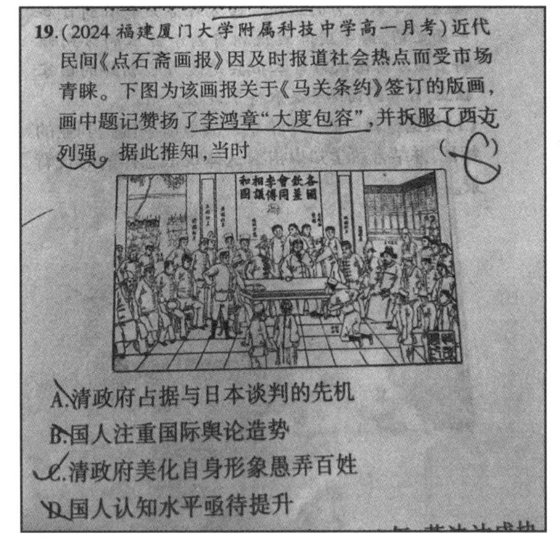

19.（2024 福建厦门大学附属科技中学高一月考）近代民间《点石斋画报》因及时报道社会热点而受市场青睐。下图为该画报关于《马关条约》签订的版画，画中题记赞扬了李鸿章“大度包容”，并折服了西方列强。据此推知，当时

A.清政府占据与日本谈判的先机

B.国人注重国际舆论造势

C.清政府美化自身形象愚弄百姓

D.国人认知水平亟待提升

图4–7

Q:

我是一名高一学生，请你对我上传的错题进行分析整理，为我提供正确的解题步骤，并归纳相关知识点。

一、解题步骤

1. 分析题干背景

《点石斋画报》作为近代民间媒体，对《马关条约》签订进行了美化，赞扬李鸿章“大度包容”并“折服列强”。而历史事实是，《马关条约》是清朝战败后签订的不平等条约，李鸿章在谈判中处于被动地位，列强并未被“折服”。因此，画报的报道与事实严重不符。

2. 排除错误选项

A 选项（清政府占据谈判先机）：不符合史实。甲午战争清朝战败，谈判是被迫的，不存在“先机”。

B选项（注重国际舆论造势）：画报是民间媒体，主要面向国内读者，且内容美化清朝，未体现国际舆论的意图。

C选项（清政府美化形象愚弄百姓）：《点石斋画报》是民间媒体，非清政府官方宣传工具，因此不能直接归因于政府行为。

3. 确定正确答案

D选项（国人认知水平亟待提升）：画报对事件的片面报道，反映了当时部分民众和媒体对国际事务的认知局限，甚至存在盲目乐观的误解。这符合题干"据此推知"的要求。

答案：D。

二、相关知识点归纳

1.《马关条约》背景

（1）签订时间：1895年，甲午战争清朝战败后。

（2）主要内容：割让台湾及澎湖列岛、赔款2亿两白银、开放通商口岸等。

（3）影响：中国半殖民地化程度加深，民族危机加剧。

2.《点石斋画报》的性质

（1）近代民间商业画报，以社会热点新闻为主要内容，注重市场吸引力。

（2）其报道可能因迎合读者或信息不全而存在片面性，不代表官方立场。

3. 晚清社会认知特点

（1）部分民众对国际事务了解有限，易被媒体片面信息误导。

（2）民族意识尚未完全觉醒，对列强侵略本质认识不足。

三、总结

本题通过分析《点石斋画报》的报道偏差，揭示了晚清时期国人认知水平的局限性。解题时，需结合历史事实与媒体性质，排除干扰选项，明确答案指向社会认知层面的问题。

DeepSeek 提供的解题步骤逻辑清晰，紧扣题干，排除法运用得当；知识点归纳准确，涵盖条约背景、画报性质及社会认知，简明扼要；答案D的推导合理，契合"认知水平不足"的核心。总体而言，答案兼具史实性与思维深度，符合高一学习需求。

第05章 职场办公：工作效率飙升的秘籍

在如今快速的生活节奏中，高效办公是所有职场人士追求的目标。DeepSeek 可以帮助职场人士很好地应对在职场办公中遇到的各种问题，提升工作效率，包括制订职业生涯规划、助力公司招聘和求职者求职等。本章即探讨 DeepSeek 在职场办公中的应用。

5.1 职业生涯规划

职业生涯规划是个人职业发展道路上的系统性导航。职业生涯规划能帮助个体清晰定位兴趣与能力，避免盲目就业导致的职业错配；能分阶段拆解目标，帮助个体强化核心竞争力并降低试错成本。系统的职业生涯规划可以提升职业成功率，并显著缓解长期发展的焦虑感，最终实现职业与生活的协同成长。

5.1.1 进行行业调研

进行行业调研包括了解行业需求、职业前景和竞争力提升等。行业调研能帮助用户了解行业趋势、市场需求和竞争情况，找到有潜力的行业，从而做出明智的职业决策，并有助于个人应对市场变化，提升自我的竞争力。利用 DeepSeek 进行行业调研，可以掌握最新的行业信息，便于个人快速分析行业情况。

1. 明确提问关键词

为了获得明确的答案，提问前要向 DeepSeek 提供个人资源及情况、行业背景与调研目标、分析维度、输出要求。

（1）个人资源及情况：包括已有数据（如企业销售数据）、可用预算、数据保密要求。

（2）行业背景与调研目标：包括目标行业、目标岗位、产业链环节（上游 / 中游 / 下游）、地域范围（如全球市场）、调研目的（投资分析 / 竞争策略制定 / 政策研究）。

（3）分析维度：提供 1 ～ 3 项重点关注方向（市场规模与增长率 / 用户画像与消费行为 / 竞争格局 / 技术趋势与创新 / 政策与法规风险）、数据来源偏好（公开数据 / 付费数据库）。

（4）输出要求：输出形式（简报 / 深度报告 / 数据可视化图表）、语言偏好（中 / 英文报告）、其他格式规范。

2. 实操案例

Q:

我擅长逻辑分析，职业目标是成为 AI 行业算法工程师，希望 3 年内进入行业 TOP10 企业，接受向数据科学岗位横向扩展；我比较关注 AI 芯片设计岗位的技能要求（CUDA 编程、FPGA 开发经验），目前已有《2024 全球 AI 人才报告》，需补充国内中小企业招聘数据。请你根据我的情况和要求，为我生成一份行业调研报告。

AI 芯片设计岗位行业调研报告（2025 年国内中小企业视角）

一、行业趋势与岗位需求分析

1. 国内 AI 芯片企业布局加速

中小型半导体 / 集成电路企业（如上海某中型半导体公司、北京某知名国企）正加大对 AI 芯片全流程研发投入，覆盖架构设计、驱动开发、编译器优化等方向。岗位薪资普遍在 35 ～ 80K 且 14 ～ 16 薪区间，核心岗位（如架构师）年薪可达百万级。

2. 技术方向聚焦高性能与垂直场景

（1）高性能计算芯片：需优化 PPA（性能、功耗、面积）及 HBM/2.5D 封装技术；

（2）软硬件协同设计：驱动开发要求适配云 / 端场景，支持 CUDA 生态；

（3）编译器与算子库：国企及 RISC-V 企业（如睿思芯科）强调编译器开发与模型优化能力。

二、核心技能要求及学习路径

（结合国内中小企业招聘需求与您的职业目标）

……（生成内容太多，这里不过多描述）

DeepSeek 给出的行业调研报告包含行业趋势、技能要求、企业案例、职业发展建议，其中技能要求结合了国内中小企业招聘需求与个人的职业目标，以表格形式展现，如表 5-1 所示。

表 5-1

技能类别	具体要求	学习建议
核心技术栈	CUDA 编程：需熟悉异步任务调度、DMA 优化等 GPU 机制；FPGA/ASIC 开发：Verilog 逻辑设计、DFX/DVFS 方案经验；编译器开发：LLVM 框架优化、AI 模型算子库开发能力	参与开源项目（如 TVM）、企业级 HPC 芯片仿真项目
系统级能力	软硬件协同：需理解 Linux 内核、虚拟化技术及硬件调试流程；架构设计：掌握计算机体系结构、SoC 芯片全流程设计	研读 RISC-V 开源项目（如睿思芯科案例）
横向扩展技能	数据科学：模型训练流程分析、性能调优经验可衔接算法岗位；封装技术：2.5D/3D 集成经验为差异化竞争力	关注 AI+EDA 工具链（如 Cadence 最新方案）

5.1.2 进行职业方向与能力评估

进行职业方向与能力评估是职业生涯规划的核心环节。职业方向评估能帮助个体了解自己的兴趣、能力、价值观，发现自己的优势和短板，为制订针对性提升计划提供科学依据。利用 DeepSeek 进行职业方向与能力评估，可以更客观地看待自己的优势、劣势，以便制定客观的职业生涯规划。

1. 明确提问关键词

为了获得明确的答案，提问前要向 DeepSeek 提供个人基础信息、职业偏好与目标、市场与环境信息。

（1）个人基础信息：包括教育背景、工作年限、行业经验、过往项目或成果、个人技能（编程语言 / 沟通能力）、已有证书 / 资质（如 PMP）。

（2）职业偏好与目标：包括职业兴趣（创造性工作 / 结构化工作）、价值观（高薪 / 稳定性 / 社会价值）、职业目标、地域偏好。

（3）市场与环境信息：提供意向行业、岗位职责与能力要求、对标人物 / 企业、岗位供需情况。

2. 实操案例

Q:

我是本科学历，计算机专业毕业；我倾向从事 AI 行业，希望 3 年内成为 AI 算法工程师。请你根据我的情况，对我的职业方向与能力进行评估。

基于你的背景（计算机本科、INTP 型人格）与职业目标（3 年内成为 AI 算法工程师），结合当前 AI 行业发展趋势及性格适配性，以下是综合评估与建议。

一、职业方向适配性分析

1. INTP 人格与 AI 算法工程师的匹配度

（1）核心优势：INTP 的逻辑分析能力、抽象思维和对复杂系统的理解力与 AI 算法开发高度契合。你倾向于独立钻研技术细节，适合需要持续理论探索的领域（如深度学习模型优化、算法创新）。

（2）潜在挑战：INTP 可能对重复性任务缺乏耐心，需注意团队协作与沟通能力的提升（如向非技术人员解释算法原理）。

2. AI 算法工程师的细分方向推荐

（1）自然语言处理（NLP）：适合喜欢逻辑推理与语言模型研究的 INTP，可参与大模型（如 GPT、DeepSeek）的优化与应用。

（2）计算机视觉：需较强数学基础（如线性代数、图像处理），适合喜欢解决具象问题的 INTP。

（3）强化学习 / 多模态 AI：新兴领域，符合 INTP 对前沿技术的探索欲，但需快速学习能力。

3. 能力差距与提升路径

……（生成内容太多，这里不过多描述）

通过向 DeepSeek 提供职业发展方向与个人信息，DeepSeek 能对职业方向匹配度进行分析，根据个人发展优势与需要提升的能力，并结合职业方向，制定一份能力提升规划。

5.1.3 分析职业发展路径

职业发展路径通常分为行政管理型、专业技术型和自我创业型，个体需要结合自身能力、兴趣、社会环境等因素选择合适的方向。职业发展路径分析能帮助个人明确不同阶段的职业方向，结合自身优势和市场需求，调整职业发展策略，并且有助于开展针对性学习和实践，缩短成长周期。利用 DeepSeek 进行职业发展路径分析，能够实现个人与职业发展机会的精准匹配，并构建出动态可调整的成长路径。

1. 明确提问关键词

为了获得明确的答案，提问前要向 DeepSeek 提供个人现状与能力基础、职业偏好与目标、市场环境与路径选择。

（1）个人现状与能力基础：包括当前岗位与行业、教育背景、工作年限、行业经验、项目成果、个人技能（编程语言 / 沟通能力）、相关证书、短板限制。

（2）职业偏好与目标：包括行业偏好、行业目标（短期目标 / 长期愿景）、价值观（高薪 / 稳定性 / 社会价值）、职业目标、地域偏好。

（3）市场环境与路径选择：提供意向行业、岗位职责与能力要求、可行性路径（内部晋升 / 外部转型）、可用资源（人脉 / 培训预算 / 时间投入）、风险容忍度（如接受降薪 30% 换取转行机会）。

2. 实操案例

Q:

我是一个拥有 5 年医疗产品行业经验的产品经理；我对智慧医疗的发展很感兴趣，希望在 3 年内成为智慧医疗产品总监；我的逻辑分析能力强，但数据分析能力和医疗专业知识较弱。请你根据我的情况，对我的职业发展路径进行分析，要求包括智慧医疗行业的晋升路径。

基于你的背景和职业目标，结合当前智慧医疗行业发展趋势及晋升路径，以下是为你定制的职业发展分析及能力提升建议。

一、智慧医疗行业晋升路径解析

根据行业岗位体系，智慧医疗产品总监的晋升路径通常分为技术深度型与管理复合型两条通道。

1. 技术深度路径

产品经理→高级产品经理（主导 AI 医疗产品线）→智慧医疗产品专家（聚焦算法 / 数据应用）→产品总监。

核心能力：医疗 AI 技术整合能力、临床需求转化能力、数据分析建模能力。

2. 管理复合型路径

医疗产品经理→智慧医疗业务线负责人（管理 3 ～ 5 人团队）→智慧医疗事业部总监（统筹多产品线）。

核心能力：跨部门资源协调能力、医疗政策解读能力、商业化战略规划能力。

二、3 年目标拆解与关键能力补足

阶段 1：第 1 年（2025 ～ 2026）

目标定位：成为智慧医疗细分领域（如 AI 辅助诊断 / 医疗大数据）的资深产品负责人。

能力提升重点：

1. 医疗专业知识补足

（1）系统学习《医疗器械软件审评要点》等法规，考取健康信息管理师（HIMSS 认证）。

（2）深度参与临床科室需求调研，掌握电子病历（EMR）、医学影像 PACS 系统等核心场景痛点。

……（生成内容太多，这里不过多描述）

四、推荐学习资源与认证体系

推荐学习资源与认证体系如表 5-2 所示。

表 5-2

能力维度	推荐资源
医疗专业知识	HIMSS 数字健康领袖认证、CMDA 医疗器械法规高级研修班
数据分析	Coursera 医疗数据分析专项课程、Kaggle 医学影像分类竞赛
技术整合	哈佛医学院 AI 医疗公开课、NVIDIAClara 医疗平台开发者认证
战略管理	PMI 医疗项目管理认证 (PgMP)、中欧国际工商学院医疗管理 EMBA

通过“技术深度 + 管理宽度”双轨推进，配合每半年一次的能力评估（建议使用《医疗 AI 产品经理能力雷达图》工具），你将在 3 年内完成从执行层到战略层的跨越。当前医疗 AI 产品总监岗位年薪中位数已达 80 ～ 120 万元，建议优先选择融资阶段 B 轮以上的医疗科技公司积累实战经验。

DeepSeek 可以基于用户的背景和职业目标，对职业发展路径和能力提升进行分析，制定阶段性的目标，并推荐学习资源。

5.1.4 制定职业转型策略

面对一个全新的行业，制定职业转型策略能够帮助个体在新的职场环境中主动适应行业趋势与市场需求，提升自我适应能力并降低转型风险。利用 DeepSeek 制定职业转型策略，可以更好地分析职业竞争优势，突破职业瓶颈，开拓发展空间。

1. 明确提问关键词

为了获得明确的答案，提问前要向 DeepSeek 提供个人现状与转型目标、目标行业与岗位分析、资源与执行策略。

（1）个人现状与转型目标：包括当前行业 / 岗位、工作年限、核心能力（如财务分析）、可迁移技能（项目管理 / 数据分析 / 跨部门沟通）、转型动机（厌倦重复性工作 / 追求兴趣 / 行业萎缩 / 薪资瓶颈）、目标方向（短期试水 / 彻底转型）。

（2）目标行业与岗位分析：包括目标行业趋势（如岗位需求缺口）、技能与经验差距（如需补足行业知识）、岗位要求、转型门槛。

（3）资源与执行策略：提供可用资源（现公司转岗机会 / 行业人脉 / 脱产学习时间 / 导师支持）、风险偏好（保守策略 / 激进策略）、时间与成本限制（是否接受薪资降幅 /1 年内完成转型）。

2. 实操案例

Q:

我目前在传统制造业担任生产主管，有 5 年工作经验，生产管理能力与跨部门交流能力强，但缺乏数据分析能力；我希望从传统制造转向智能制造行业，希望在 2 年内成为产品经理。请你为我制定职业转型策略，要求包含转型风险的评估。

基于你的背景和目标，结合当前智能制造行业趋势及产品经理能力要求，以下为你制定分阶段的转型策略，并评估潜在风险及应对方案。

一、转型策略分阶段规划

第一阶段：基础能力补足（3 ～ 6 个月）

（1）数据分析能力提升。

1）学习路径。

①工具技能：系统学习 Python（Pandas、NumPy）、SQL 及 PowerBI/Tableau 等数据分析工具，掌握数据清洗、可视化及基础统计分析方法。

② AI 技术基础：通过吴恩达《机器学习》课程入门，重点学习工业场景中常用技术（如预测性维护、数字孪生、强化学习算法）的原理与应用。

2）实践方式：利用现有生产数据模拟优化案例（如设备停机率分析），输出可视化报告并尝试提出改进建议。

（2）行业知识积累。

1）智能制造场景研究。

①重点学习工业 4.0 架构（如西门子 MindSphere、海尔 COSMOPlat）、智能工厂核心模块（生产排程优化、设备互联、MES 系统）。

②研读《工业 AI 应用场景 100 例》《智能制造 AI 技能图谱》等行业资料，理解 AI 在制造流程中的应用。

2）行业动态跟踪：关注工信部报告、中国智能制造百人会等官方渠道，掌握政策方向及技术趋势。

第二阶段：产品经理核心能力构建（6 ～ 12 个月）

（1）产品设计能力。

1）工具学习：掌握 Axure、Figma 等原型设计工具，结合生产经验设计智能排产系统、设备健康管理平台等场景化方案。

……（生成内容太多，这里不过多描述）

DeepSeek 能根据用户的背景和需求给出相应策略，策略中涵盖了技能学习、实践项目、人脉拓展，风险评估，并主要针对用户弱点进行了评估。

5.2 招聘与求职

对于企业来说，DeepSeek 可以辅助生成招聘信息、优化面试流程安排，生成面试问题，提高人才筛选的效率；对于求职者来说，DeepSeek 可以辅助生成个人简历、模拟面试问答，提高个人的竞争力和面试成功率。

5.2.1 生成招聘信息

DeepSeek 可以根据企业提供的信息，为企业生成招聘信息，大大提高人才招聘效率，节省企业的办事时间。

1. 明确提问关键词

为了获得明确的答案，提问前要向 DeepSeek 提供岗位基础信息、企业与其他附加信息。

（1）岗位基础信息：包括岗位名称、办公模式、招聘类型（全职 / 兼职 / 实习）、招聘人数、岗位核心职责、岗位要求（学历 / 经验 / 技能 / 工具 / 优先条件 / 性格特质）、薪酬福利。

（2）企业与其他附加信息：包括主营业务、行业地位、团队文化、投递渠道、需附材料（简历 / 作品集 / 推荐信）。

2. 实操案例

Q:

请你根据我给的信息，生成一份招聘公告。

企业信息：蓝精灵幼儿园，拥有 10 年教学经验的公立幼儿园。

招聘岗位：幼儿教师（2 名）。

岗位职责：制订幼儿教学计划，组织幼儿教学活动，负责班级的日常管理工作，定期与家长沟通交流，策划幼儿活动。

薪资待遇：2300 元 / 月 + 周末双休 + 节假日福利。

其他要求：应聘时需携带身份证复印件及相关技能证书。

蓝精灵幼儿园招聘公告

1. 企业简介

蓝精灵幼儿园是一所拥有 10 年教学经验的公立幼儿园，始终秉承“以爱育爱，用心教育”的理念，致力于为幼儿提供优质的学前教育。现因发展需要，面向社会公开招聘幼儿教师，期待热爱幼教事业的您加入！

2. 招聘岗位

幼儿教师（2 名）。

3. 岗位职责

（1）制订科学合理的幼儿教学计划，组织生动有趣的教学活动。

（2）负责班级日常管理工作，营造安全、温馨的班级环境。

（3）定期与家长沟通交流，反馈幼儿成长情况，促进家园共育。

（4）策划并实施节日活动、亲子活动等，丰富幼儿在园体验。

4. 任职要求

（1）热爱学前教育事业，品行端正，富有爱心、耐心和责任心。

（2）持有幼儿园教师资格证书（应届毕业生需承诺在规定时间内取得）。

（3）具有学前教育或相关专业背景，大专及以上学历优先。

（4）年龄原则上不超过 45 周岁，身心健康，具备岗位要求的身体条件。

（5）有教学经验或艺术、体育等特长者优先。

……（生成内容太多，这里不过多描述）

DeepSeek 可以根据用户提供的信息，生成包含企业信息、岗位信息的招聘公告。

5.2.2 优化面试流程安排

企业提前优化面试流程安排，能展现企业的规范性；明确流程，可以提高招聘效率，保障公平公正，提升企业形象。合理安排时间和标准化评估能提升招聘效率，减少候选人流失，也能降低用人风险。利用 DeepSeek 可以设计标准化、精准化的面试环节，实现人才选拔质量与企业形象价值的双提升。

1. 明确提问关键词

为了获得明确的答案，提问前要向 DeepSeek 提供岗位需求与面试设计、流程执行细节与资源。

（1）岗位需求与面试设计：包括职位名称、核心职责、硬性条件（学历 / 经验 / 证书）、能力评估维度（如技术能力）、面试类型（初筛 / 技术面 /HR 面 / 终面）、面试形式。

（2）流程执行细节与资源：包括面试时间规划（如各环节时间节点）、评分标准、流程执行规范。

2. 实操案例

Q:

请你根据我给的信息，设计一份合理明确的面试流程安排。

面试类型：结构化面试 2 分钟＋试讲 8 分钟（备课时长 30 分钟）。

岗位信息：高中语文教师。

岗位要求：持有高中语文教师资格证、普通话二级甲等资格证。

关键环节：报到核验，需 8 ： 30 前到达并核验证件；抽签分组，8 ： 30 开始通过人工抽取号码分组；候考管理，电子设备装在信封中，交由现场工作人员统一保管；抽取考题，9 ： 00 开始，面试者在三道试讲课文中盲抽一道作为考题；备课，9 ： 10 分分批进入备课室进行备课，备课时长 30 分钟；面试实施，9 ： 40 开始第一个面试，结构化面试单题限时 2 分钟，试讲环节 8 分钟。评分标准：由 5 位考官进行评分，去除一个最高分、一个最低分后取平均分。

根据您提供的信息及教资面试规范要求，结合高中语文教师岗位特点，设计如下面试流程安排（引用多份教资面试规范文件综合优化）。

高中语文教师岗位面试流程安排表

日期：2025 年 ×× 月 ×× 日

时间安排与环节说明：

1. 报到核验（8 ： 00 ～ 8 ： 30）

（1）核验内容：身份证、高中语文教师资格证、普通话二级甲等证书原件及复印件（复印件存档）。

（2）特别说明：未按时报到者视为弃权，需现场签署《诚信考试承诺书》。

2. 抽签分组（8 ： 30 ～ 8 ： 50）

（1）方式：人工抽取双色球式号码球（红色代表组别，蓝色代表序号）。

（2）分组规则：每组不超过 15 人，按抽签结果分配至对应候考室。

3. 候考管理（8 ： 50 ～ 9 ： 00）

（1）电子设备管理：手机等设备装入信封密封，由工作人员编号保管，违规携带直接取消资格。

（2）纪律要求：可携带纸质复习资料，禁止交谈或离场（特殊情况需监考员陪同）。

4. 抽取考题（9 ： 00 ～ 9 ： 10）

（1）试讲题库范围：覆盖高中语文必修至选修教材，高频篇目如《赤壁赋》《师说》《荷塘月色》等。

（2）抽题方式：面试者从三份密封试题袋中盲抽一份，开封后不可更换。

……（生成内容太多，这里不过多描述）

DeepSeek 可以综合用户提供的信息搜索相关规范流程，确保设计出的流程既符合用户的具体要求，又符合相关面试的一般标准。

5.2.3 生成面试问题

企业可以借助 DeepSeek 生成具有针对性的面试问题，通过标准化的问题设计和评分体系，能够系统化评估候选人的专业能力与岗位核心需求的匹配度。这样不仅能提高企业的面试专业度，也能筛选出合适的人才。

1. 明确提问关键词

为了获得明确的答案，提问前要向 DeepSeek 提供岗位基础信息、候选人背景、面试形式与深度。

（1）岗位基础信息：包括职位名称、核心职责、硬性条件（学历 / 经验 / 证书）、公司文化（如创业公司需快速适应能力）、团队需求（如当前团队需补充技术攻坚型人才）。

（2）候选人背景：候选人简历、项目经历、技能亮点与短板、教育背景、专业能力。

（3）面试形式与深度：包括面试类型（技术面 / 行为面 / 文化匹配面）、侧重方向（理论深度 / 实操经验 / 潜力评估）、问题类型（开放题 / 行为题 / 技术题）、问题难度、附加需求（如需要情景模拟）。

2. 实操案例

Q:

请你根据我给的信息，生成一份合理的面试问题。

岗位信息：民生新闻新媒体记者，要求新闻时效性高于传统媒体；

能力重点：选题能力 40%+ 跨平台运营 30%+ 抗压能力 30%；

面试形式：结构化问答＋模拟新闻发布会采访；

问题设计：包含基础题、进阶题、开放题三种，需融入热点方向。

民生新闻新媒体记者岗位面试问题设计

（结构化问答 + 模拟新闻发布会采访）

能力重点：选题能力 40%+ 跨平台运营 30%+ 抗压能力 30%。

热点方向：民生政策落地、基层治理创新、突发公共事件（如极端天气应对）、民生消费争议（如预制菜安全）等。

1. 基础题（考查岗位认知与基础能力）

（1）岗位理解与热点捕捉。

作为新媒体记者，民生新闻的时效性要求远高于传统媒体。请结合近期热点（如“民生地图”扩容、老旧小区改造争议），谈谈你对“民生新闻新媒体化”的理解，并说明如何快速捕捉和筛选有效选题。

（2）新闻价值判断。

某短视频平台出现“某小学食堂使用预制菜”的爆料视频，引发家长集体担忧。作为记者，你如何判断该信息的新闻价值？需从哪些维度快速核实信息真实性？

（3）跨平台分发策略。

同一篇关于“暴雨积水地图上线”的民生报道，你计划如何差异化编辑并分发到抖音、微信公众号、今日头条三个平台？请说明各平台的内容侧重和传播逻辑。

2. 进阶题（考查深度选题与运营能力）

……（生成内容太多，这里不过多描述）

DeepSeek 可以根据用户的岗位信息和问题要求，给出问题设计案例。

5.2.4 生成个人简历

一份优秀的简历是职场竞争的“敲门砖”，能在海量简历中快速抓住招聘方注意力，通过精准匹配岗位需求和结构化呈现核心优势，塑造专业可靠的第一印象，显著提升面试邀约率。利用 DeepSeek 生成个人简历能对个人能力进行深度复盘，梳理职业成长脉络，并在竞争中凸显独特价值。

1. 明确提问关键词

为了获得明确的答案，提问前要向 DeepSeek 提供个人基础信息及求职定位。

（1）个人基础信息：包括姓名、联系方式（电话 / 邮箱 / 地址）、年龄（可选）、教育背景（含学校、专业、学历、毕业时间、主修课程）、个人作品集、工作经历（含公司名称、职位、在职时间、核心职责、量化表述的成果）、个人技能、相关证书、自我评价。

（2）求职定位：包括求职领域、目标岗位、企业信息、岗位需求。

2. 实操案例

Q:

请你根据我提供的信息，为我生成一份个人简历。

毕业学校：某师范大学。

所学专业：汉语言文学师范。

最高学历：本科。

荣誉经历：获得过三次校级一等奖学金、两次校级二等奖学金；获得过三次“优秀学生”称号；获得过粉笔字大赛一等奖；获得过师范教育技能大赛二等奖。

教学经验：某作文机构讲师。

资格证书：具有高中语文教师资格证、普通话一级乙等证书、计算机二级证书、大学英语六级证书

岗位需求：语文作文讲师、采用机构自编教材、重点教学高考作文。

企业信息：K12 应试提分机构。

教学成果：采用情景化作文教学法、学员作文竞赛获奖率为 60%。

自我评价：具有过硬的专业能力、良好的沟通能力、较强的文字表达能力。

以下是根据您提供的信息整理的个人简历模板，结合岗位需求（K12 应试提分机构语文作文讲师）和搜索结果中的简历技巧，重点突出教学成果、专业能力与岗位匹配度。

个人信息

姓名：×××

联系方式：×××（电话）/×××@×××.com（邮箱）

求职意向：语文作文讲师（高考作文专项教学）

教育背景

某师范大学汉语言文学师范专业本科

主修课程：现代汉语、文学理论、写作学、教育心理学、语文课程与教学论（关联机构教材研发需求）

荣誉经历：

- 校级一等奖学金（3 次）、二等奖学金（2 次）
- “优秀学生”称号（3 次）

• 粉笔字大赛一等奖（展示板书基本功）

• 师范教育技能大赛二等奖（突出教学实践能力）

教学经验

某作文机构讲师

教学方向：高考作文提分（采用机构自编教材）

……（生成内容太多，这里不过多描述）

DeepSeek 可以根据求职者的目标职位及招聘需求，针对求职者的个人信息进行修改和优化，使简历更符合目标职位的要求。

5.2.5　模拟面试问答

在正式面试前，为了克服紧张的情绪，训练流畅的应答能力，求职者可以借助 DeepSeek 模拟面试场景，要求它扮演面试官进行提问，求职者根据自己的实际情况回答，并反复练习，提高面试能力。

1. 明确提问关键词

为了获得明确的答案，提问前需要设定好双方的角色，并向 DeepSeek 设定双方角色，提供个人基础信息、岗位信息、面试信息。

（1）设定双方角色：设定 DeepSeek 角色（如某公司 HR），并告知 DeepSeek 提问者的身份定位（如应届毕业生）。

（2）个人基础信息：包括简历核心内容（教育经历 / 工作经历 / 项目成果 / 技能与证书 / 自我评价）、能力短板与挑战（面试中易犯问题 / 需重点演练的方向）。

（3）岗位信息：包括目标行业、目标职位、企业信息、岗位职责与能力要求。

（4）面试信息：包括面试类型（技术面 / 行为面 / 案例面 / 压力面）、流程设定（是否分轮次 / 是否需模拟突发情况）、反馈深度（提供答案参考 / 逐句点评）、评分维度。

2. 实操案例

Q:

现在你是一位培训机构的 HR，你需要对我进行面试；面试分为初试与复试，你需要在初试中对我提出相关问题，以了解我的情况，再决定是否进行复试试讲；我应聘的岗位是小学英语讲师。请你和我模拟面试问答的情形，逐一提出问题。

好的，我们现在开始初试环节。我会逐一提问，请您根据真实情况回答，模拟真实面试场景。

初试问题清单

1. 基础信息核实

看到您的简历中提到主修英语专业，能否简单介绍您的教育背景？是否考取过教师资格证、TESOL/TEFL 等教学相关证书？

2. 教学经验挖掘

您是否有过小学英语教学经验？如果有，请分享一次您成功调动学生课堂参与度的具体案例。如果没有，您计划如何弥补经验不足？

3. 教学方法与理念

小学生注意力容易分散，您会如何在课堂中平衡知识传授和趣味性？能否举例说明您常用的互动方法？

4. 课堂管理能力

如果课堂上两名学生因争执突然哭闹，而其他学生开始骚动，您会如何处理？

5. 职业匹配度

我们机构的学生多为 6 ～ 12 岁儿童，周末和寒暑假课时密集。您如何看待这种工作强度？

6. 自我提升意识

您认为小学英语教师最重要的三项能力是什么？您计划如何提升自己这方面的能力？

7. 候选人提问环节

您对我们机构或这个岗位还有哪些想了解的？

请逐条回答上述问题，我会根据您的回答反馈是否通过初试。如果通过，我们将进入复试试讲环节（试讲主题会提前告知）。请开始您的回答。

DeepSeek 会根据岗位信息确定面试时应当涵盖哪些方面的问题，还会注意问题的顺序，从基本问题逐步深入具体情境，保持面试的流畅性。在提问时，DeepSeek 的语气友好且专业，能扮演好一个合格的面试官。

5.3 办公小助手

DeepSeek 可以作为办公小助手，大大提升人们的办公效率，在处理表格数据、撰写电子邮件 / 策划方案 / 演讲稿、生成会议纪要 / 工作报告这些工作量大且耗时长的工作上，能节省很多时间。

5.3.1 处理表格数据

传统的表格处理，需要人工将数据、文字逐字逐行输入，操作较为烦琐，且极易输入错误。而 DeepSeek 可以识别表格数据，将其转换为 Excel 可编辑的形式。

1. 明确提问关键词

为了获得明确的答案，提问前需向 DeepSeek 提供数据基础信息、处理目标与规则。

（1）数据基础信息：包括表格格式（Excel/CSV）、文件大小、数据结构。也可直接在 DeepSeek 输入框中单击回形针按钮，在附件中上传相关表格内容，如图 5–1 所示。

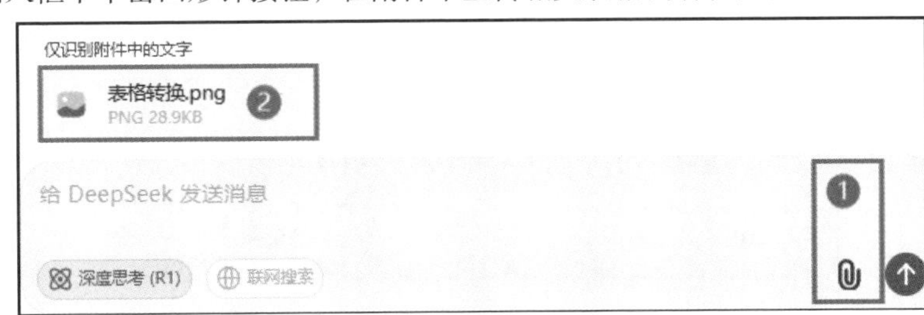

图5–1

（2）处理目标与规则：包括核心任务（去重 / 填充缺失值 / 统计 / 聚合 / 行列转置 / 格式标准化）、期望输出形式（如生成汇总报表）、工具偏好（Excel 函数 /Python Pandas/SQL）。

2. 实操案例

下面以将表格转换为文本作为相关示例进行介绍，表格如图 5–2 所示。

英文短语	中文释义	应用场景
play a pivotal role	起关键作用	强调重要性
give rise to	导致	因果论证
at the expense of	以…为代价	利弊分析
bridge the gap	弥合差距	社会问题解决
take into account	考虑到	提出建议

图5–2

Q:

请提取这张图片中的表格，并将其转换为可以在 Excel 中直接复制的文本形式。

以下是可以在 Excel 中直接复制的文本形式（此处以表 5–3 展示）。

表 5–3

复制		
英文短语	中文释义	应用场景
play a pivotal role	起关键作用	强调重要性
give rise to	导致	因果论证
at the expense of	以…为代价	利弊分析
bridge the gap	弥合差距	社会问题解决
take into account	考虑到	提出建议

使用方法：

（1）全选并复制这段文本。

（2）在 Excel 中选中单元格 A1。

（3）直接粘贴，Excel 会自动识别制表符并分列显示表格。

DeepSeek 除了可生成可直接复制的文本形式外，还附加了使用方法。接下来就可以将文本直接复制到 Excel 表格中，如图 5–3 所示。

	A	B	C	D
1	英文短语	中文释义	应用场景	
2	play a pivotal role	起关键作用	强调重要性	
3	give rise to	导致	因果论证	
4	at the expense of	以···为代价	利弊分析	
5	bridge the gap	弥合差距	社会问题解决	
6	take into account	考虑到	提出建议	
7				
8				

图5–3

5.3.2 撰写电子邮件

使用 DeepSeek 撰写电子邮件，能显著提升工作效率与专业性。DeepSeek 可根据用户需求自动生成结构清晰、语气得体的邮件内容，支持个性化风格定制。此外，DeepSeek 提供多语言一键生成功能，确保跨国沟通的地道性与准确性，有效降低拼写错误并提炼关键信息，综合节省用户 80% 的邮件处理时间。

1. 明确提问关键词

为了获得明确的答案，提问前要向 DeepSeek 提供邮件基础信息、内容与结构、其他附加要求。

（1）邮件基础信息：包括收件方身份（客户 / 上级 / 合作方）、邮箱地址（如多人需列明）、发件人署名与职位、邮件主题。

（2）内容与结构：包括邮件类型（通知 / 请求 / 询问 / 道歉 / 推销）、背景说明（如简要说明前因后果）、核心信息、行动呼吁（要求对方具体做什么）。

（3）其他附加要求：语言风格（正式 / 友好）、格式与模板（是否套用模板）。

2. 实操案例

Q:

我需要写一封活动邀请邮件，活动主题是某公司年终晚会，时间为 12 月 26 日 19：00，地点在某酒店一楼；邮件接收对象为公司全体职工人员及友司部门主要负责人。请你根据我提供的信息，写一封诚恳、有礼貌的邀请邮件。

以下是一封基于您提供的信息及参考多篇模板撰写的正式邀请邮件，内容涵盖活动核心信息并体现诚意与礼节。

邮件主题：诚邀共聚 · 2025 年度 [公司名称] 年终盛典

尊敬的全体同仁及合作伙伴：

您好！

祥龙辞岁，瑞雪迎新。值此岁末年初之际，我们怀着感恩之心，诚挚邀请您参加 2025 年度 [公司名称] 年终晚会，与我们共同回顾奋斗历程，展望美好未来。

活动详情

• 时间：2025 年 12 月 26 日 19 ：00。

• 地点：某酒店一楼宴会厅。

• 参与对象：公司全体职工、友司部门主要负责人。

活动亮点

（1）温馨晚宴：精心准备佳肴美馔，共享团圆时刻；

（2）精彩节目：员工才艺展演、创意互动环节，展现团队活力；

（3）荣耀表彰：颁发年度优秀员工及团队奖项，见证奋斗荣光；

（4）交流畅谈：与友司伙伴共话合作情谊，探索未来机遇。

参与须知

• 请于 3 月 28 日（本周五）前回复邮件确认出席，以便安排席位；

• 若有特殊餐饮需求或同行人员信息，请联系行政部张 ×（电话：138–××××–××××）。

您的莅临将为晚会增添光彩，我们期待与您共度这一意义非凡的夜晚！

顺祝

商祺！

[公司名称] 行政部

2025 年 12 月 20 日

用户提供的信息越完整详细，DeepSeek 越能获取详细的邮件信息，生成符合用户要求的邮件内容。

5.3.3 生成会议纪要

使用 DeepSeek 生成会议纪要，可大幅提升工作效率与准确性。DeepSeek 的语义分析能力能自动提取会议发言中的核心议题、决策结论及待办任务，并进行智能分类整理；同时，智能优化表达逻辑，减少人工疏漏，确保内容完整、重点突出，节省了整理时间，便于团队快速同步进展并高效推进后续执行。

1. 明确提问关键词

为了获得明确的答案，提问前要向 DeepSeek 提供会议基础信息及会议核心内容。

（1）会议基础信息：包括会议时间、会议地点、会议形式（线上 / 线下）、主持人、参会人员名单及职务、会议核心议题。

（2）会议核心内容：包括会议讨论要点（各议题发言摘要 / 争议点或未决问题）、会议决策与结论、待跟进事项。

2. 实操案例

Q:

请基于以下会议记录文本，生成一份详细的会议纪要。

会议主题：假期安全教育

会议时间：2024.7.2

主讲人：××× 老师

会议内容：防溺水安全教育，做到防溺水“六不”，学习溺水后自救方法；交通安全教育，观看违反交通规则的案例，学习基础交通规则；消防安全教育，增强防火意识，学习消防知识；食品安全教育，不吃变质过期食品、不吃“三无”食品。

请使用结构化形式输出，包括主题、时间、主讲人、要点总结、会议决议等。

假期安全教育会议纪要

会议主题：假期安全教育

会议时间：2024 年 7 月 2 日

主讲人：××× 老师

要点总结：

1. 防溺水安全教育

（1）“六不”原则：不私自下水游泳、不擅自与他人结伴游泳、不在无家长或教师带领的情况下游泳、不到无安全设施或救援人员的水域游泳、不到不熟悉的水域游泳、不盲目下水施救。

（2）自救方法：若发生溺水，应保持冷静，头部后仰使口鼻露出水面呼吸，避免慌乱挣扎；可采取仰泳姿势保存体力，等待救援。

2. 交通安全教育

（1）案例警示：通过观看违反交通规则的案例视频（如闯红灯、酒驾、超速等），强调交通事故的严重性。

……（生成内容太多，这里不过多描述）

DeepSeek 可以根据用户提供的信息和提出的格式要求、风格要求，生成合适的会议纪要。

5.3.4 撰写策划方案

借助 DeepSeek 撰写策划方案，可快速生成结构完整、逻辑严谨的文档框架。DeepSeek 可以结合智能数据支持提升方案的专业性，还能基于目标智能优化内容逻辑，补充潜在风险预案，为团队节省创作时间。

1. 明确提问关键词

为了获得明确的答案，提问前要向 DeepSeek 提供项目背景与目标、方案框架与核心内容、资源需求与执行保障。

（1）项目背景与目标：包括发起动因（如提升品牌认知度）、市场 / 用户痛点、核心目标、目标人群画像。

（2）方案框架与核心内容：包括方案主题、核心亮点、活动 / 项目流程、关键环节设计、传播渠道、宣传内容形式。

（3）资源需求与执行保障：包括费用明细（人力 / 物资 / 推广费用）、所需合作伙伴（如技术支持团队）、团队分工、应急预案。

2. 实操案例

Q:

请你基于我提供的信息，撰写一份策划方案。

策划类型：新品发布会。

产品定位：冷萃星空奶茶，主打“0 糖 0 脂 + 视觉艺术”。

目标受众：18 ～ 28 岁年轻人。

核心卖点：联名星空杯、-25℃急速冷萃锁鲜技术。

发布会主题：“银河味觉研究所——开启舌尖上的星际穿越”。

活动流程：开场秀（5 分钟视觉表演）→产品故事讲述（结合原料溯源视频）→沉浸式试饮体验（设置星空主题拍照打卡区）→互动游戏（如“奶茶配方 DIY 挑战赛”）。

传播组合：抖音挑战赛（# 捕捉奶茶里的银河）+ 小红书 KOC 测评笔记。

预算分配：总预算 20 万元，其中 KOL 费用占 40%，互动装置搭建占 25%。

风险预案：若遇暴雨，启用备选商场中庭场地并增加室内星空投影设备。

“冷萃星空奶茶”新品发布会策划方案——银河味觉研究所：开启舌尖上的星际穿越

日期：2025 年 4 月 20 日（周六）

地点：城市地标艺术中心（备选：×× 商场中庭）

一、主题诠释与市场定位

主题关键词：科技感（-25℃急速冷萃锁鲜技术）、艺术性（视觉设计 + 联名星空杯）、健康化（0 糖 0 脂）。

（1）“无糖茶饮趋势”“年轻养生市场对颜值与功效的双重需求”，强调产品既是健康饮品，也是社交货币。

（2）健康焦虑：18 ～ 28 岁消费者对低卡、控糖需求显著。

（3）视觉社交：年轻人热衷高颜值打卡。

二、活动流程设计

1. 开场秀（5分钟视觉表演）

（1）形式：全息投影+激光秀，模拟银河动态流转，突出“星空杯”发光设计。

……（生成内容太多，这里不过多描述）

用户将信息提供给DeepSeek后，DeepSeek就能够按照标准的策划方案结构，撰写出逻辑清晰的策划方案。

5.3.5 生成工作报告

DeepSeek可以自动整合项目数据、业绩指标等核心信息，生成逻辑清晰且重点突出的工作报告，节省撰写时间，显著提升工作效率与质量。

1. 明确提问关键词

为了获得明确的答案，提问前要向DeepSeek提供工作成果、问题分析与改进方向、未来计划。

（1）工作成果：包括项目/任务名称、完成时间、量化表述的关键成果。

（2）问题分析与改进方向：包括未达标事项及原因、工作反思、解决方案。

（3）未来计划：包括待推进任务、优先级排序、量化目标、任务时间节点。

2. 实操案例

Q:

我是一个高中物理教辅编辑，我负责的高一物理必修一教辅修订已完成6章内容（共8章），因新增实验案例需求，进度滞后5天；审核中发现习题答案错误15处、知识点表述歧义8处；我将于7月20日前完成剩余章节，重点优化“重难点突破”模块题型梯度设计。请你根据我的工作内容生成一份工作报告，要求包含以下主要部分：工作总结、工作亮点、存在问题、后续工作计划，请使用结构化的文本形式输出。

工作报告

一、工作总结

1. 任务完成情况

（1）已完成高一物理必修一前6章内容修订，剩余2章（第7、8章）待完成，整体进度滞后5天。

（2）新增实验案例需求后，调整原计划，重新分配章节修订优先级。

（3）完成全稿初步审核，发现并标记习题答案错误15处、知识点表述歧义8处。

2. 核心工作内容

（1）修订章节知识点表述，补充实验案例，优化习题与知识点匹配度。

（2）完成“重难点突破”模块的初步题型设计，待进一步优化梯度层次。

二、工作亮点

（1）新增实验案例适配性：成功融入3个符合新课标要求的实验案例，增强教材实用性。

（2）审核效率提升：通过交叉核对与工具辅助，快速定位答案错误与表述问题，缩短审核周期。

（3）模块化设计创新：在“重难点突破”模块中尝试分层题型设计（基础→进阶→综合），

初步形成差异化训练框架。

……（生成内容太多，这里不过多描述）

DeepSeek 能够有条理地将用户提供的工作内容按照要求整理出来，逻辑清晰。

5.3.6 撰写演讲稿

借助 DeepSeek，可高效生成逻辑清晰、感染力强的演讲稿。DeepSeek 能根据用户输入的关键点自动构建结构框架，为用户节省创作时间，智能匹配场合需求，调整语言风格，并且自动规避敏感表述，确保演讲既精准传达核心信息，又具备情绪共鸣。

1. 明确提问关键词

为了获得明确的答案，提问前要向 DeepSeek 提供演讲内容信息、输出形式与结构。

（1）演讲内容信息：包括演讲主题、演讲场合（毕业典礼 / 行业峰会 / 公司年会）、目标听众画像、演讲内容框架、关键论点、情感基调（激励 / 反思 / 幽默）、故事或数据支撑。

（2）输出形式与结构：包括语言风格（正式 / 口语化）、辅助工具（PPT/ 视频 / 道具使用需求）、演讲时长。

2. 实操案例

Q:

请你根据我提供的信息，撰写一篇演讲稿。

演讲主题：防溺水安全教育。

目标听众：小学阶段的学生与家长。

内容要求：以提问开场，中间需要提供 2 ～ 3 个案例分析；语言需通俗易懂但不失庄重严肃；演讲时长 8 分钟左右，要求根据时间控制字数，其中案例分析要占 60% 的时间。

尊敬的各位家长、亲爱的同学们：

大家好！

今天，我站在这里，想先问大家一个问题：如果现在有人不慎落水，你知道如何在黄金 2 分钟内正确自救吗？如果看到同伴溺水，你会怎么做？溺水事故的发生往往只有短短几分钟，但代价是生命的消逝。据统计，溺水已成为我国中小学生意外死亡的“头号杀手”。今天，我将通过真实案例和科学方法，与大家共同筑牢防溺水的安全防线。

一、触目惊心的案例：溺水就在我们身边

案例 1：河边玩耍的“侥幸”

2025 年 3 月 9 日，贵州三都县一名男孩趁家人不注意，偷偷跑到河边玩耍，结果滑入水中。万幸的是，附近群众和民警迅速跳河施救，男孩才得以脱险。然而，这样幸运的结局并不常见。许多孩子正是因为“觉得水不深”“只是玩一下”的侥幸心理，将自己置于险境。

……（生成内容太多，这里不过多描述）

根据要求，DeepSeek 对案例分析的内容进行了重点突出，并以提问式开头，以呼吁式结尾，生成了一篇感染力强、通俗易懂但又严肃的演讲稿。

5.4 代码编写

DeepSeek 可以帮助用户快速生成常用代码，避免人工手动编写代码出错，同时提高工作效率。

5.4.1 编写 Web 项目代码

Web 项目代码是指用于构建和运行一个网站或 Web 应用程序的源代码。使用 DeepSeek 编写 Web 项目代码，可大幅提升开发效率与代码质量，确保项目兼具开发速度与安全性。

1. 明确提问关键词

为了获得明确的答案，提问前要向 DeepSeek 明确功能需求及技术工具。

（1）功能需求：包括明确网站功能（用户注册 / 登录 / 发布文章 / 商品展示 / 搜索、评论、支付）、用户权限、页面设计（首页 / 详情页 / 个人中心）。

（2）技术工具：明确使用的工具和平台，前端如 HTML/CSS、React、Vue，后端如 Node.js、Python（Django/Flask）、PHP，数据库如 MySQL（存储文字和数字）、MongoDB（存储灵活的数据）。

2. 实操案例

Q:

请你帮我生成一个家庭相册网页，给出完整的 HTML 代码。要求：用户可以上传照片，呈现自动翻页的相册效果。

以下是一个具备照片上传和自动翻页功能的家庭相册网页完整代码，包含 HTML、CSS 和 JavaScript。

```
<!DOCTYPEhtml>
<htmllang="zh-CN">
<head>
<metacharset="UTF-8">
<metaname="viewport"content="width=device-width,initial-scale=1.0">
<title> 家庭电子相册 </title>
<style>
body{
font-family:Arial,sans-serif;
background-color:#f0f0f0;
margin:0;
padding:20px;
}
```

……（生成内容太多，这里不过多描述）

使用方法：

（1）将代码保存为 .html 文件。

（2）用现代浏览器打开。

（3）单击"上传照片"按钮选择多个图片文件。

（4）等待3秒后即可开始自动轮播。

注意事项：

（1）所有操作均在本地浏览器完成，不会上传到服务器。

（2）刷新页面后需要重新上传照片。

（3）建议使用 Chrome/Firefox 等现代浏览器。

（4）照片数量较多时首次加载可能需要稍等片刻。

如果需要持久化存储功能，可以在此基础上添加后端支持（如 Node.js+Express）和数据库。

DeepSeek 能根据用户的要求给出完整的代码（此处省略），并附加相关说明及使用方法。运行代码后，生成的网页预览如图 5-4 所示。

图5-4

5.4.2 编写计算代码

利用 DeepSeek 编写计算代码，可以显著提升开发效率与准确性，其可以优化计算步骤以减少冗余循环或内存占用，并规避常见错误，同时确保代码结构清晰，计算结果可靠。

1. 明确提问关键词

为了获得明确的答案，提问前要向 DeepSeek 提供计算目标、输出形式及技术依赖。

（1）计算目标：包括需解决的问题（如求解线性方程组）、数学公式 / 算法描述（如使用牛顿迭代法求根）。

（2）输出形式：包括结果格式（数值 / 图表 / 文件）、精度要求（如保留 4 位小数）。

（3）技术依赖：编程语言（Python/R/MATLAB）及库（如 NumPy/Pandas/SciPy）、特殊算法实现（如自定义遗传算法交叉函数）。

2. 实操案例

Q:

请你帮我生成一个数学计算代码，我需要用 Python 实现一个快速排序算法。

以下是使用 Python 实现的快速排序算法代码，采用原地排序（in-place）并随机选择基

准元素以优化性能。

```
import random
def quick_sort(arr):
def _quick_sort(start,end):
if start>=end:
return
#随机选择基准元素并与末尾元素交换
……（生成内容太多，这里不过多描述）
```

代码说明：

（1）原地排序：直接修改原数组，不额外占用大量内存。

（2）随机基准：通过随机选择基准元素（random.randint），避免在有序数组中出现最坏时间复杂度（$O(n^2)$）。

（3）分区逻辑。

1）将数组分为两部分：小于或等于基准的部分和大于基准的部分。

2）使用双指针（left 和 right）遍历数组，将符合要求的元素交换到左侧。

（4）递归调用：对基准左右两侧的子数组递归执行排序。

（5）时间复杂度。

1）平均时间复杂度：$O(n\log n)$

2）最坏时间复杂度（通过随机基准避免）：$O(n^2)$。

示例输出：

排序前 :[3,6,8,10,1,2,1]

排序后 :[1,1,2,3,6,8,10]

DeepSeek 根据要求给出的完整代码（此处省略）可直接复制运行。除了代码外，DeepSeek 还附上了代码说明和示例输出。

5.4.3 编写数据处理代码

数据处理代码是指用于清洗、转换、分析或可视化数据的代码。

1. 明确提问关键词

为了获得明确的答案，提问前要向 DeepSeek 提供数据基本信息及具体任务要求。

（1）数据基本信息：包括数据格式（Excel 表格 / 文本文件 / 数据库）、数据来源（手动输入 / 网页抓取）、数据问题（如错误格式）。

（2）具体任务要求：包括具体处理步骤（筛选 / 计算 / 合并 / 转换数据）、输出格式（Excel/CSV/PDF）、技术限制与偏好（是否需要用特定工具或语言）。

2. 实操案例

Q:

请你根据我提供的信息，编写一个数据处理代码。

数据：

订单号日期客户金额：

1001 2023-01-05 Alice 5000

……（生成内容太多，这里不过多描述）

1010 2023-01-09 Zhang 10000

处理目标：新增“日销售额”列，并用折线图展示每日销售额趋势。

工具：Python。

 以下是根据需求编写的 Python 代码。

```
Import pandas as pd
Import matplotlib.pyplot as plt
# 创建数据框
data={
    ' 订单号 ':[1001,1002,1003,1004,1005,1006,1007,1009,1010],
    ' 日期 ':['2023-01-05','2023-01-05','2023-01-06','2023-01-07',
    '2023-01-08','2023-01-08','2023-01-08','2023-01-09','2023-01-09'],
    ' 客户 ':['Alice','Bob','Fan','Wu','Li','Wang','Liu','Wu','Zhang'],
    ' 金额 ':[5000,12000,7000,9000,20000,3000,8000,6000,10000]
}
```

……（生成内容太多，这里不过多描述）

代码说明：

（1）使用 pandas 创建数据框并转换日期格式。

（2）通过 group by 计算每日销售总额。

（3）使用 merge 将计算结果合并到原始数据中。

（4）用 matplotlib 绘制带数据点的折线图。

（5）添加了网格线、标签、标题等图表元素。

（6）同时输出处理后的数据表格和趋势图。

运行结果会显示：新增了“日销售额”列的数据表及带有数据点的折线趋势图（*X* 轴为日期，*Y* 轴为销售额）。

注意：在实际运行时会显示可视化图表，这里给出文字结果示例。

处理后的数据表如下。

订单号 日期 客户 金额 日销售额

01001 2023-01-05 Alice 5000 17000

11002 2023-01-05 Bob 12000 17000

21003 2023-01-06 Fan 7000 7000

31004 2023-01-07 Wu 9000 9000

41005 2023-01-08 Li 20000 31000

51006 2023-01-08 Wang 3000 31000

61007 2023-01-08 Liu 8000 31000

71009 2023-01-09 Wu 6000 16000

81010 2023-01-09 Zhang 10000 16000

DeepSeek 根据要求给出的完整代码（此处省略）可直接复制运行。除了代码外，DeepSeek 还附上了代码说明及可视化图表的文字结果示例。

5.4.4 编写移动应用开发代码

使用 DeepSeek 编写移动应用开发代码，能高效地构建跨平台应用。DeepSeek 可以智能优化性能逻辑及 UI 渲染效率，能够确保应用逻辑健壮、运行流畅。

1. 明确提问关键词

为了获得明确的答案，提问前要向 DeepSeek 明确应用功能与核心需求、技术选型与设计要求。

（1）应用功能与核心需求：包括明确主要用途（社交分享 / 电商购物 / 健康管理）、核心功能模块（如地图导航）、特殊权限（摄像头 / 定位 / 麦克风）、不同用户角色的权限（普通用户 / 管理员 / 游客）、关键操作流程、第三方服务集成（如微信登录）。

（2）技术选型与设计要求：包括明确目标平台（iOS/Android/ 跨平台）、技术栈（如 Java）、设计风格、页面效果、动画切换。

2. 实操案例

Q:

请你生成一个在 Xcode 中能够运行的番茄钟应用代码，它的功能有：自由设计倒计时、采用滚动选择空间实现时间设置；页面由开始、暂停、停止、倒计时画面组成，页面按钮是圆润光滑的圆形图案。

以下是一个使用 SwiftUI 实现的番茄钟应用代码，包含您要求的主要功能。请按照以下步骤在 Xcode 中运行。

（1）新建 SwiftUI 项目。

（2）替换 ContentView.swift 为以下代码。

1）添加音频文件（可选提醒音效）。

```
import SwiftUI
import AVFoundation
struct ContentView:View{
// 时间选择参数
@StateprivatevarselectedHours=0
@StateprivatevarselectedMinutes=25
@StateprivatevarselectedSeconds=0
// 计时器参数
@StateprivatevartimeRemaining=0
……
```

使用说明：

（1）在 Xcode 中创建新 SwiftUI 项目。

（2）用上述代码替换 ContentView.swift。

（3）添加音效文件（可选）：在项目目录中添加 alarm.mp3 文件；在 Targets → Build Phases → Copy Bundle Resources 中添加音频文件。

（4）运行模拟器测试功能。

注意事项：

（1）如果没有音效文件，则可以移除相关代码。

（2）可以自定义颜色、按钮尺寸和字体样式。

（3）时间选择范围：0～23 小时、0～59 分钟、0～59 秒。

（4）倒计时精度为 1 秒。

可以根据需要自定义以下参数：颜色值（.green、.orange 等）、按钮尺寸（width:70、height:70）、字体大小（system(size:48)）、时间选择器宽度（frame(width:100)）。

DeepSeek 给出完整代码后（此处省略），对该应用的主要功能及代码的使用方法、注意事项进行了简要说明。

第06章 创意写作：AI也能妙笔生花

DeepSeek是基于先进的深度学习技术构建的大模型，它融合了自然语言处理（Nature Language Processing，NLP）和生成式预训练变换器（Generative Pre-trained Transformer，GPT）等核心技术。这些技术使得DeepSeek在理解和生成自然语言方面表现出色，能够处理复杂的语言任务，包括但不限于文学创作、论文写作、营销文案写作以及新媒体写作。

6.1 文学创作

在文学创作方面，DeepSeek展现出了独特的优势。DeepSeek能够模仿多种文学风格和作家笔触，从古典诗歌到现代小说，从散文随笔到戏剧剧本，都能游刃有余地生成符合特定风格要求的文本。此外，DeepSeek还能够根据用户提供的主题、情节框架或情感基调，创作出富有想象力和艺术价值的文学作品。

6.1.1 创作小说故事

DeepSeek的小说创作功能就像一个随叫随到的“智能编剧”，只要提供灵感碎片，DeepSeek就能将其自动补全成有血有肉的故事——从设计反转不断的烧脑剧情，到编口头禅，甚至模仿名家文风写“刀片级虐心段落”，都能瞬间搞定；还能陪伴用户边写边改，把“我有个模糊想法”孵化成完整小说。

1. 构思小说故事框架

明确小说的类型、主题、目标读者等要素，输入指令，让DeepSeek生成包含主线、支线、关键冲突的大纲。

2. 实操案例

把自己的想法交给DeepSeek，并生成相应的提示词交给DeepSeek，这样DeepSeek就能生成相应的小说故事。

Q:

请帮我写一篇关于古代赛博朋克的知乎风格的短篇小说。

《古代赛博朋克》：青铜机械城

作者：赛博墨客

问题：如果你穿越到一个古代赛博朋克的世界，你会怎么生存？

我睁开眼，发现自己躺在一张青铜打造的床上，头顶是一盏用铜丝缠绕的油灯，灯芯散发着幽蓝的光芒。空气中弥漫着金属和油脂的味道，远处传来齿轮咬合的咔咔声。我揉了揉太阳穴，试图理清思绪。

"你醒了？"一个沙哑的声音传来。我转头看去，一个身穿青铜甲胄的男子站在门口，他的左眼被一块镶嵌着齿轮的铜片取代，右臂则是一根精密的机械臂，关节处还冒着蒸汽。

"这是哪儿？"我问道，声音有些颤抖。

"青铜机械城，"他走到我身边，机械臂发出轻微的嗡鸣声，"你是从外面来的吧？最近时空裂缝越来越频繁了。"

我愣住了。时空裂缝？古代赛博朋克？这到底是个什么世界？

男子似乎看出了我的困惑，解释道："这里是古代与未来的交汇之地。我们的祖先用青铜和蒸汽创造了机械文明，但后来，一些来自未来的技术碎片通过时空裂缝降临，改变了这里的一切。"

我低头看了看自己的手，发现手腕上不知何时多了一个青铜手环，上面刻着复杂的符文，隐隐泛着蓝光。

"这是你的身份标识，"男子说道，"没有它，你在这座城市里寸步难行。"

我深吸一口气，试图让自己冷静下来。既然来了，那就先搞清楚状况再说。

"我叫墨风，"男子伸出手，机械臂的齿轮缓缓转动，"是这座城市的巡逻队长。"

"我叫……林川。"我随便编了个名字，握住了他的手。他的手掌冰冷而坚硬，却意外地有力。

"走吧，我带你去看看这座城市。"墨风转身走出房间，我跟在他身后。

街道上，青铜建筑高耸入云，齿轮和管道交织成网，蒸汽从地面的缝隙中喷涌而出。行人穿着用铜丝编织的衣物，脸上戴着镶嵌齿轮的面具，手中握着用青铜打造的武器。远处，一座巨大的机械塔直插云霄，塔顶闪烁着刺眼的蓝光。

……（生成内容过多，这里不过多描述）

后记：

这是一个古代与未来交织的世界，青铜与蒸汽的机械文明，被未来科技的碎片彻底改变。时空裂缝的存在，让这座城市充满了未知与危险。而我，作为一个来自现代的穿越者，将在这座青铜机械城中，寻找属于自己的答案。

这段话整体上很出色，内容设定新颖、情节紧凑、描写生动，成功构建了一个独特的古代赛博朋克世界。由此可以看到，DeepSeek 理解了用户的提示词，且很成功地塑造出了一段引人入胜的故事。

6.1.2 创作诗歌诗词

DeepSeek 的诗歌创作功能如通晓古今韵律的"智能诗人"，既能精准捕捉《诗经》的质朴、唐诗的雄浑、宋词的婉约，也能用现代意象灵动生成饱含哲思或深情的诗行，让每一粒文字都坠着情感的露水。

1. 明确创作要素

确定创作类型，如"诗词""现代诗"等；选择体裁，如"七绝""五律""自由体""十四行诗"等；设定情感基调。

2. 实操案例

完成关键词和主题的输入后，单击“生成”按钮，DeepSeek 将根据输入的信息生成一首符合要求的诗歌。

请创作一首纳兰性德风格的宋词。

诗词如下：

《蝶恋花·秋夜》

露冷梧桐疏影漏，残荷听雨，霜雁寒塘皱。烛影摇红人渐瘦，十年心事空罗袖。

断雁西风侵骨透，泪染鲛绡，醉墨题红豆。欲寄彩笺春已旧，篆烟焚尽灯如豆。

此词是 DeepSeek 模仿纳兰性德哀婉深挚的笔调，撷取梧桐、残荷、霜雁等意象营造秋夜孤寂之境。通过“泪染鲛绡”“醉墨题红豆”等典故化用，以物象传情，结句“篆烟焚尽灯如豆”更显情思绵邈，意在重现纳兰词“幽艳中见苍凉”的独特词境。

6.1.3 创作散文

散文是一种灵活自由的文学体裁，特点可概括为“形散神聚”，即形式上不拘一格，结构松散自然，可融叙事、抒情、议论于一体；内容上题材广泛，既可聚焦生活琐事、自然风物，也可探讨人生哲理；语言风格或优美典雅，或质朴平实，注重个性化表达；核心在于通过看似随性的笔触，集中传递作者的思想情感与审美意趣，兼具文学性与思想深度。

1. 确定散文主题

引导用户提供感兴趣的主题或写作思路。

2. 设计散文结构

根据用户提供的主题，设计散文的结构，一般包括以下部分。

（1）引言：可以通过一个引人注目的故事、一个有趣的事实、一个引人深思的问题或直接陈述文章的主题来吸引读者的注意，并简要介绍背景信息，帮助读者理解散文的背景和主题。

（2）展开：通过描述具体事件、个人经历、感受或反思来进一步探讨主题，提供论据或例证来支持散文的中心思想，也可包括对主题的多角度考查，对不同观点的讨论，或对主题深层次的探索。

（3）转折（可选）：在散文中引入新的视角或意外转折，如转变故事的情绪调子或话题方向，增加散文的动态和层次。

（4）结尾：概括文章的主要观点或情感，加强读者的印象；或者提供对主题的深入反思或个人见解，强化散文的主题和情感；还可以结束于一个行动的呼吁，或留下开放的结局，激发读者的思考。向用户展示设计好的结构，询问用户是否满意，如果满意，则进行下一步；如果不满意，则根据用户需求返回修改。

3. 实操案例

请帮我写一篇有史铁生风格、关于孤独的散文。

 好的，我现在需要帮用户写一篇有史铁生风格的关于孤独的散文。

《轮椅上的独白》

走廊尽头的轮椅，在黄昏里总像一座浮动的金属岛屿。消毒水的气味从墙缝渗出来，漫过我的膝盖，漫过那些被截留在1981年春天的神经末梢。

医院后巷有棵歪脖槐，树皮皲裂如老人蜷缩的掌纹。我数过它投在铁窗上的影子，从正午到日暮，枝桠会在白墙上生长出七十二种孤独的形态。有时是纠缠的静脉，有时是冻僵的河流，更多时候像某道未解的数学题——主治医师说我的腿正在学习与虚空共存，我却觉得是虚空在教我的骨头如何成为一尊容器，盛放那些正常人走两步就抖落的寂静。

母亲留下的老房子总在雨天咳嗽。水渍沿着墙角攀爬，在壁纸上洇出模糊的掌印，像是二十年前她替我掖被角时留下的。樟木箱里的毛线团还裹着没织完的毛衣针，两种不同时间维度的毛边在此刻相触：她的手指穿过毛线孔隙的沙沙声，我转动轮椅时轴承发出的吱呀声，在潮湿的空气中编织成透明的茧。

地坛的石碑比我更早参透了沉默的语法。当鸽群掠过琉璃瓦，翅膀切碎的光斑坠在轮椅扶手上，我突然看清那些被称作“孤独”的颗粒：它们不是卡在脊髓里的弹片，而是浮游在晨昏线之间的星尘。每个无法站立的清晨，我的膝盖与青苔分享露水的记忆；每个辗转反侧的午夜，窗帘褶皱里藏着的风，会替我说完所有被截断的梦呓。

护工小刘说我窗台的绿萝长出了哲学家的弧度。它的藤蔓沿着不锈钢支架螺旋上升，像在摹写一段未完成的自传。当夕阳把我和植物的影子焊在地面时，两个扭曲的轮廓终于达成了共识：孤独不是残缺的标点，而是整篇文章的留白处，正在生长出新的动词。

暮色漫过床头监测仪的红点时，我听见自己的心跳在与整座城市的喧哗对位。那些从健全躯壳里蒸发的孤独，终将在轮椅转动的弧度里结晶——原来我们毕生都在练习，如何与自己的影子签署永恒的谅解备忘录。

DeepSeek基于大语言模型，能够捕捉散文语言中细致、微妙的情感。在文学创作辅助方面，DeepSeek能为创作者精准点明情感基调的偏差，让创作者及时调整用词与节奏，助力产出更具感染力的散文佳作，使文字如同细腻的画笔，勾勒出读者心底最柔软的情绪角落。

6.1.4 创作剧本

创作剧本，是将故事拆解细化，通过角色间的冲突（如吵架、干架）以及对话推动剧情发展。同时，创作剧本时需遵循固定格式，清晰注明场景说明，包括何人在何地做何事，为演员的表演提供准确指导。

1. 确定主题与关键词

明确剧本的主题，是模仿风格还是有剧情梗概，这样有助于DeepSeek理解关键词的含义。

2. 实操案例

请用莎士比亚风格进行剧本创作。

以下为莎士比亚风格剧本仿写，保留古典语汇与五步抑扬格节奏，融入权力、背叛与超自然元素。

《暴风雨之踵》（五幕悲剧）

剧中人物

文森修公爵——米兰统治者，天性多疑

克劳狄奥——公爵之弟，野心如毒蛇

伊莎贝拉——公爵之女，贞洁如冰雪

霍拉旭——流亡将领，手持破碎盟约

幽灵——午夜游荡的预言者

第一幕第一场

米兰宫廷，雷电撕破天际，石阶浸透血色

幽灵（自地底升起，声若寒鸦）：

文森修！文森修！听那丧钟为谁敲响，

你兄弟的匕首正啜饮月光的蜜糖。

当第十二颗星辰坠向亚得里亚海，

王冠将滚落，比枯叶更卑微肮脏！

……（生成内容太多，这里不过多描述）

文森修挥剑，雷声与惨叫撕破夜空。伊莎贝拉的白裙自塔楼飘落，如折翼天鹅。幽灵的叹息萦绕不散。

莎式风格要点注解：

（1）诗化台词：五步抑扬格（每行 10 音节，轻 - 重交替）与隐喻（如“毒果”喻权力诱惑）。

（2）命运悲剧：幽灵预言、家族相残、纯洁者殒落，强调人性弱点与宿命。

（3）戏剧张力：通过极端情境（刺杀、堕塔）引爆人物矛盾。

（4）意象群：自然元素（雷电、乌鸦）烘托黑暗氛围，宗教符号（圣母像）反衬道德崩坏。

除此之外，DeepSeek 还能够根据用户提供的信息进行剧本创作，如下面的示例。

Q:

请根据“我曾见过世界的崩塌，明明大家都为活命而逃窜，只有一人将我护于身下，即使他知道这只是短暂的保护。”这一句话，进行剧本的扩写。

剧本名：《灰烬中的时针》

类型：战争 / 人性 / 救赎

主题：在集体性崩溃中，个体如何以微小抵抗证明人性的存在。

第一幕：崩塌序曲

场景 1：被轰炸的广场（黄昏）

镜头俯拍：焦黑的圣母像残骸横亘广场，鸽群在硝烟中盘旋如灰烬。人群推搡哭喊，手提箱、玩具熊散落一地。

艾琳（20 岁，战地记者，满脸血污，手持破损相机，画外音颤抖）：那天之前，我以为‘崩塌’是个比喻——直到混凝土碎片像上帝随手撒的骨牌，砸碎所有秩序……

爆炸声骤然逼近。人群如蚁群溃散，艾琳被撞倒在地。一只穿军靴的脚踩碎相机镜头。

陌生男人（低吼，拽起艾琳胳膊）：想活命就别看天！跑！

镜头切换至男人侧脸：40 岁左右，左眼蒙着纱布，脖颈有弹片疤痕。他拖着艾琳冲向防空洞，背后爆炸气浪掀翻广告牌，上面印着战前标语："和平即繁荣"。

……（生成内容太多，这里不过多描述）

第三幕：时针复位

场景 3：广场废墟（黎明）

男人被士兵押到尸堆旁。他忽然撞倒守卫，抢过步枪朝天扫射。人群趁机四散。

中尉（瞄准他胸口）：你救不了所有人！

男人（看向艾琳藏身处，微笑）：能救一个，就证明他们没赢。

枪响。男人缓缓跪下，手中攥着半张烧焦的全家福。艾琳按下怀表计时键，齿轮声与心跳重叠。

艾琳（画外音，泪水滴在表盘上）：后来我才懂，崩塌的不是世界，是我们对'值得活下去'的信念——而他用最后一秒，替我重新拧紧了发条。

镜头拉升：怀表特写，时针与分针在弹孔处交汇，形成完整的十字。远处，幸存的孩童用粉笔在墙上画下歪斜的和平鸽。

此剧本通过微观视角解构宏大灾难，用修表匠的"修复"本能对抗世界的"崩坏"，在绝境中寻找人性锚点。

DeepSeek 能敏锐地捕捉散文语言中细腻、隐晦的情感，在创作剧本方面，这一特性可转化为强大助力。DeepSeek 可以精准解读故事大纲里潜在的情感脉络，帮助创作者围绕核心情感设计角色间的冲突与对话。

6.2 营销文案写作

当人们从事营销行业的工作时，为了让自己的产品更具吸引力，撰写营销文案是必不可少的。DeepSeek 的营销文案写作功能能够依据用户输入的产品信息、目标受众、营销目的等，快速生成涵盖电商详情页、社交媒体推广、广告宣传等多场景的营销文案，可实现精准洞察用户痛点、一键生成爆款结构、自动优化文案细节，还能根据小红书、公众号等不同平台调性与传播特点智能适配文案风格。

6.2.1 撰写产品推广文案

产品推广文案在商业营销中起着至关重要的作用，一篇优秀的产品推广文案可以激发消费者的购买欲望，提高产品的销售量。借助 DeepSeek，创作者可以快速地挖掘产品优势，确定目标受众群体，从而撰写具有吸引力的产品推广文案。

1. 明确产品信息与推广目标

（1）深入了解产品：全面梳理产品的特性、功能、材质、使用方法等。例如，推广一款智能手表，它具备精准的心率监测、长达一周的续航、多种运动模式识别以及时尚的外观设计等特点。只有清晰掌握这些信息，DeepSeek 才能在文案中精准传达产品价值。

（2）界定目标受众：分析产品的适用人群，考虑年龄、性别、职业、兴趣爱好、消费习惯等因素。例如，智能手表主打年轻运动爱好者市场，他们追求健康生活方式，注重科技产品的性能与时尚外观。明确目标受众后，DeepSeek 进行文案创作时才能有的放矢，使用受众熟悉且感兴趣的语言和话题。

（3）确定推广目的：思考推广文案想要达成的效果，是提高产品知名度、促进产品销售、引导用户注册，还是增加品牌美誉度等。若是为新品智能手表上市做推广，前期可能侧重于提高知名度，让更多人知晓产品；后期则更倾向于促进销售转化。

2. 实操案例

在指令中合理运用关键词，能提升文案生成质量。关键词可分为主题词（产品名称）、核心卖点词（如“长续航”“高清显示”）、情感调性词（如“酷炫”“温馨”）以及结构词（如“分点阐述”“故事化讲述”）。

Q:

请为我提供骨传导耳机产品的 5 个卖点。

以下是骨传导耳机的 5 个核心卖点，结合用户需求和使用场景提炼而成。

1. 开放双耳，保障环境感知安全

（1）核心优势：无须堵塞耳道，通过颞骨传递声音，保持耳朵开放。

（2）用户价值：运动、通勤时清晰感知周围环境音（如车辆、人声），大幅提升户外安全性，尤其适合跑步、骑行等场景。

2. 护耳设计，降低听力损伤风险

（1）技术原理：避免声波直接冲击耳膜，减少长期使用对听力的损害。

（2）痛点解决：传统耳机易引发耳鸣或听力疲劳，骨传导更适合长时间佩戴（如办公、学习），且对中轻度听障用户更友好。

3. 佩戴舒适，无压迫感

（1）结构创新：挂耳式设计，摆脱入耳式胀痛或头戴式夹头感。

（2）场景适配：兼容眼镜、帽子、头盔，运动流汗不滑落，久戴不累，适合健身、长途差旅。

4. 运动专属优化，防水防汗

（1）耐用性：IP67/68 级防水防尘，无惧雨水、汗水侵蚀。

（2）运动场景：马拉松、登山等高强度运动场景下仍稳定工作，支持游泳使用（部分高端型号）。

5. 卫生友好，多人共享无忧

（1）清洁便利：不接触耳道，避免耳垢堆积或细菌滋生。

（2）使用场景：健身房、多人办公等高频共享场景更卫生，尤其适合耳道敏感或易感染用户。

延伸价值：部分产品搭载蓝牙 5.3、双设备连接、快充等实用功能，强化综合体验。
（根据具体产品特性可补充参数，如续航、音质调校等）

6.2.2 撰写活动宣传文案

活动宣传通过各种渠道向目标受众传播活动信息，以提高活动知名度、吸引参与者、塑造活动形象并营造良好氛围，最终促进活动的成功举办。通过优秀的活动宣传文案，企业能更好地塑造品牌形象、吸引目标客户、提升市场竞争力、促进产品销售、拓展商业合作、增强用户黏性以及收集市场反馈。DeepSeek 可以协助创作者快速生成高质量的活动宣传文案。

1. 明确活动核心内容

（1）梳理活动详情：全面整理活动的基础信息，包括活动主题、举办时间、具体地点、活动流程、参与方式等。

（2）提炼活动亮点：深入挖掘活动的独特卖点，如邀请到的重磅嘉宾、独家的活动环节、特色的奖品设置等。例如，对于音乐节，亮点可能是邀请到了国内外知名的摇滚乐队，设置了观众与乐队成员的互动环节，以及准备了限量版的音乐节周边作为奖品。

（3）界定目标受众：分析活动的目标人群，考虑年龄、性别、兴趣爱好、消费能力等因素。若音乐节主打年轻音乐爱好者市场，则他们大都热爱各类音乐风格，追求潮流与新鲜感，愿意为独特的音乐体验付费。明确目标受众后，文案创作才能更精准地吸引他们的注意力。

2. 实操案例

Q:

请就时尚服饰促销活动写一篇活动宣传文案，要求突出时尚元素，在文中强调时尚新品和流行趋势，让 20 ～ 25 岁的年轻人感受到时尚热点。

💥【潮燃盛夏 · 时尚风暴】限时开启！全网爆款集结，解锁你的当季 C 位造型！

🔥活动主题

“颠覆想象，穿出未来感”——2024 夏季时尚新品首发狂欢

当季潮流直抵衣橱，用穿搭定义你的态度！

👗活动亮点

1. 爆款新品“抢鲜”上线，定义潮流风向标

✅【高能预警】全网首发“银河渐变扎染 T 恤”“赛博朋克镭光外套”——科技感面料 + 未来感剪裁，穿上即掌握元宇宙时尚密码！

✅【明星同款狙击】夏日限定“芭蕾甜心连衣裙”“无性别工装裤”——小红书百万博主种草，一键复制爱豆出街 LOOK！

2. 趋势实验室：解锁今夏四大穿搭公式

🔮【多巴胺叠穿法则】冰淇淋色撞色卫衣 + 透明感防晒罩衫，活力值拉满！

🔮【废土风混搭哲学】做旧牛仔短裤 + 不规则镂空背心，暗黑系也能 slay 全场！

🔮【Y2K 复古回潮】低腰微喇裤 + 霓虹印花吊带，千禧辣妹 DNA 瞬间觉醒！

🔮【Clean Fit 极简主义】垂感西装马甲 + 阔腿冰丝裤，职场与街拍自由切换！

3. 限时福利：早鸟价直降 50%，满赠潮品周边

⏰【黄金 72 小时】7.15 ～ 7.18 全场新品第二件 0 元，满 599 赠“太空感荧光腰包”！

🎁【隐藏彩蛋】购物车满 3 件解锁“AI 虚拟穿搭顾问”服务，一键生成你的专属潮流报告！

📸 互动加码：秀穿搭赢千元潮基金

🔥带话题我的 2024 夏日高光战袍晒照至社交平台，点赞 TOP3 送“设计师联名限定礼盒”！（内含未发售款手绘涂鸦帆布鞋 + 潮流杂志年卡）

🌈活动宣言

“真正的时尚从不等待——敢穿敢新，才是征服世界的底色！”

👉立即点击“品牌官网 / 小程序入口”，抢先锁定今夏流量密码！

🛒 活动时间：2025.4.15 ～ 4.31

📍 线下门店同步开启“未来试衣间”AR 虚拟换装体验，打卡即赠限定徽章！

💢【穿搭是本能，潮流是态度】——你的衣柜，该来点“危险”的新鲜感了！💢

6.2.3 撰写电商促销文案

面对众多的电商平台和不同的消费者群体，如何撰写一篇既具有吸引力又能引导消费者下单的文案，是许多电商从业者会面临的挑战。运用 DeepSeek，能够帮助电商从业者高效地撰写出吸引力十足的促销文案，从而实现更好的营销效果。

电商促销文案的创作考虑多方面的因素。

（1）产品特点：精准提炼产品独特优势、创新设计、卓越性能等，如手机突出高像素拍照、智能家电强调远程操控，用直观且吸引人的语言呈现，让消费者快速了解产品价值。

（2）消费者需求：深入调研目标受众痛点、期望与兴趣，如面向健身人群突出运动装备舒适专业、针对宝妈群体强调母婴产品安全贴心，让文案契合消费者内心需求。

（3）市场趋势：紧跟行业动态、流行走向，如环保流行，环保产品文案突出绿色理念；智能科技盛行，智能家居文案宣传智能便捷，借趋势让文案更具时代吸引力。

1. 明确促销活动的核心要素

（1）梳理活动基础信息： 清晰掌握促销活动的基础信息，如活动主题、时间跨度、优惠形式（满减、折扣、赠品等）。

（2）确定目标受众： 深入分析产品所针对的目标消费群体，考虑年龄、性别、消费习惯、兴趣爱好等特征。假设美妆产品主要面向 18~35 岁的年轻女性，则她们追求时尚潮流，注重产品品质与品牌形象，乐于尝试新的美妆产品，对价格敏感且易受社交媒体影响。

（3）提炼产品核心卖点： 全面挖掘产品独特优势，如美妆产品的天然成分、持久显色效果、独特配方带来的护肤功效等。这些核心卖点是吸引消费者购买的关键因素。

2. 实操案例

Q:

请为我写一篇高级护肤品的电商促销文案，受众人群为 30 岁及以上的女性，强调其抗老和滋养功效。

✨【时光逆行计划 · 奢宠抗老礼遇】✨

——以尖端科技重启肌肤年轻力，让每一寸肌理皆成“逆龄宣言”——

💥 抗老革命：专研“细胞级焕活”配方

🔬【诺贝尔奖级成分加持】

► 超导黄金胜肽：3 重信号肽链精准狙击动态纹，28 天淡化法令纹、眼周细纹，激活胶原自生力。

► 极地雪绒花干细胞：瑞士冰川珍稀提取，深层修护光损伤，强韧屏障，肌肤透亮如“原生缎光”。

► 分子级神经酰胺：模拟人体皮脂膜结构，24 小时锁水磁石，沙漠肌也能蜕变为“丝绒水光肌”。

📌 权威认证：国际皮肤科联盟（IFD）临床报告验证，连续使用 8 周，肌肤弹力提升 41%，细纹密度减少 63%。

🌿 奢养仪式感：一瓶解锁“SPA 级沉浸护肤”。

💎【触觉与嗅觉的双重盛宴】

► 天鹅绒质地：一抹瞬渗，仿若第二层肌肤，后续上妆零卡粉。

► 定制香氛疗愈：调香大师以檀木、鸢尾、白麝香调和，每一次涂抹都是感官深呼吸。

💡 场景化解决方案：

熬夜肌急救：厚敷 10 分钟，暗沉松垮即刻“回弹”。

妆前打底：持妆 12 小时不拔干，自带柔焦滤镜感。

……（生成内容太多，这里不过多描述）

“时间会流逝，但你的年轻态无须妥协”

——让每一笔投资，都成为未来十年的美丽伏笔——

6.2.4 撰写品牌故事文案

每个经典品牌都有自己的“故事”。品牌故事可以帮助企业与消费者建立情感联系，提高消费者对品牌的认知和忠诚度。通过 DeepSeek，创作者可以快速地梳理品牌故事的核心元素，找到能使消费者产生共鸣的切入点。

1. 明确品牌的核心要素

（1）梳理品牌价值与使命：深入剖析品牌的核心价值观念，如是倡导环保、追求科技创新，还是专注于提供极致的用户体验等。明确品牌使命，即品牌存在的意义和想要达成的长期目标。

（2）挖掘品牌独特卖点：分析品牌产品或服务区别于竞争对手的独特之处，可以是独特的技术、优质的原材料、个性化的服务等。

（3）界定目标受众特征：全面研究目标受众的年龄范围、性别、职业、兴趣爱好、消费习惯、价值观等。例如，某环保家居品牌的目标受众为 30~50 岁的城市白领，他们收入稳定，重视生活品质，关注环保议题。

2. 实操案例

Q:

请为我写一篇关于通过绘画本品牌提供一个引人入胜的故事，受众人群为绘本爱好者、学生、美术生。

《空白处的星辰：一本绘画本如何让世界重新看见光》

第一章　被铅灰色吞噬的天才

2013 年的柏林冬季，美院教授艾德里安蜷缩在工作室角落，脚下堆满被撕碎的画纸。他的右手在车祸后永久颤抖，医生宣判他“再也无法握稳一支铅笔”。曾经以细腻人体素描惊艳欧洲的天才画家，如今连一条直线都画不出。他用左手抓起炭笔狠狠戳向画布，却在晕染的墨迹中看到自己扭曲的脸。

凌晨三点，清洁工玛尔塔推着工具车经过画室。她默默捡起沾满颜料的废纸，突然开口：“您见过慕尼黑旧货市场的盲人画家吗？他用手指在皮革上压出凹痕，再把油墨灌进去——他们说那才是真正的‘触摸艺术’。”

第二章　藏在皮革纹路里的宇宙

艾德里安在潮湿的地下室找到那个盲人。老人正在摩挲一块鞣制到极致的羊皮纸，指腹反复描摹着皮革的天然纹路。“当视觉消失时，触觉会替你看见更多。”他布满老茧的手指突然停驻，“看，这里的十字形肌理，像不像超新星爆发的瞬间？”

这句话如闪电劈开艾德里安的混沌。他冲回实验室，把手术中受损的右手按在热敏纸上。随着温度变化，汗液在纸面析出深浅不一的痕迹——颤抖的神经末梢，正在绘制他从未想象过的生命图谱。

第三章　让纸张学会呼吸

十年后的今天，“Atlas”绘画本的封底都印着盲文：“每个瑕疵都是新维度的入口”。艾德里安团队研发出七层复合纸基：最外层是能留住铅笔碎屑的磨砂膜，中间夹着吸收多余油脂的竹纤维，底层则是遇水显影的感光涂层。

在东京的旗舰店里，自闭症女孩由纪把整杯奶茶打翻在素描本上。扩散的茶渍中渐渐浮现出她昨晚梦见的深海荧光水母，店员笑着递来盐粒：“撒上去，水母会游动得更快。”

第四章　裂缝中的永生花

巴黎美院的地下展厅正在展出“残缺者的完美国度”。玻璃柜里陈列着被咖啡渍渗透的旅行写生本，墨迹在潮湿的南美雨季里生长成热带雨林；被猫咪抓破的插画册，裂痕处被主人用金箔填补成拜占庭式马赛克；还有那本改变一切的羊皮笔记本——盲人画家临终前在上面压出最后一组凹痕，经 3D 扫描后显现出完整的《创世纪》浮雕。

艾德里安在开展致辞时说：“我们不是在卖纸，而是在贩卖储存时间的魔法。当你在‘Atlas’上画错一笔时，那不是错误，是未来某位艺术家要接住的星光。”

品牌宣言

“比完美更动人的，是万物生长的痕迹——Atlas 绘画本，珍藏所有未完成的可能。”

对于撰写品牌故事，DeepSeek 有一套自己的理解流程，只要人们提供该品牌信息，DeepSeek 就能打造独属于自己品牌的故事。

6.3　新媒体写作

DeepSeek 的新媒体写作功能可以依据热点、用户输入的关键词等快速生成小红书爆款文案、公众号文章等多种形式的内容，能按可爱、专业等不同风格进行创作，适配各平台调性，还能提供创意灵感、优化已有内容，助力创作者高效产出优质新媒体作品。

6.3.1　生成小红书笔记

小红书的爆款笔记分为三类：清单类、干货类和种草类，不同的笔记类型有不同的提问方式。小红书内容创作者可以利用 DeepSeek 快速生成一篇合格的小红书笔记，提升小红书矩阵。

1. 确定笔记主题与分析目标受众

（1）确定笔记主题：先想好要发布哪方面的内容，如是美妆护肤、时尚穿搭，还是美食探店、旅行攻略等。以美妆为例，不要只写宽泛的“美妆分享”，而是细化到“春季适合干皮的保湿护肤品推荐”，越具体，DeepSeek 给出的内容越有针对性。

（2）分析目标受众：思考笔记是给谁看的。例如，目标受众是 18~25 岁的年轻女性，她们追求潮流，注重性价比，爱尝试新事物。把这些受众特点整理出来，方便后续使用 DeepSeek

创作时融入相关元素。

2. 实操案例

我是一位小红书精品内容推荐博主，需要你推荐三部关于大世界观的电影，受众人群为喜欢看电影的 18 ～ 25 岁年轻人。

【穿越次元的颅内风暴】这三部电影炸裂你的世界观认知，看完怀疑宇宙！

1《沙丘 2：厄拉科斯圣战》——星际文明的权力诗篇

世界观冲击：构建横跨万年的香料帝国文明，沙漠星球生态学、贝尼 · 杰瑟里特姐妹会的基因操控术、巨型沙虫的信仰图腾……每个细节都是文明演化的预言书。

颅内高潮点：汉斯 · 季默用低频脉冲音效模拟沙虫心跳，维伦纽瓦镜头下的厄拉科斯星像流动的黄金琥珀，每一帧都是未来考古学标本。

推荐话术：“当你在 IMAX 厅感受沙粒震颤鼓膜时，才会明白人类在宇宙尺度下连一粒香料都不如。”

2《阿凡达：水之道》——生命之网的量子纠缠

世界观纵深：卡梅隆耗时 13 年打磨潘多拉星海洋文明，图鲲的量子神经束、珊瑚礁神经网络、水部落的潮汐呼吸法……展现碳基生命终极共荣形态。

哲学暴击：纳美人通过辫子接口与整个星球对话，比元宇宙更超前的“星球互联网”设定，彻底解构人类中心主义。

视觉记忆点：发光水母群构成海底星图，夜潜戏份的生物荧光堪比克苏鲁美学的温柔变体。

3《普罗米修斯》——创世神的黑暗寓言

世界观暗黑指数 MAX：工程师种族播撒生命却遭反噬，异形宇宙的起源故事揭开造物主与造物之间永恒的弑父情结。

细思极恐设定：人类 DNA 与外星工程师 100% 匹配的真相，黑色黏液既是生命起源又是毁灭代码的辩证螺旋。

美学暴击：HR 吉格尔遗作《太空骑师》实体化，巨型头颅雕塑与异形子宫教堂构成机械与血肉的禁忌交响。

内容升级指南

- 截取《沙丘》香料收割仪式的对称构图 vs 现实中的撒哈拉星链基站。
- 对比《阿凡达》海洋部落手语 vs 巴厘岛原始部落祭祀手势。
- 解析《普罗米修斯》工程师飞船驾驶舱与三星堆青铜神树的拓扑学关联。

粉丝互动钩子

“如果必须选择一种世界观生活，你会加入贝尼 · 杰瑟里特姐妹会、连接伊娃神经树还是追随工程师飞船？评论区抓 3 人送《沙丘》香料味香薰！”

除了以上文案外，还可以利用 DeepSeek 批量生成符合平台特征的爆款标题。DeepSeek 生成的标题还支持人工微调，创作者可依据自身创意、品牌调性对标题进行进一步打磨，确保在契合平台的同时彰显独特风格。

6.3.2 生成公众号推文

公众号推文是指在微信公众号平台上发布的文章、图文、视频等内容，是公众号运营者向关注者传递信息、表达观点、推广产品或服务等的主要方式。

1. 确定文章核心主题与挖掘选题灵感

（1）确定文章核心主题：主题是推文的灵魂，必须精准聚焦。

（2）挖掘选题灵感：热点追踪分析，在 DeepSeek 中输入“分析当前（公众号所属领域）的热门话题，如（具体领域），并结合社交媒体平台和搜索引擎热度，给出热度排名前 10 的话题”。

2. 实操案例

输入提示词，DeepSeek 便会根据指令生成相应的公众号推文。

请你围绕“上岸后，就结束先关系的行为究竟为了什么？”这个主题撰写一篇微信公众号文章。

《上岸即断供：当代亲密关系里的功利主义陷阱》

——当感情成为人生 IPO 的过桥资金

一、上岸经济学：情感市场的杠杆游戏

凌晨两点，某公务员考试论坛的匿名区跳出一条热帖：“笔试第一，面试前该不该分手？”跟帖者众：有人晒出《恋爱存续期间学习时间管理表》，精确到每天通话不超过 23 分钟；有人分享“情绪价值投资回报率计算公式”，证明上岸后伴侣的边际效用趋近于零。

在这个人均手持 Excel 表经营人生的时代，亲密关系正被异化为“人生 IPO”的过桥资金。备考期的相互打气被折算成心理按摩工时费，对方家庭的资源支持被计入天使轮融资，甚至连争吵时的情绪内耗都要做进沉没成本损益表。

当某天清晨的公示名单成为情感 K 线图的顶点时，当初的“战友”便沦为需要及时止损的不良资产——这场以上岸为对赌协议的情感风投，从一开始就写好了清仓代码。

二、上岸即断供的三重悖论

1. 跳板效应：攀岩者的安全绳诅咒

某 985 高校情侣分手监控录像曾引发热议：男生收到保研通知当晚，在实验室门口对女友说“我们的知识结构不匹配了”。这背后暗藏当代择偶市场的残酷法则：当一方将伴侣视为认知提升的脚手架，关系存续时长便自动绑定能力成长曲线。

2. 价值重估：新阶层的身份焦虑

公务员政审群流传着《配偶背调九大雷区》，金融圈上岸者私下交换《婚恋市场估值模型》。跨过某个社会阈值的人群，会启动防御性情感机制——就像突然继承王位的庶民，急于烧毁见证过卑微时期的旧袍。

3. 时空折叠：液态现代性的情感保质期

备考期间压缩的旅行计划、推迟的见家长日程、冷冻的生育时间表，在目标达成瞬间遭遇时空坍缩。当双方从“战时状态”回归常态，那些被上岸执念遮蔽的三观裂缝，终将在日常琐碎中显影为马里亚纳海沟。

……（生成内容太多，这里不过多描述）

（文末互动）

“你愿意接受一个可能影响你上岸进度，但能让灵魂震颤的伴侣吗？”

在评论区分享你的选择，点赞前三名将获赠《爱的艺术》精装书 + 上岸者故事盲盒。

DeepSeek 可依据用户给定的主题、关键词、风格要求（如活泼风、专业风等）及特定指令（如融入热点、结合行业痛点等），快速生成涵盖选题、大纲、正文、标题及引导语等的完整公众号推文，且能针对不同领域（如情感、财经、科技等）与场景（节日活动、新品推广等）进行内容定制，还支持根据公众号历史文章风格及用户画像优化推文，提升与目标受众的契合度。

6.3.3 生成知乎文章

知乎文章是知乎平台上用户发布的长文，围绕多领域话题，借助多样形式进行深入剖析，分享知识经验，逻辑严谨且论据充分，既可以帮助创作者树立专业形象，又能为读者提供高质量信息及多元观点。

1. 确定文章主题和风格

明确想要写的知乎文章主题，如科技、生活、文化、情感等领域的某个具体话题；同时，确定文章的风格，如严谨的学术风格、轻松幽默的日常风格、深度分析的专业风格等。

2. 实操案例

DeepSeek 可能提供多种模型或功能选项，如深度思考（R1）等。根据文章的复杂程度和需求，用户需选择合适的模型。例如，如果需要深入分析和探讨问题，可选择深度思考模型。

Q:

请你用知乎平台的文章风格以及故事体的形式，撰写这个问题的高赞回答。问题是：你愿意跟自己学历不匹配的人在一起直至结婚吗？

题目：你会选择和学历差距很大的人结婚吗？

答主：陈墨（985 本硕，社会学在读）

1. 那个没有读过大学的男人，在教我写论文

第一次见到老周是在城中村菜场，他正用两种方言切换着和摊贩砍价，手里还拎着帮我室友代购的螺蛳粉。我蹲在台阶上改论文，屏幕蓝光映着案板上跳动的鱼鳞。

“你这段质性研究编码有问题。”他突然探过头，“要不要试试用老司机的接单热力图做空间叙事分析？”

后来才知道，这个美团专送骑手初中肄业，但每晚在城中村天台用二手 kindle 刷《规训与惩罚》。他会把骑手后台的派单逻辑画成福柯式的权力图谱，用送奶茶的动线解构城市空间折叠。

我妈视频查岗时，他正戴着我的降噪耳机给《社会学研究》纠错：“第 17 页的基尼系数算法早过时了，去年 G 城外卖员收入离散度更值得采样。”

2. 学历滤镜下的认知暴力

朋友听说我在和骑手约会，发来《凤凰男鉴别手册》。导师委婉提醒：“田野调查要注意边界。”就连小区保安都会在我晚归时嘀咕：“女博士配送货的，电瓶车驮得动书吗？”

但真正让我恐慌的是某个雨夜。老周用配送保温箱给我送退烧药，我正在改某 C 刊的审稿意见。他突然说：“你这段批判理论引用，像在给学术权贵绣裹脚布。”

我砸了茶杯。碎瓷片在地上拼出狰狞的图案，像极了我们之间的鸿沟。

……（生成内容太多，这里不过多描述）

尾记

现在回答最初的问题：当你发现伴侣的认知维度像克莱因瓶般既内嵌又外拓时，学历差距不过是二维生物眼中的三维投影。真正的婚姻，本应是两个觉醒者的认知联邦——在城中村的天台，在学术殿堂的阶梯，在永不停止的思维对流中。

知乎文章有各种体裁，如清单、故事、问答、推荐等，在让 DeepSeek 给出高赞回答时，需说明清楚采用哪种体裁进行知乎文章的撰写。

6.3.4 生成豆瓣影评

豆瓣影评是豆瓣用户针对电影作品发表的评论文章，涵盖对电影剧情、主题、人物、拍摄手法、艺术风格等方面的分析与评价，以及个人的观影感受和思考。豆瓣影评的形式多样，长短不一，可为其他观众提供参考，也反映出电影在不同人群中的口碑和影响力。

1. 确定影评主题和风格

明确要写的电影以及想要呈现的影评风格，如是专业分析、情感抒发、幽默调侃，还是综合多种风格。例如，如果要写《霸王别姬》的影评，可以确定以专业分析艺术价值和文化内涵为主题，风格上偏向严肃、深入的探讨。

2. 实操案例

请用豆瓣影评的风格，谈一谈《哪吒 2》这部电影的观后感。

（以下为模拟豆瓣五星长评）

《哪吒 2》：以东方血性重铸神话，在宿命狂澜中叩问自我

时隔三年，《哪吒之魔童降世》的续作终以更磅礴的姿态回归。如果说前作是国漫工业化进程中的一记惊雷，那么《哪吒 2》如同一场淬炼千年的烈火，将传统神话的筋骨与现代叙事的锋芒熔铸成器，既延续了“逆天改命”的精神内核，又以更恢弘的格局为封神宇宙落下浓墨重彩的伏笔。

1. 宿命论的进阶解构：从抗争到共存

影片并未止步于“我命由我不由天”的热血宣言，而是将哪吒抛入更复杂的命运漩涡。三重天劫的设定暗合道家“三灾九难”的哲学隐喻，少年神灵的烟熏妆下，暴烈与孤傲逐渐沉淀为直面宿命的悲怆。敖丙的龙族身份从桎梏化为救赎钥匙，冰火双生从对立走向共生，这种从“破天命”到“承天命”的叙事转向，让角色弧光更具东方辩证色彩。当哪吒怒吼“天若不容，我便吞天”时，银幕内外皆能感受到一种独属于中国神话的原始血性。

2. 视觉革命：水墨丹青碰撞赛博朋克

制作团队显然深谙“技术为叙事赋魂”之道：乾坤圈崩裂时的粒子特效如梵高笔触般癫狂，山河社稷图中的泼墨山水在 3D 渲染下流动如生，而天劫降临时的闪电竟以甲骨文形态撕裂苍穹——这种将传统文化符号解构为视觉奇观的手法，既致敬了《大闹天宫》等经典的美学基因，又以数字技术重塑了神话的当代想象力。更令人称道的是，哪吒与敖丙的合击技“玄冰业火”，通过红蓝双色水墨的晕染交缠，让东方美学在打斗场景中迸发出超越语言的诗意。

3. 群像刻画：神性与人性的复调交响

李靖夫妇的戏份虽精简，但殷夫人战场卸甲后藏在铠甲内的一包桂花糖，足以让中式亲情无须煽情便直击人心；太乙真人看似插科打诨的川普方言，在显露三头六臂法相时瞬间升华出“大

巧若拙”的道家精髓；而申公豹结巴台词里暗藏的“台词被抢”笑点，实则是对其悲剧性执念的温柔消解。这些配角不再是功能性的剧情工具，而是共同构成了神魔世界里的人性光谱。

4. 封神宇宙的野望与隐忧

从杨戬的三尖两刃刀惊鸿一瞥，到姜子牙钓竿上的封神榜卷轴，影片以彩蛋织就的宏大叙事网，昭示着主创构建中国神话体系的雄心。但值得警惕的是，当“宇宙”成为商业必选项，如何在系列化叙事中保持每部作品的独立灵魂，或许比单纯铺陈伏笔更为重要。所幸《哪吒2》用哪吒那句“我的劫我自己渡”，证明了它绝非流水线上的标准化产品。

5. 结语：神话重述的当代性实验

影片或许仍存瑕疵：部分台词在文白转换间略显生硬，某些战斗场景的节奏把控稍显急促。但当我们看到陈塘关百姓从扔臭鸡蛋到为哪吒举起火把，看到敖丙的万龙甲在雷劫中化作守护众生的星芒，便会明白这不仅是少年神灵的成长史，更是一个民族对自身文化基因的重新解码。当好莱坞用超英罐头喂养全球观众时，《哪吒2》选择以更笨拙也更虔诚的姿态，将神话锻造成一把剖开现实困局的利刃——这份笨拙，恰是国漫最珍贵的少年心气。

（注：片尾姜子牙彩蛋信息量极大，建议观影后查阅《封神演义》第十四回预习功课）

对于其他平台风格的影评或者书评，DeepSeek 也能信手拈来，无论是豆瓣上深度剖析、注重文艺性与逻辑性的长评，还是小红书里图文搭配、语言活泼俏皮的短评，它都能精准拿捏平台调性，生成契合的内容。例如，针对一本小说，DeepSeek 能为豆瓣产出条理清晰、结合文学理论的深度书评，同时给小红书创作感染力强的种草书评。

6.3.5 生成短视频脚本

短视频脚本是为拍摄短视频制定的文本方案，涵盖镜头序号、景别、画面内容、台词、时长、拍摄地点及运镜方式等要素，为短视频创作提供全面规划与指导，帮助实现创作意图，提升成片质量。

1. 确定短视频核心信息

清晰界定短视频想要传达的核心内容，这是脚本创作的基础。主题可以是产品推广、生活记录、知识科普、娱乐搞笑等各类方向。

2. 实操案例

Q:

请生成短视频脚本：用电影《怦然心动》的台词风格旁白，来描述一个女生在下雪天等车的场景。

视频脚本：《雪中等车》

场景：一个下雪的清晨，路边公交站，女生独自等待公交车。画面唯美，音乐轻柔，旁白温暖而富有情感。

镜头1：全景——雪景开场

• 画面：镜头从高空缓缓下移，展现被白雪覆盖的街道和树木。雪花缓缓飘落，整个世界安静而纯净。

• 旁白（温柔女声）：

“那是一个下着雪的清晨，天空像被撒了一层薄薄的糖霜，整个世界都安静得能听见雪花落

地的声音。”

• 音乐：轻柔的钢琴旋律缓缓响起，像是雪花落地的声音。

镜头 2：中景——女生等待

• 画面：女生站在公交站旁，穿着厚厚的羽绒服，围着一条红色围巾。她轻轻呼出一口气，白雾在空气中飘散。

• 旁白：

“她站在路边，呼出的白气在冷风中飘散，像是她心里那些说不出口的小秘密。”

• 音乐：钢琴旋律中加入轻微的风声，营造出寒冷的氛围。

镜头 3：特写——女生的表情

• 画面：镜头拉近，捕捉女生的侧脸。雪花落在她的睫毛上，短暂停留后融化。她的目光时而望向路的尽头，时而低头看着脚下的积雪。

• 旁白：

“她的目光时不时扫向路的尽头，像是在等待什么，又像是在期待什么。雪花落在她的睫毛上，像是星星的碎片。”

• 音乐：音乐渐强，带着一丝淡淡的忧伤。

镜头 4：俯拍——脚印与雪

• 画面：镜头俯拍女生脚边的积雪，她的脚印已经被新落下的雪覆盖，显得模糊不清。

• 旁白：

“她低头看了看脚边的积雪，脚印已经被新落下的雪覆盖，仿佛她从未存在过一样。”

……

字幕：

“雪总会停的，车总会来的。”

——献给每一个在冬天等待的你

黑屏：

视频结束，画面淡出。

备注：

（1）音乐风格：轻柔的钢琴旋律，带有淡淡的忧伤和希望。

（2）画面色调：冷色调为主，突出雪景的纯净与寒冷，女生的围巾和微笑作为暖色点缀。

（3）旁白风格：温暖、细腻，带有淡淡的叙事感，像是一个朋友在轻声诉说。

时长：约 1 分 30 秒。

不论是表格类的还是文字形式的短视频脚本，DeepSeek 都能精准生成。DeepSeek 可以依据用户输入的视频主题、风格偏好，快速搭建脚本框架，在表格中清晰罗列镜头景别、时长、画面内容，或用条理分明的文字详述剧情走向、角色台词，为拍摄提供清晰指引。

第 07 章 AI 绘画：人人都是艺术家

DeepSeek 作为当前最强大的中文大模型，在 AI 绘画领域展现出非凡实力。DeepSeek 能够精准理解用户需求，生成包含构图、风格、光影等细节的专业级绘画提示词，无论是写实风景、二次元插画还是先锋艺术创作，DeepSeek 都能提供极具参考价值的描述建议。DeepSeek 庞大的艺术知识库涵盖 300+ 绘画流派和 2000+ 专业术语，支持中英文双语输出，可完美适配多种 AI 绘画平台，让艺术创作变得更简单高效。

7.1 DeepSeek + 文心一格

文心一格是基于文心大模型的文生图系统实现的产品化创新，是百度依托飞桨、文心大模型的技术创新推出的一款 AI 作画产品；DeepSeek 是一款语言大模型，可以利用来生成提示词，使用“DeepSeek + 文心一格”实现作画一体式，可大大提高 AI 绘画效率。

7.1.1 生成商品图

商品图是用于展示商品外观、细节、功能等特征，以促进销售、传递信息和宣传品牌的图片，包括整体图、细节图等多种类型，制作时需满足清晰准确、美观吸引人且符合平台规定等要求。

1. 使用 DeepSeek 生成提示词

DeepSeek 是一款语言大模型，其本身没有直接绘图能力，但可以利用来生成绘图提示词，再将提示词提供给文心一格来生成画作。提示词生成步骤如下。

（1）明确创作主题和细节：先确定想要画的主题。

Q:

我是一位摄影师，正在做护肤品拍摄，请帮我描述一下护肤品拍摄。

（2）生成基础提示词：将主题和细节描述输入 DeepSeek，让其生成基础的绘图提示词。DeepSeek 生成的提示词如下。

在温暖的阳光下，护肤品被放置在浅色石头的自然背景上，周围点缀着几株干燥植物，营造出一种自然质朴的氛围。柔和的光影透过植物洒在护肤品上，形成细腻的光斑，为画面增添了层次感与温暖感。淡黄色的背景与阳光相呼应，进一步突出了产品的质感和色彩。整张照片采

用 2 ∶ 3 的专业比例构图，既展现了护肤品的精致细节，又传递出一种高级而自然的视觉美感，适合用于品牌宣传或产品展示。

（3）调整基础提示词：可以看到，以上提示词太长，故需要对其进行检查和调整，使其更准确地表达想要的画面效果。

Q：

“在温暖的阳光下，护肤品被放置在浅色石头的自然背景上，周围点缀着几株干燥植物，营造出一种自然质朴的氛围。柔和的光影透过植物洒在护肤品上，形成细腻的光斑，为画面增添了层次感与温暖感。淡黄色的背景与阳光相呼应，进一步突出了产品的质感和色彩。整张照片采用 2 ∶ 3 的专业比例构图，既展现了护肤品的精致细节，又传递出一种高级而自然的视觉美感，适合用于品牌宣传或产品展示。”请描述得简短一些，符合文心一格的描述方式，原意不变。

自然光护肤品拍摄，温暖的阳光，浅色石头，干燥植物，光影氛围，淡黄色背景，专业护肤品拍摄，比例为 2 ∶ 3。

2. 使用文心一格生成画作

（1）注册与登录：访问文心一格的官方网站 https://yige.baidu.com，并进行注册登录。如果已有百度账号，可直接登录。

（2）进入创作页面：登录成功后，单击“AI 创作”或“立即创作”按钮，进入智能生成页面。

（3）输入提示词：将经过优化的提示词输入文心一格左侧的输入框中。

自然光护肤品拍摄，温暖的阳光，浅色石头，干燥植物，光影氛围，淡黄色背景，专业护肤品拍摄，比例为 2 ∶ 3。

生成护肤品商品图，图 7-1 所示为洗面奶广告，图 7-2 所示为护发精油广告。

图 7-1　　图 7-2

图片风格为美食拍摄，一个水蜜桃掉入水中，慢慢下沉，水果周围都是水泡，带一片叶子，让人开胃的色调，比例为 9 ∶ 16。

生成水蜜桃商品图，图 7-3 所示为白天桃子展示，图 7-4 所示为晚上桃子展示。

图 7–3

图 7–4

请帮我生成：一瓶麦卡伦放在木托盘上，旁边是一个装满酒的玻璃杯，桌上有一颗青梅，白梅花，阳光，树林，美食摄影，淡雅的色调的商品图。

生成的麦卡伦商品图如图 7–5 所示。

图7–5

文心一格生成的商品图具有创意独特、风格多样、细节丰富、能实现场景融合、色彩协调、可定制性强且生成快速的特点，因此将 DeepSeek 生成的提示词运用到文心一格的 AI 绘画中，提高了作画效率和准确度。

7.1.2 生成风景插画

风景插画是以自然或人文景观为主题，通过绘画的形式对其进行艺术表现的一种插画类型。

1. 使用 DeepSeek 生成提示词

（1）明确创作主题和细节：确定想要画的主题。

Q:

请描述一下海洋场景，夕阳西下，金色的余晖洒在波光粼粼的海面上，海浪层层叠叠，远处有几艘帆船在航行，天空中还有几只海鸥在翱翔，色彩鲜艳而富有层次感。

（2）生成基础提示词：将主题和细节描述输入 DeepSeek，让其生成基础的绘图提示词。DeepSeek 生成的提示词如下。

夕阳西下，金色的余晖洒在波光粼粼的海面上，仿佛为大海披上了一层流动的金纱。海浪层层叠叠，轻柔地拍打着岸边，发出舒缓的节奏声。远处的海平面上，几艘帆船悠然航行，白色的帆影在夕阳的映照下显得格外宁静。天空中，几只海鸥展翅翱翔，它们的羽翼在金色的光芒中闪烁着银白的光泽。整个场景色彩丰富而富有层次感，从深蓝的海水到金黄的天空，再到洁白的帆船与海鸥，构成了一幅动人的海洋画卷，充满了宁静与壮美的气息。

（3）调整基础提示词：可以看到 DeepSeek 的提示词太长，故需要对其生成的提示词进行检查和调整，使其更准确地表达想要的画面效果。

Q:

“夕阳西下，金色的余晖洒在波光粼粼的海面上，仿佛为大海披上了一层流动的金纱。海浪层层叠叠，轻柔地拍打着岸边，发出舒缓的节奏声。远处的海平面上，几艘帆船悠然航行，白色的帆影在夕阳的映照下显得格外宁静。天空中，几只海鸥展翅翱翔，它们的羽翼在金色的光芒中闪烁着银白的光泽。整个场景色彩丰富而富有层次感，从深蓝的海水到金黄的天空，再到洁白的帆船与海鸥，构成了一幅动人的海洋画卷，充满了宁静与壮美的气息。”请描述得简短一些，写出用什么风格作画，符合文心一格的描述方式，原意不变。

采用印象派风格绘制的海洋场景，夕阳西下，金色的余晖洒在波光粼粼的海面上，海浪层层叠叠，远处有几艘帆船在航行，天空中还有几只海鸥在翱翔，色彩鲜艳而富有层次感。

2. 使用文心一格生成画作

（1）注册与登录：访问文心一格的官方网站，并进行注册登录。如果已有百度账号，可直接登录。登录成功后，单击“AI 创作”或“立即创作”按钮，进入智能生成页面。

（2）输入提示词：将经过优化的提示词输入文心一格左侧的输入框中。

采用印象派风格绘制的海洋场景，夕阳西下，金色的余晖洒在波光粼粼的海面上，海浪层层叠叠，远处有几艘帆船在航行，天空中还有几只海鸥在翱翔，色彩鲜艳而富有层次感。

生成的印象派风格的风景插画如图 7–6 所示。

图7–6

3. 其他案例

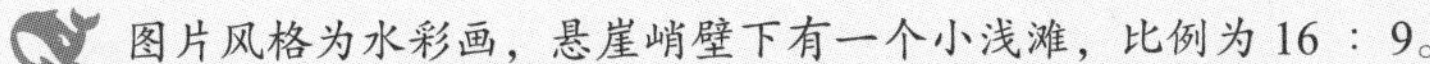
图片风格为水彩画，悬崖峭壁下有一个小浅滩，比例为 16 ∶ 9。

生成的水彩画风景插画如图 7-7 所示。

图7-7

图片风格为风景，未来感的植物园，蘑菇变异，深白色和米色，曲木，石板路，天空万里无云。

生成的风景插画如图 7-8 所示。

图7-8

文心一格基于文心大模型的技术支持，具备复杂构图与细节刻画能力，可对风景中的各种元素进行细致描绘，如树叶的纹理、花朵的花瓣、水面的波光等，让画面更加生动和精致。用户只需借助 DeepSeek 输入文字描述，文心一格就能自动从视觉、质感、风格、构图等角度智能补充，快速生成符合要求的风景插画，大大提升创作效率，为用户提供便捷的创作体验。

7.1.3 生成梵高风格作品

梵高的风格是以鲜明浓烈且具高纯度、高明度的色彩，搭配粗厚有力、大胆肆意且富有强烈节奏韵律的笔触，来表达热烈主观的感受与炽烈情绪。

按照 7.1.1 和 7.1.2 小节的步骤，把在 DeepSeek 中调整好的提示词输入文心一格中，生成图片，具体如下。

图片风格为油画，麦田，橘黄和深蓝色的背景，梵高的作画风格，明显的笔触。

生成的梵高风格作品如图 7–9 所示。

图7–9

请生成一张梵高风格的油画：蓝色水面，波光粼粼，阳光反射光带，左侧绿树，飘落黄叶，远处绿植，天空留白暗示晴朗，阳光洒落。

生成的梵高风格的油画如图 7–10 所示。

图 7–10

文心一格通过对 DeepSeek 提示词的理解，模拟出与梵高风格相似的笔触效果，让生成的画面仿佛有色彩在跃动。当提示词涉及风景时，文心一格能像梵高那样，根据情绪和内心体验选择强化色彩，或明媚爽朗，或黯淡落寞，以独特的艺术风格将用户脑海中的画面生动呈现出来，让人们借助现代 AI 技术，感受梵高艺术风格的魅力与精髓。

7.2 DeepSeek + 通义万相

DeepSeek 能理解、生成自然语言，在文本创作、代码编写等方面表现出色，同时支持语音交互。通义万相是阿里的 AI 绘画模型，基于 Composer，能文生图、生成视频，涵盖多种风格，广泛应用于设计领域。DeepSeek 与通义万相二者联手，可为创作与交互带来更高效体验，让创意构思、视觉呈现轻松落地。

7.2.1 生成人物写真

将 DeepSeek 生成或优化后的提示词输入通义万相中。通义万相是阿里云的 AI 图片与视频生成工具，它基于输入的文本描述来生成图片。在接收到提示词后，通义万相利用深度学习算法和图片生成模型，将文字描述转换为对应的人物写真图片。

1. 使用 DeepSeek 生成提示词

（1）描述人物基础特征：向 DeepSeek 输入关于人物写真主体的详细信息。DeepSeek 基于其强大的语言理解与生成能力，会产出包含人物发型、面部特征、肤色等具体描述的提示词。

Q:
请生成一位 25 岁左右，有着健康肤色，长卷发，眼神深邃的女性写真提示词。

（2）运用 DeepSeek 生成提示词：将主题和细节描述输入 DeepSeek，要求生成绘图提示词，同时可以适当添加一些细节。DeepSeek 生成的提示词如下。

一位 25 岁左右的女性，拥有健康的肤色，长卷发自然垂落，发丝在阳光下泛着柔和的光泽。她的眼神深邃而富有故事感，微微侧脸看向镜头，嘴角带着一抹自信的微笑。身穿简约的白色吊带裙，背景是夕阳下的海滩，暖色调的光影勾勒出她的轮廓，整体画面充满温暖与生命力，展现自然与自信的美。

2. 使用通义万相生成人物写真

把经 DeepSeek 生成及优化后的提示词输入通义万相。通义万相依托输入的文本描述开展图片生成工作，一旦接收到提示词，便会借助深度学习算法与图片生成模型，把文字描述转换为相应的人物写真图片。

一位 25 岁左右的女性，拥有健康的肤色，长卷发自然垂落，发丝在阳光下泛着柔和的光泽。她的眼神深邃而富有故事感，微微侧脸看向镜头，嘴角带着一抹自信的微笑。身穿简约的白色吊带裙，背景是夕阳下的海滩，暖色调的光影勾勒出她的轮廓，整体画面充满温暖与生命力，展现自然与自信的美。

生成的人物写真如图 7-11 所示。

图7-11

通义万相生成的图片分辨率高、色彩饱满、细节丰富。在人物写真中，通义万相生成的图片能清晰呈现人物的面部细节、服饰纹理、头发丝等，同时保证色彩的准确性和自然度，使人物看起来真实、生动，避免出现模糊、失真或色彩偏差等问题。

7.2.2 生成 AI 模特图

通义万相是阿里云通义大模型旗下基于先进组合式生成模型 Composer 的 AI 绘画创作模型，通过虚拟模特生成功能，可依据用户上传的实拍商品展示图，智能替换模特与背景，生成语义一致、细节丰富、画面细腻逼真的模特图，广泛应用于电商、珠宝、鞋靴、童装等行业，支持多种图片比例生成及背景参考图输入等功能，平台服务稳定、易用。

1. 使用 DeepSeek 生成提示词

（1）描述人物基础特征：向 DeepSeek 输入关于人物写真主体的详细信息。DeepSeek 基于强大的语言理解与生成能力，会产出包含人物发型、面部特征、肤色等具体描述的提示词。

请生成一位有着白皙皮肤，长卷发，眼神深邃，穿着高定服装的男模特图的提示词。

（2）运用 DeepSeek 生成提示词：将主题和细节描述输入 DeepSeek 要求生成绘图提示词，同时可以适当添加一些细节，DeepSeek 生成的提示词如下。

他身高约 188 厘米，身着一套剪裁精致的深蓝色西装，西装的面料在灯光下泛着细腻的光泽，衬得他肩线挺拔，腰身修长。他微微侧身，右手随意插在裤袋中，左手轻握一杯香槟，目光深邃而从容地望向远方，嘴角带着一抹若有若无的微笑，仿佛在沉思，又仿佛在享受这一刻的宁静与优雅。他的姿态放松却不失风度，整个人散发着自信与成熟的魅力，仿佛是从时尚大片中走出的主角，令人过目难忘。

2. 使用通义万相生成模特图

将 DeepSeek 生成的提示词复制到通义万相中，通义万相接收到提示词之后，便会生成模特图。

他身高约 188 厘米，身着一套剪裁精致的深蓝色西装，西装的面料在灯光下泛着细腻的光泽，衬得他肩线挺拔，腰身修长。他微微侧身，右手随意插在裤袋中，左手轻握一杯香槟，目光深邃而从容地望向远方，嘴角带着一抹若有若无的微笑，仿佛在沉思，又仿佛在享受这一刻的宁静与优雅。他的姿态放松却不失风度，整个人散发着自信与成熟的魅力，仿佛是从时尚大片中走出的主角，令人过目难忘。

生成的男模特图如图 7-12 所示。

图7-12

3. 其他案例

优雅女模特，高级时装，精致妆容，柔光摄影棚，时尚大片质感，冷色调背景，突出气质与服装细节，比例为 4 ∶ 3。

生成的女模特图如图 7-13 所示。

图7-13

通义万相的人物模特图生成功能在电商展示和虚拟形象生成领域展现出显著的实用价值。该工具能够快速生成符合商业需求的高质量模特图片，在服装纹理、配饰细节和整体造型的呈现上较为精细，能够满足电商产品展示对真实感和美观度的双重需求。

7.2.3 生成卡通人物

通义万相在图片生成领域独占鳌头。通义万相所用算法历经海量数据的深度淬炼，构建起极为强大的语义理解与视觉表征体系，能够以极高的精度解析输入提示词中的丰富语义与细微末节。

在卡通人物生成过程中，通义万相依托这一前沿算法，依据提示词里对人物外貌、服饰风格、表情神态以及所处场景的精准描述，通过多层级、复杂的神经网络进行精细化运算。

1. 使用 DeepSeek 生成提示词

（1）描述卡通人物的基础特征：向 DeepSeek 输入卡通人物主体的详细信息。DeepSeek 基于强大的语言理解与生成能力，会产出包含人物发型、面部特征、肤色等具体描述的提示词。

Q:

请生成一位 25 岁左右，有着小麦色皮肤，长卷发，眼神深邃的女性卡通人物提示词。

（2）运用 DeepSeek 生成提示词：将主题和细节描述输入 DeepSeek，要求生成绘图提示词，同时可以适当添加一些细节。DeepSeek 生成的提示词如下。

一位可爱的卡通女孩，拥有一头明亮的金黄色长发，发梢微微卷曲，蓝色的大眼睛清澈明亮，眼神中带着一丝俏皮与好奇。她的皮肤白皙透亮，脸颊微微泛红，身穿色彩鲜艳的卡通风格连衣裙，裙摆上有星星和花朵的图案。背景是一个梦幻的童话森林，阳光透过树叶洒下斑驳的光影，整体画面充满童趣与幻想，风格清新甜美。

2. 使用通义万相生成卡通人物

将上文用 DeepSeek 生成与优化的提示词输入通义万相。通义万相接收到提示词后，其会利用深度学习算法和图片生成模型，将文字描述精准地转换为对应的卡通人物图片。

生成的卡通人物如图 7–14 所示。

图7–14

3. 其他案例

萌系Q版卡通角色，圆脸大眼配猫耳发箍，身穿活力卫衣裙装，置身糖果色云朵背景，呈现日系手绘治愈风。

生成的Q版人物如图 7–15 所示。

图7–15

7.3 DeepSeek + 奇域 AI

DeepSeek 由深度求索打造，精通中英双语，能实时更新知识，提供专业技术解答，在多领域具有重要辅助作用。奇域 AI 是小红书推出的国风绘画平台，依托 AI 技术，融合丰富的中式美学风格，通过简单操作即可生成独特画作，且设有交流社区。二者结合，DeepSeek 提供精准文字构思，奇域 AI 将其转换为绝美东方艺术作品，一站式满足多元创作需求。

7.3.1 生成苏绣作品图

苏绣具有精湛缜密、光顺和谐、柔和雅洁且有常无定的技艺风格，在创作题材上涵盖富含寓意的图案绣与书画元素，通过丰富多样且灵活多变的针法，呈现闺阁绣、民间日用绣、宫货绣等多元绣品，展现出独特魅力。

1. 使用 DeepSeek 生成提示词

（1）描述苏绣的基础特征：向 DeepSeek 输入关于苏绣的信息。DeepSeek 基于其强大的语言理解与生成能力，会生成包含主题、画面、氛围描述的提示词。

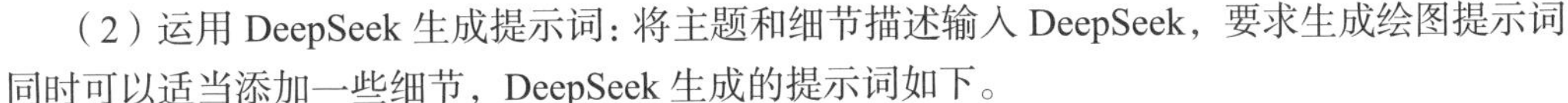

（2）运用 DeepSeek 生成提示词：将主题和细节描述输入 DeepSeek，要求生成绘图提示词，同时可以适当添加一些细节，DeepSeek 生成的提示词如下。

请生成一幅苏绣作品图片：主题为江南水乡，画面包含小桥流水、青瓦白墙、垂柳轻拂、燕子翩飞等元素。色彩以淡雅的青绿、浅灰、米白为主，丝线质感细腻，光影层次丰富，突出苏绣的精致针法与古典韵味。整体风格宁静悠远，分辨率高清，细节逼真，适合艺术展示与文化推广。

2. 使用奇域 AI 生成苏绣作品图

请生成一幅苏绣作品图片：主题为江南水乡，画面包含小桥流水、青瓦白墙、垂柳轻拂、燕子翩飞等元素。色彩以淡雅的青绿、浅灰、米白为主，丝线质感细腻，光影层次丰富，突出苏绣的精致针法与古典韵味。整体风格宁静悠远，分辨率高清，细节逼真，适合艺术展示与文化推广。

生成的苏绣作品图如图 7-16 所示。

图7-16

3. 其他案例

请生成一幅精美的苏绣艺术特写：绣面呈现传统江南水墨画风格，丝线光泽细腻流动。主体为栩栩如生的白猫戏蝶图，猫毛采用“散套针”绣法呈现蓬松质感，蝴蝶翅膀运用“虚实针”营造透明层次。深青色缎面上可见“一丝一线”的精密排布，背景留白处隐约露出绷架纹理。拍摄采用 45° 侧光，突出丝线的立体光泽，景深较浅虚化背景，呈现艺术品级细节。整体构图雅致，色调以黛蓝、月白为主，角落有朱红色篆体落款。

生成的苏绣艺术特写如图 7-17 所示。

图7-17

奇域 AI 的苏绣作品生成功能能依据用户输入的文字描述，以苏绣针法细腻、色彩绚丽、写实逼真的特点，将浪漫景色、山水风光等元素，通过微针精妙的模拟，并结合其他绘画技法，生成饱含非遗苏绣灵魂与现代创新元素的精美画作。

7.3.2 生成黑白水墨画

黑白水墨画是以水与墨为主要材料，借笔墨浓淡、干湿、疏密变化，通过勾、皴、擦、染、点等技法描绘物象，追求“计白当黑”“虚实相生”意境，蕴含中国传统哲学思想与审美情趣的独特绘画艺术形式。利用 DeepSeek 的强大文案生成功能、奇域 AI 的文生图功能，可共同绘制一副壮丽的黑白水墨画。

1. 使用 DeepSeek 生成提示词

确定好黑白水墨画的绘画主题后，即可将想法交给 DeepSeek，要求生成精准的提示词。

Q:

请根据水墨画的特点写一段关于生成水墨画图片的提示词。

生成一幅传统水墨画风格图片，画面以山水为主题，采用黑白灰为主色调，墨色浓淡相宜，笔触流畅自然。远山朦胧，近水清澈，山间点缀几株松树，枝叶疏密有致，展现虚实相生的意境。画面留白巧妙，营造出空灵悠远的氛围，整体风格古朴典雅，既体现水墨画的笔墨韵味，又融入现代审美，适合艺术欣赏与文化展示。

2. 使用奇域 AI 生成黑白水墨画

请生成一幅传统水墨画风格图片：画面以山水为主题，采用黑白灰为主色调，墨色浓淡相宜，笔触流畅自然。远山朦胧，近水清澈，山间点缀几株松树，枝叶疏密有致，展现虚实相生的意境。画面留白巧妙，营造出空灵悠远的氛围，整体风格古朴典雅，既体现水墨画的笔墨韵味，又融入现代审美，适合艺术欣赏与文化展示。

生成的黑白水墨画如图 7-18 所示。

图7-18

请生成一幅意境深远的黑白水墨画：笔触疏密有致，墨色浓淡相宜。画面以留白为韵，寥寥数笔勾勒出远山叠嶂，近处老松虬枝盘曲，墨色晕染如烟。一叶扁舟泛于江心，舟上渔翁独钓，衣袂随风而动。整体虚实相生，飞白处似有云雾缭绕，浓墨处力透纸背，尽显“计白当黑”的东方美学。

生成的黑白水墨画如图 7–19 所示。

图7–19

奇域 AI 的黑白水墨画生成功能能依据用户输入的文字描述，运用独特算法与丰富的中式美学风格模型，模拟传统水墨画技法，以简洁的线条、浓淡相宜的墨色，生成饱含意境、韵味悠长的黑白水墨画作，支持多种图片比例。

7.3.3 生成浪漫古风场景图

1. 使用 DeepSeek 生成提示词

向 DeepSeek 提问，要求生成精准且唯美的古风场景提示词。

Q:

请生成浪漫古风场景图的提示词。

生成一幅浪漫古风场景图片，画面以江南庭院为背景，月色朦胧，桃花盛开，花瓣随风飘落。一对身着汉服的恋人立于小桥上，女子手持团扇，男子执伞，两人相视而笑，神情温柔。庭院中流水潺潺，灯笼微光点缀，远处青山隐约可见。整体色调柔和，以粉、白、青为主，光影细腻，营造出诗意与浪漫交织的氛围，充满古典韵味与梦幻气息。

2. 使用奇域 AI 生成浪漫古风场景

将上述提示词输入奇域 AI。

生成的浪漫古风场景图如图 7–20 所示。

图7–20

请生成一幅浪漫古风场景图：烟雨江南，桃花纷飞，白衣佳人执伞立于廊下，远处湖光柳影，青石小径落红点点，柔光晕染水墨意境，尽显诗意缠绵。

生成的浪漫古风场景图如图 7-21 所示。

图7-21

奇域 AI 的浪漫古风场景图生成功能能依据用户输入的中文描述，选择模型与图片比例，参考创作宝典风格，融合薄雾、汉服等元素，以细腻笔触、诗意构图输出古韵浪漫画作，且支持微调优化。

7.4 DeepSeek + 无界 AI

无界 AI 是无界版图推出的专注于 AIGC 的社区和平台，集 AI 图库、创作、广场交流等功能于一身，基于先进算法为用户提供一站式搜索—创作—交流—分享服务，研发符合中国审美的绘画大模型；结合区块链技术保护版权，推动 AIGC 作品的创作、分享和商业化。DeepSeek 是当下火热的 AI 工具，结合无界 AI 会实现神奇的联动。

7.4.1 生成科幻场景图

科幻场景是科幻作品里基于科学理论、技术设想或未来想象，以科技感、创新性、视觉冲击力为特点，呈现如未来城市、外星世界、宇宙空间、高科技实验室等类型，并借此反映对社会与科技思考的奇幻环境与情境。

1. 使用 DeepSeek 生成提示词

Q:

请生成科幻场景图的提示词。

请生成一幅未来科幻场景图片：画面以一座悬浮在空中的巨型城市为背景，建筑充满几何感与流线型设计，表面覆盖着霓虹灯光与全息投影。空中飞行器穿梭，地面街道上行人穿着高科技服饰，机器人随处可见。背景是深邃的星空与巨大的行星，整体色调以冷蓝、紫、银为主，光影效果炫酷，科技感十足，展现未来世界的奇幻与震撼。

2. 使用无界 AI 生成科幻场面图

将上述提示词输入无界 AI 中。

生成的科幻场景图如图 7-22 所示。

图7-22

3. 其他案例

请生成一幅充满未来感的科幻场景图片：科幻风格插画，浩瀚星空背景，巨大发光星球尾迹，多彩绚烂星河，复古钟楼建筑，蒸气朋克风格大型机械装置，戴帽持杆人物立于建筑平台凝视宇宙”。

生成的科幻场景图如图 7-23 所示。

图 7-23

无界 AI 的科幻图片场景创作功能十分强大，用户可在创作页面输入相关文字描述，如“宇宙中，巨大的环形空间站环绕着蓝色星球，周围繁星闪烁”，支持中英文双语。它拥有超 231 种风格模型，包含诸多科幻风格选项，能细腻呈现科幻场景中的金属质感、光影效果、未来建筑构造等元素。

7.4.2 生成手机壁纸

手机壁纸具有装饰性，能依用户喜好个性化呈现，可随时更换，适配不同手机屏幕尺寸与分辨率，部分还兼具如动态效果、信息显示等功能性。

1. 使用 DeepSeek 生成提示词

Q:

请生成手机壁纸的提示词：赛博朋克风城市夜景，霓虹灯光照亮雨夜街道，悬浮汽车穿梭，极具科技感。

赛博朋克风的未来都市，夜幕笼罩，暴雨倾盆。街道被积水淹没，霓虹灯光在水面上折射出扭曲、迷幻的光影。建筑外墙的电子屏幕散发着冷冽蓝光，与暖色调霓虹碰撞。悬浮汽车在低空呼啸而过，引擎喷射出幽紫火焰，激起层层水花。街角处，涂鸦艺术与闪烁的街头招牌相互映衬，暗处，神秘的黑客身影隐匿其中，整个场景弥漫着浓郁科技感与神秘气息。

2. 使用无界 AI 生成手机壁纸

请生成一幅未来科幻场景图片：画面以一座悬浮在空中的巨型城市为背景，建筑充满几何感与流线型设计，表面覆盖着霓虹灯光与全息投影。空中飞行器穿梭，地面街道上行人穿着高科技服饰，机器人随处可见。背景是深邃的星空与巨大的行星，整体色调以冷蓝、紫、银为主，光影效果炫酷，科技感十足，展现未来世界的奇幻与震撼。

生成手机壁纸，图 7–24 所示为有车场景，图 7–25 所示为无车场景。

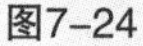

图7–24

图7–25

3. 其他案例

请生成一张简约清新的手机壁纸：画面以柔和的渐变色为背景，中心点缀几何图形或自然元素（如树叶、山峰、海浪）。整体色调以低饱和度的莫兰迪色系为主，搭配细腻的光影效果，营造出宁静舒适的视觉感受。文字或图标设计简洁，留白充足，适合日常使用，既美观又不干扰屏幕内容显示。

生成的手机壁纸如图 7–26 所示。

图7–26

无界 AI 生成的手机壁纸效果出色。创作时，用户需在页面输入中英文描述，如自然场景或科幻画面。无界 AI 有超 231 种风格模型，能精准展现二次元俏皮、写实逼真等特色。用户可依手机屏幕设定尺寸比例，借助扩散算法，快速生成高清、色彩鲜艳、细节到位的壁纸。

7.4.3 生成风景油画

风景油画是以自然景色为描绘对象，借由丰富多变的笔触、精妙的色彩搭配与多样构图，在画布上展现自然风光魅力并抒发创作者情感，历经多阶段发展，从古典走向现代且风格持续创新的绘画艺术形式。

1. 使用 DeepSeek 生成提示词

Q:

请生成一段关于风景油画的提示词。

请生成一幅风景油画：傍晚时分，海港被夕阳余晖染成暖橙色，波光粼粼的海面倒映着岸边桅杆林立的船只。远处灯塔散发着柔和光芒，海边仓库建筑错落有致，天空云霞绚烂，与海港景色相互映衬。

2. 使用无界 AI 生成风景油画

请生成一幅风景油画：傍晚时分，海港被夕阳余晖染成暖橙色，波光粼粼的海面倒映着岸边桅杆林立的船只。远处灯塔散发柔和光芒，海边仓库建筑错落有致，天空云霞绚烂，与海港景色相互映衬。

生成的风景油画如图 7–27 所示。

图7–27

3. 其他案例

请生成一幅风景油画：夏日海滨，骄阳高悬，金黄沙滩绵延至湛蓝大海，海浪层层涌来，拍打着岸边礁石，溅起白色浪花。沙滩上，遮阳伞色彩鲜艳，人们或躺或嬉闹，椰树在海风里摇曳，天空飘着洁白云朵。

生成的风景油画如图 7–28 所示。

图7–28

第08章 AI 设计：秒变设计大师

在科技浪潮奔涌向前的当下，AI 正以超乎想象的速度重塑设计领域，赋予每个怀揣创意的人秒变设计大师的神奇能力。其中，AI 绘画软件与 DeepSeek 等专业文字处理软件相互协作，就像一对得力助手，为设计工作带来了前所未有的便捷与高效。

8.1 DeepSeek + 即梦

DeepSeek 是一款专业文字软件，在设计流程中至关重要。DeepSeek 能依据主题快速生成各类风格文案，如简洁的宣传语、详细的产品描述。而绘画软件即梦的绘画风格模板丰富多元，涵盖清新水彩风、复古油画风、酷炫赛博朋克风等。用户输入简单的文字描述，即梦即可迅速抓取关键元素，将文字场景、意境转换为极具视觉冲击力的画面。

8.1.1 设计表情包

表情包是一种将创意、艺术与文化相结合，以图形化方式表达情感、想法或特定信息的设计形式。以下介绍用 DeepSeek 和即梦共同生成表情包的步骤。

1. 使用 DeepSeek 生成提示词

（1）确定表情包主题和风格：明确想要创作的表情包主题，如动物、人物、动漫角色等，以及期望的风格，如可爱风、简约风、搞怪风等。

（2）生成表情包提示词：打开 DeepSeek，输入与表情包主题和风格相关的指令，如“生成以熊猫为主题，可爱风格的表情包提示词，包括各种表情和动作描述”。

Q:

请生成 5 条以熊猫为主题，可爱风格的表情包提示词，包括各种表情和动作描述。

（1）圆滚滚的熊猫抱竹打滚：一只胖乎乎的熊猫开心地抱着翠绿的竹子，在草地上滚来滚去，眼睛眯成一条缝，嘴角上扬露出憨憨的笑容，背景有星星特效，显得萌态十足。

（2）熊猫捂脸害羞：软萌的熊猫坐在地上，用两只小爪子捂住圆脸，耳朵微微抖动，脸颊泛红，眼神躲闪，旁边配上“哎呀好害羞”的可爱文字，整体风格粉嫩治愈。

（3）熊猫举爪发呆：呆呆的熊猫歪着头，一只爪子举在半空，眼神放空，嘴巴微微张开，头顶飘着一个问号气泡，背景简洁突出“我是谁？我在哪？”的懵圈感。

（4）熊猫翻滚撒娇：毛茸茸的熊猫四脚朝天躺倒，短腿在空中乱蹬，扭来扭去撒娇，吐着小舌头，背景有爱心和花朵点缀，配文“要抱抱才起来～”。

（5）熊猫呼呼大睡流口水：熊猫瘫成一块“熊猫饼”，趴在木台上睡得香甜，闭着眼睛嘴巴微张，口水滴成小水洼，旁边 zzZ 的符号和云朵梦泡泡，治愈感拉满。

2. 使用即梦生成表情包图片

（1）进入即梦：打开即梦平台，单击“AI 作画”→“图片生成”→“智能画布”按钮，进入图片生成界面，如图 8-1 所示。

图8-1

（2）输入提示词：将 DeepSeek 生成的提示词逐句输入即梦的输入框中，如图 8-2 所示。

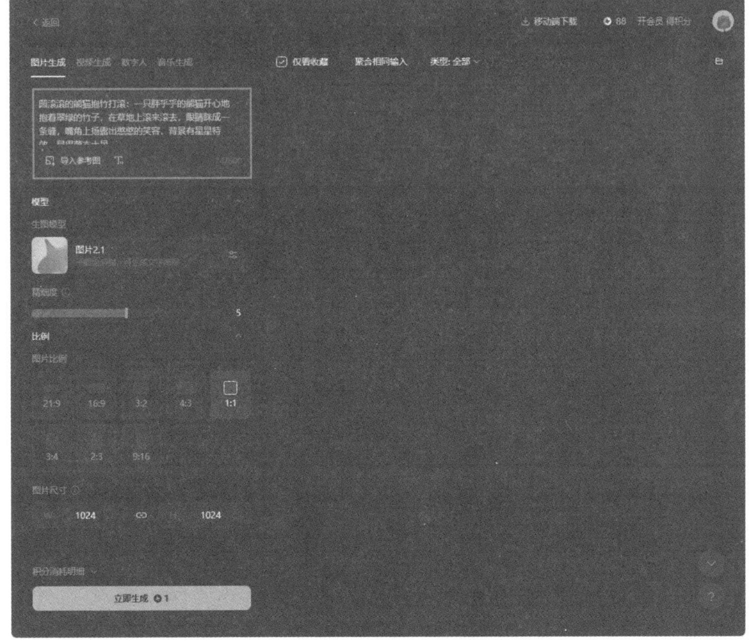

图8-2

（3）设置相关参数：根据需要设置相关参数，选择图片比例和图片尺寸，如图 8–3 所示。

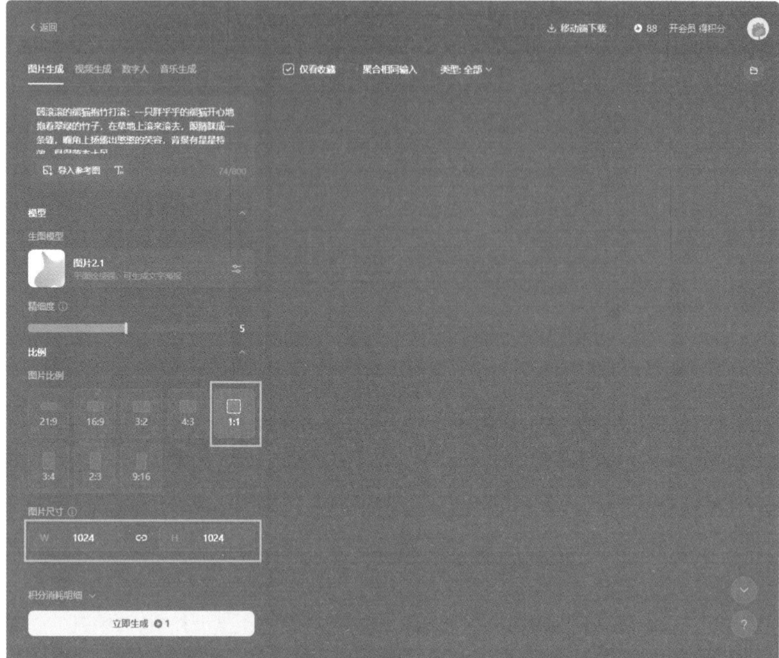

图8–3

（4）生成图片：单击“立即生成”按钮，即梦会根据提示词生成相应的表情包图片。如果对生成的图片不满意，可以返回修改提示词或调整参数，再次生成，直到得到满意的表情包图片为止，如图 8–4 所示。

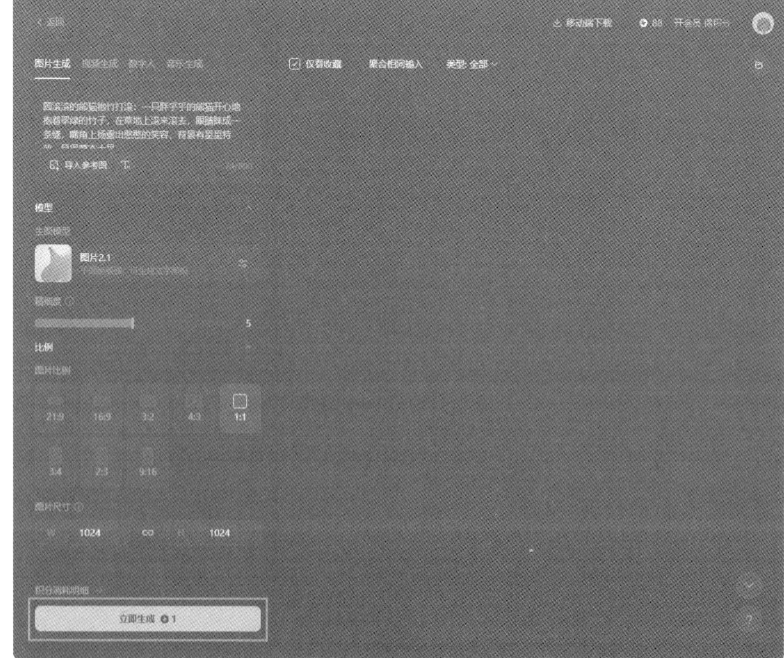

图8–4

（5）查看图片：按照上述步骤，将所有提示词都生成对应的表情包图片，形成一套完整的表情包图片集合，如图 8–5 所示。

图8–5

3. 筛选与保存表情包图片

浏览即梦输出的图片列表，依据表情包制作需求，从众多生成图片中筛选出契合度高、质量优的图片。完成筛选后，执行下载操作，将选中的表情包图片妥善保存至指定的存储位置。表情包图片的保存格式可选择 PNG，这种格式支持透明背景，更适合作为表情包使用，如图 8–6 所示。

图8–6

即梦凭借强大的 AI 生成技术与高效的算力优化，能够在极短时间内为用户生成高质量的图片或视频作品，大幅减少传统创作中的等待时间。无论是创意设计、社交媒体配图还是个性化视频剪辑，即梦都能快速响应需求，帮助用户高效完成创作，提升整体工作效率。

8.1.2 设计 App 界面

App 界面设计是对移动应用程序的用户界面进行规划、设计和优化的过程，旨在为用户提供便捷、美观且高效的交互体验。

1. 使用 DeepSeek 生成提示词

（1）确定 App 的类型和风格：明确 App 的功能和目标用户群体，从而确定界面的整体风格。例如，社交类 App 可能倾向于简洁、友好的风格，工具类 App 注重清晰、高效，娱乐类 App 则可以更加活泼、富有创意。

（2）输入提示词：打开 DeepSeek，输入相关指令。

请生成简洁风格的音乐播放App界面设计提示词，包括界面布局、色彩搭配、元素设计等方面。

简洁风格音乐播放 App 界面设计提示词

界面布局：采用上下分层结构，顶部为导航栏，包含 App 图标、搜索框和用户信息按钮；中间是音乐播放区，展示专辑封面、歌曲信息和播放控制按钮；底部为功能栏，有首页、分类、播放历史、我的音乐等选项。

色彩搭配：以蓝色为主色调，代表音乐的宁静和深邃；搭配白色作为背景色，使界面简洁明了；强调色用黄色，用于突出重要按钮和信息。

元素设计：导航栏和功能栏的图标采用简洁的线条风格，与整体风格保持一致；专辑封面采用圆形裁剪，增加视觉吸引力；播放控制按钮设计成较大的尺寸，方便用户操作。

这样的设计既保持极简风格，又确保良好的用户体验，适合现代音乐播放 App。

2. 使用即梦生成 App 界面

（1）输入提示词：进入即梦图片生成界面，将 DeepSeek 生成的提示词逐句输入即梦的输入框中，如图 8–7 所示。

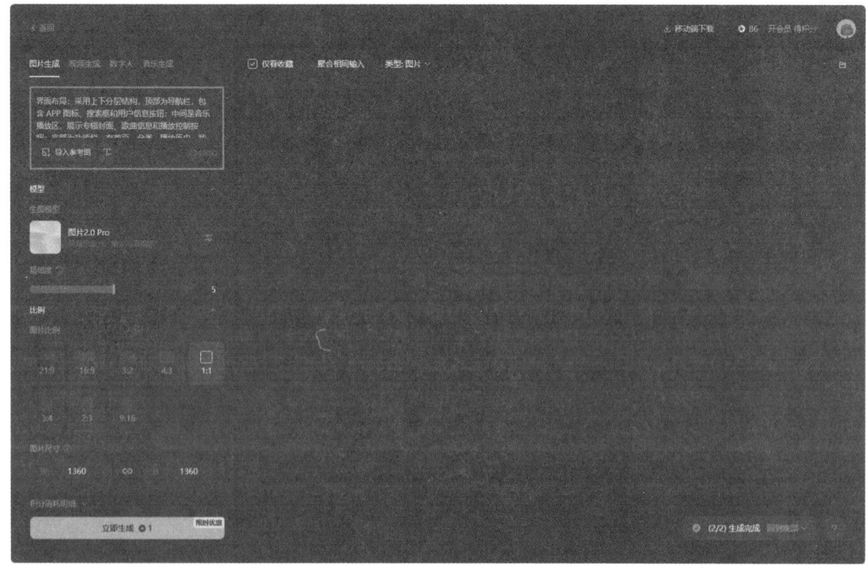

图8–7

（2）设置相关参数：根据需要设置相关参数，选择图片比例和图片尺寸，如图 8–8 所示。

（3）查看图片：单击“立即生成”按钮，即梦会根据提示词生成相应的 App 界面图片。如需调整，可单击“再次生成”按钮，按照上述步骤，将所有提示词都生成对应的 App 界面图片，形成一套完整的 App 界面图片集合，如图 8–9 所示。

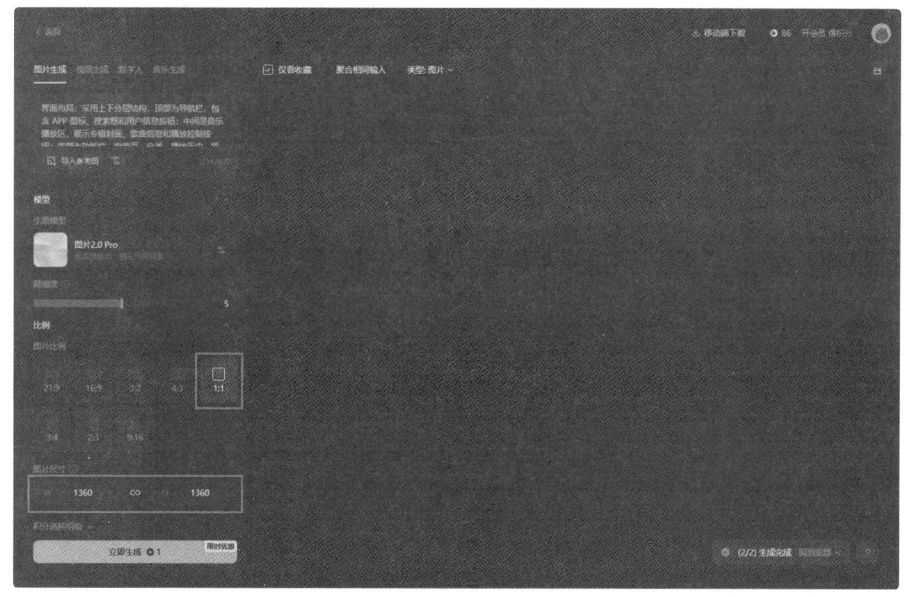

图8–8

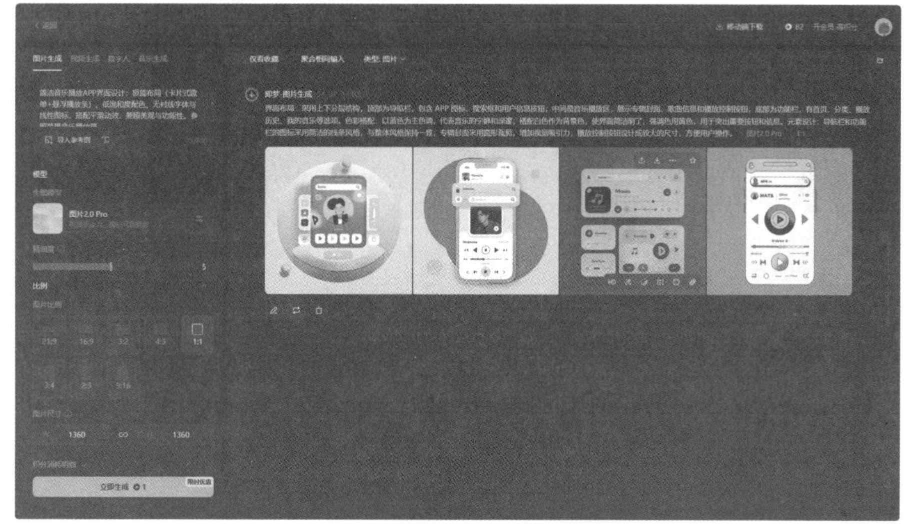

图8–9

3. 筛选与保存 App 界面设计图片

浏览即梦输出的图片列表，依据 App 界面制作需求，从众多生成图片中筛选出契合度高、质量优的图片。完成筛选后，执行下载操作，将选中的 App 界面图片妥善保存至指定存储位置。App 界面的保存格式可选择 PNG，这种格式支持透明背景，更适合作为 App 界面使用，如图 8–10 所示。

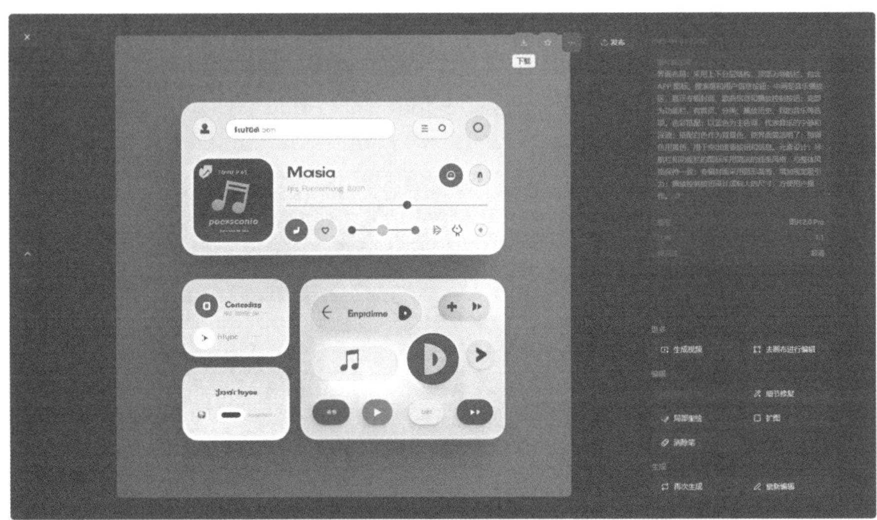

图8-10

4. 生成具有不同页面和状态的 App 界面

App 通常包含多个页面和不同的状态，如登录页面、注册页面、播放界面、暂停界面等。使用 DeepSeek 生成每个页面和状态的设计提示词，在即梦中分别生成对应的 App 界面图片。

登录页面采用简洁的设计，中心位置有输入框和登录按钮，背景是一张模糊的音乐现场图片，营造氛围。

生成的图片如图 8-11 所示。

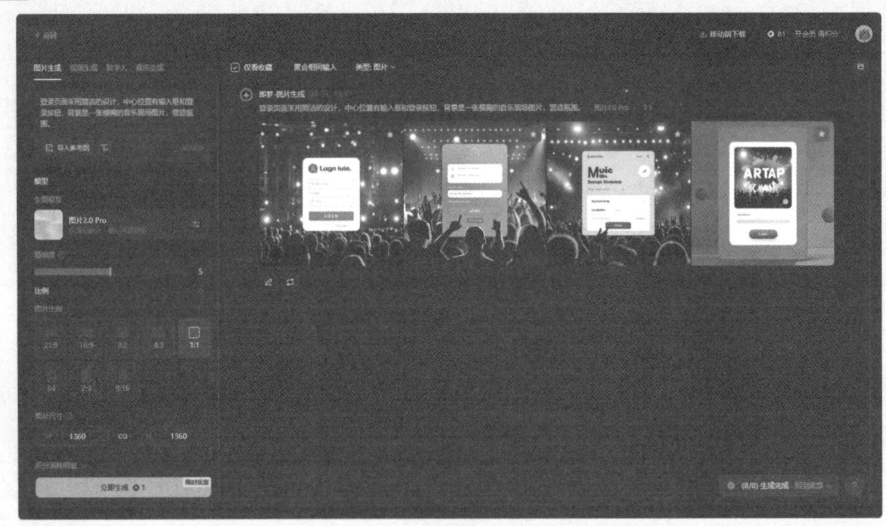

图8-11

各页面单独设计完成后，将在即梦中生成的所有 App 界面图片整理在一起，形成一个完整的 App 界面设计集合。从整体上审查 App 界面设计，检查各个页面之间的风格是否统一，色彩搭配是否协调，元素的使用是否一致，确保用户在使用 App 时能够获得连贯、一致的视觉体验。

8.1.3 设计游戏人物

设计游戏人物是游戏开发中至关重要的环节，旨在创造出具有独特个性、鲜明外观且符合游戏世界观的角色形象。

1. 用 DeepSeek 生成提示词

（1）确定游戏人物的基本信息：包括角色的职业、性格、背景故事以及在游戏中的定位等。例如，要设计一个勇敢坚毅的中世纪骑士，他是王国的守护者，擅长剑术和防御魔法。

（2）输入人物设定：打开 DeepSeek，输入与人物设定相关的内容，如下示例所示。

Q:

请生成关于勇敢坚毅的中世纪骑士游戏人物的详细描述，包括外貌特征、服装装备、武器配饰等方面。

外貌特征：深邃的蓝眼睛锐利如鹰，高挺鼻梁下紧抿的唇线彰显坚毅。小麦色皮肤上那道淡淡疤痕，是战斗的勋章。金色短发如阳光淬炼的王冠，熠熠生辉。

服装装备：银色全身板甲镌刻华美纹饰，金线镶边勾勒高贵气度。狮首肩甲宣示无畏，猩红披风似烈火翻涌，战场最耀眼的旗帜。

武器配饰：符文巨剑流转魔法辉光，宝石剑柄稳握掌心；腰间圆盾烙印王国徽记，宝石镶边与剑刃共鸣，攻守皆成艺术。

2. 使用即梦生成游戏人物

将上述提示词输入即梦中，单击“立即生成”按钮，即梦会生成 4 张不同的图片，如图 8-12 所示。

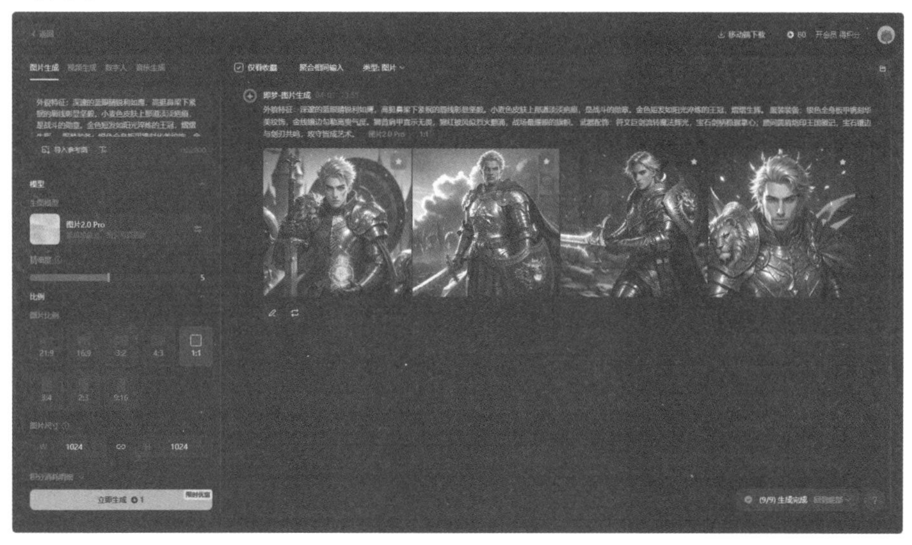

图8–12

3. 设计人物的不同姿态和表情

根据游戏的需求，设计人物的不同姿态和表情，使用 DeepSeek 生成相应的描述，如下示例所示。

战斗中的骑士，挥舞着双手剑，表情愤怒而专注，身体微微前倾，展现出强大的攻击力。休息中的骑士，坐在石头上，眼神温和，脸上带着一丝微笑，放松的姿态显示出他在和平时刻的另一面。

生成的图片如图 8–13 所示。

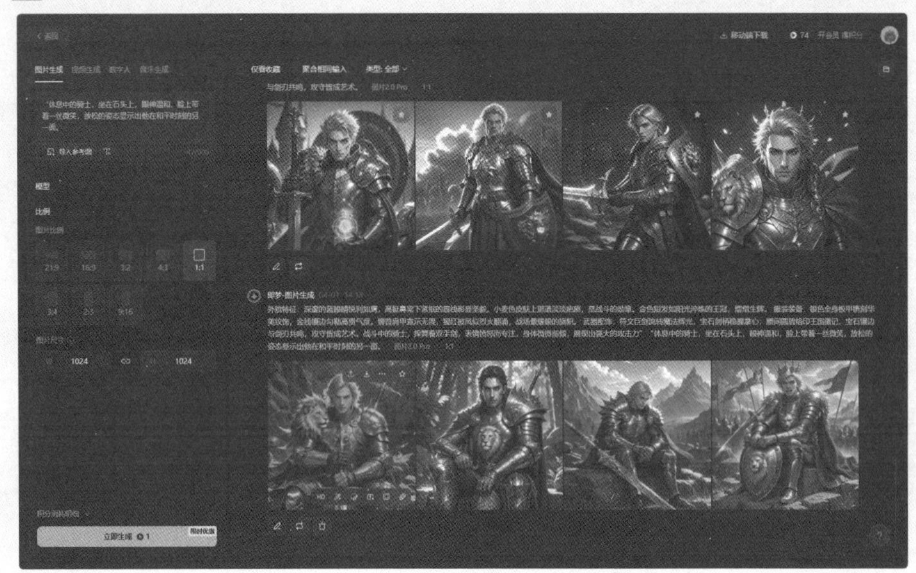

图8–13

将在即梦中生成的所有人物图片整理在一起，进行全面审查。检查人物在不同姿态和表情下的形象是否统一，服装装备的细节是否一致，整体风格是否符合游戏的设定和氛围。对存在的问题进行优化和调整，确保游戏人物设计达到高质量的标准，能够满足游戏的视觉需求。

8.2 DeepSeek + 可画

DeepSeek 作为文字创作与优化行家，可依主题速生多样文案。可画具有丰富的模板与便捷的编辑功能。二者结合，可轻松完成个人名片、邀请函、书籍封面设计，为设计与创作提效赋能。

8.2.1 设计个人名片

1. 使用 DeepSeek 生成提示词

（1）**明确个人名片信息和风格：**确定个人名片上要展示的信息，如姓名、联系方式（电话、邮箱、微信号等）、职业或业务范围、公司名称等；同时，思考名片的整体风格，是简约现代、时尚创意、专业商务还是其他风格。

（2）**生成相关指令：**打开 DeepSeek，输入相关指令。

Q:

生成简约现代风格的个人名片提示词，包括色彩搭配、字体选择、布局方式以及图形元素等方面。

 DeepSeek 可能会生成以下内容。

色彩：白底（干净专业）+深蓝主色（沉稳信任）+浅灰辅助（次要信息）。

字体：无衬线字体（如 Arial），姓名加粗放大，其他信息层级清晰。

布局：

上半部：专业形象照/简约图形。

下半部两列：左列（姓名/公司/职位）、右列（联系方式+小图标辅助识别）。

细节：角落添加极简几何线条或小色块（如蓝色方点），保持整体干净不杂乱。

2. 使用可画创建名片

（1）进入可画：打开可画网站或应用程序，登录账号后，在搜索栏中输入“个人名片”，选择空白模板开始设计，如图 8-14 所示。

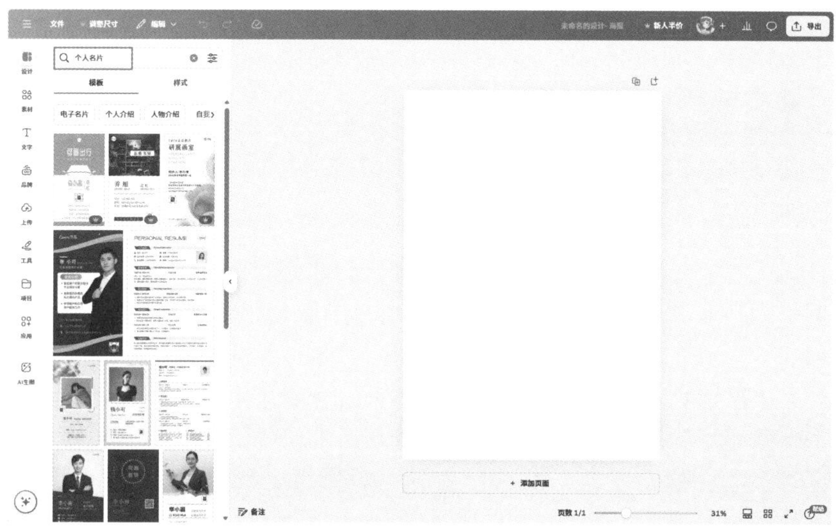

图8-14

（2）设置背景：按照 DeepSeek 的建议，将背景颜色设置为白色。在可画中单击“背景”按钮，选择纯色中的白色即可，如图 8-15 所示。

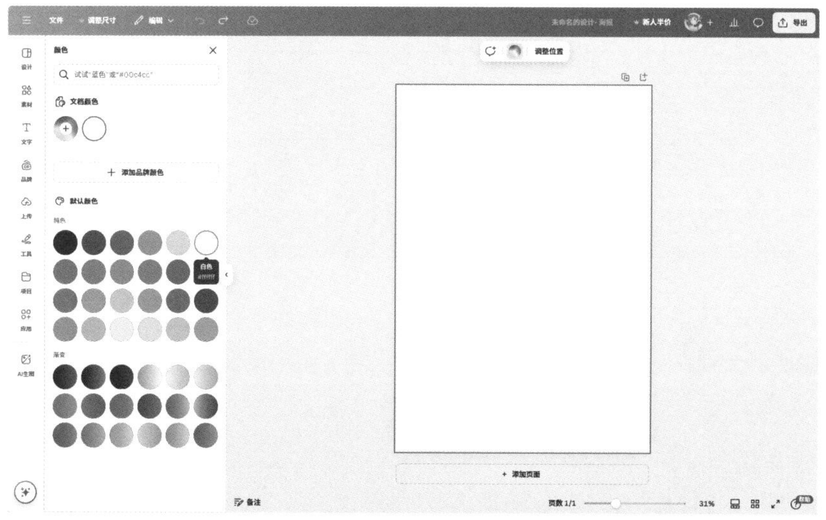

图8-15

（3）添加文字：单击“文字”按钮，选择合适的字体，按照 DeepSeek 推荐的字体和字号，分别添加姓名、公司名称、职业和联系方式等信息。将姓名设置为较大的字号并加粗，公司名称和职业用稍小的字号，联系方式用适中的字号。同时，根据色彩搭配建议，将姓名和公司名称设置为深蓝色，联系方式设置为浅灰色，根据画面进行调整，如图 8–16 所示。

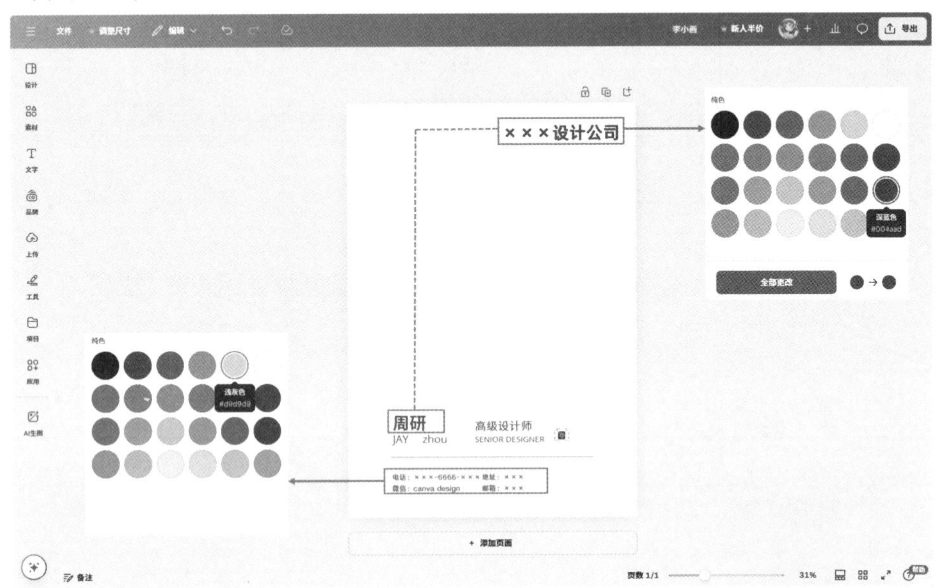

图8–16

（4）添加装饰元素：单击“元素”按钮，搜索线条或几何图形等装饰元素，如图 8–17 所示。

图8–17

3. 导出与保存

完成个人名片设计后，单击可画界面中的“导出”→“下载”按钮，选择合适的文件格式进行保存，如 PDF、JPEG 或 PNG 等，如图 8-18 所示。通常 PDF 格式适合打印，而 JPEG 或 PNG 格式适合电子传播。保存好文件后，个人名片即制作完成，可以根据需要进行打印或分享给他人。

图8–18

8.2.2 设计邀请函

设计邀请函是运用文字、图片、色彩等元素，为特定活动或事项制作邀请凭证的创意过程。通过精心设计的排版、契合主题的图案及协调的色彩搭配，邀请函可传达活动信息，展现活动特色，营造氛围，吸引受邀者参与。

1. 使用 DeepSeek 生成提示词

（1）明确邀请函的主题和风格：首先确定邀请函的使用场景，如婚礼、生日派对、商务活动等；然后根据场景确定主题和风格，如婚礼邀请函可以是浪漫优雅的风格，生日派对邀请函可以是活泼有趣的风格，商务活动邀请函则偏向正式简洁的风格。

（2）生成相关指令：打开 DeepSeek，输入相关指令。

Q:

请生成浪漫优雅风格的婚礼邀请函提示词，包括色彩搭配、字体选择、布局方式以及图形元素等方面。

浪漫婚礼邀请函设计

色彩：柔粉 + 白（温馨优雅）+ 金色点缀（描边 / 装饰提升华丽感）。

字体：新人姓名用手写衬线体（如 Edwardian Script），其他信息用无衬线体（如 Arial）确保清晰。

布局：

……（生成内容太多，这里不过多描述）

（核心：粉白底 + 金色细节，手写字体突出姓名，图文分层浪漫不杂乱）

2. 使用可画创建邀请函

按照之前设计个人名片的步骤，设置背景，添加文字，添加装饰元素，效果如图8-19所示。

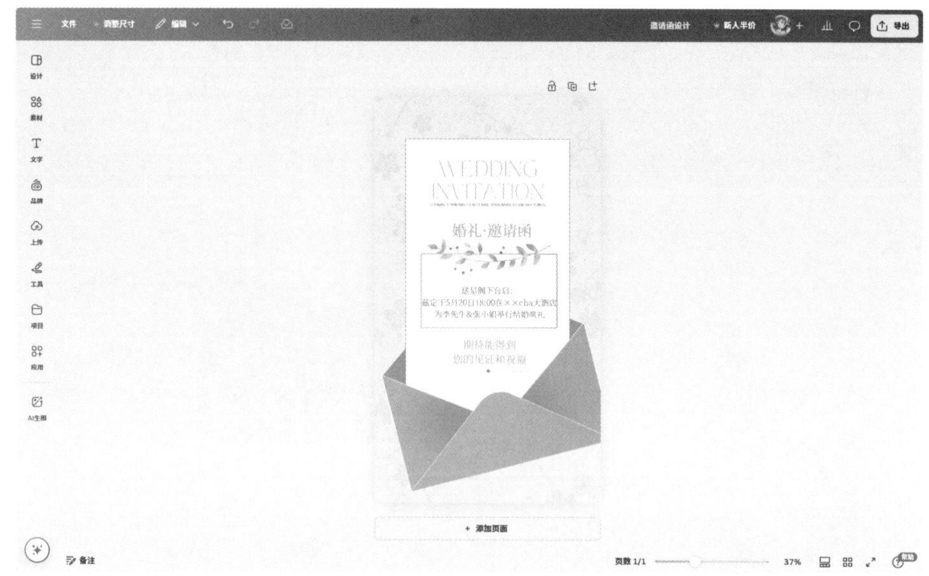

图8-19

3. 调整与优化

整体审视邀请函设计，检查信息是否准确、完整，色彩搭配是否协调，布局是否合理，元素的使用是否符合浪漫优雅的风格。查看文字与图片之间的比例是否合适，是否存在过于拥挤或空旷的区域。对不满意的地方进行调整和优化，最终效果如图8-20所示。

图8-20

4. 导出与保存

完成邀请函设计后，单击可画界面中的“导出”→“下载”按钮，选择合适的文件格式进行保存，如 PDF、JPEG 或 PNG 等。保存好文件后，邀请函即制作完成，可以根据需要进行打印或通过电子邮件、社交媒体等方式发送给受邀人，如图 8–21 所示。

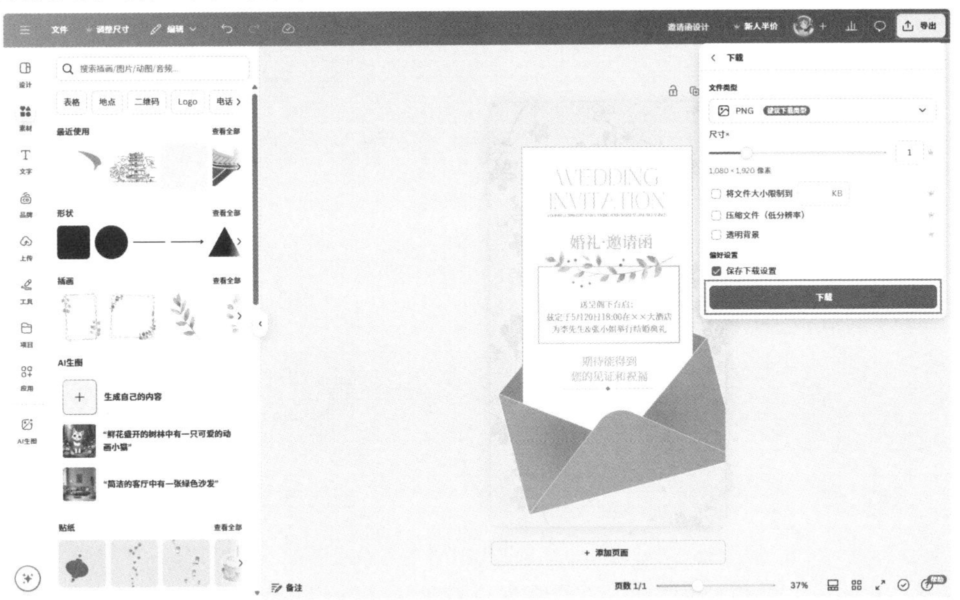

图8–21

8.2.3 设计书籍封面

设计书籍封面是书籍装帧设计的重要组成部分，旨在通过艺术手段吸引读者并传达书籍的核心内容。

1. 使用 DeepSeek 生成设计灵感与元素

（1）明确书籍的核心要素：确定书籍的类型、主题、受众群体及核心卖点等关键信息。例如，一本科幻小说，其受众群体可能是科幻爱好者，核心卖点可能是独特的世界观和精彩的情节。

（2）生成设计相关内容：根据书籍的核心要素，向 DeepSeek 输入提示词来获取设计灵感。

Q:

请生成适合科幻小说的封面设计元素，包括色彩搭配、字体风格、图形图案。

色彩上可以使用蓝色、金色，营造出神秘而科技感的氛围；字体选择棱角分明、具有未来感的无衬线字体，如 Futura 或 Avenir；图形图案方面，可以有宇宙飞船、星球或树木，科幻风格的符号或线条。

2. 使用可画进行书籍封面设计

（1）创建新设计：打开可画网站或应用程序，搜索“书籍封面”，选择适合的模板或空白设计开始创作，如图 8–22 所示。

提示：如果是空白设计，需先根据书籍的尺寸设置封面的尺寸，一般常见的书籍尺寸有 16

开、32 开等，也可以根据实际需求自定义尺寸。

（2）按照之前设计邀请函的步骤，设置背景，添加文字，添加装饰元素，最后调整与优化书籍封面，如图 8-23 所示。

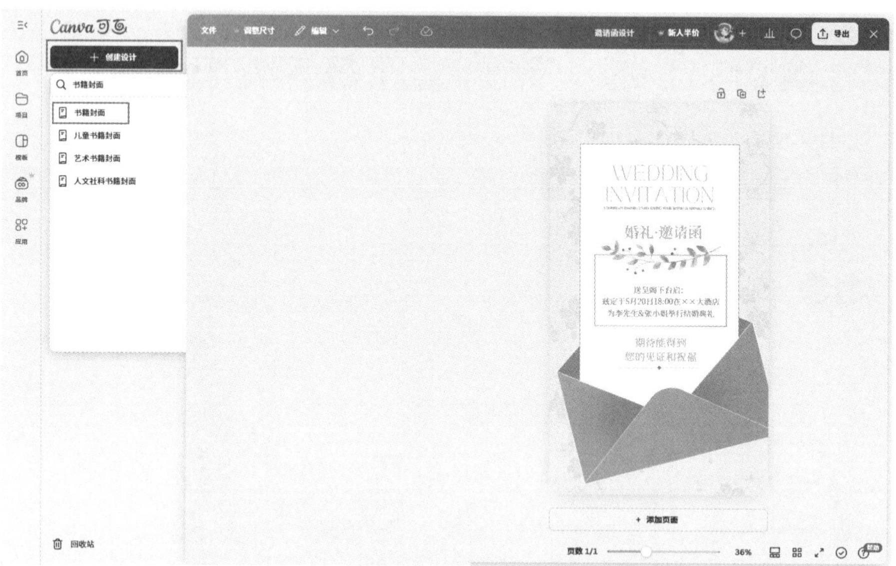

图8-22

图8-23

3. 导出与保存

完成书籍封面设计后，单击可画界面中的“导出”→“下载”按钮，选择合适的文件格式进行保存，如图 8-24 所示，如 PDF、JPEG 或 PNG 等。如果书籍需要印刷，建议选择 PDF 格式，以保证印刷质量；如果是用于电子书籍或网络宣传，则 JPEG 或 PNG 格式较为合适，其文件相对较小，便于传播。

图8–24

8.3　DeepSeek + Photoshop

Adobe Photoshop 是图片处理的佼佼者，其与 DeepSeek 强大的搜索与文字处理功能配合，可以快速获取精准的设计素材描述，并将 DeepSeek 生成的生动文案转化为 Photoshop 中震撼的视觉元素，从创意构思到精美成品一气呵成，大幅提升设计效率与作品质感。

8.3.1　自动化修图

Photoshop 自动修图功能根据智能算法优化图片，搭配 DeepSeek 生成的修图指令脚本，能精准适配各类图片的复杂情况。不管是老照片色彩还原，还是人像写真瑕疵去除，修图指令脚本都能指导 Photoshop 有针对性地调整参数，高效生成专业级修图效果，大幅提升修图效率与质量。

1. 使用 DeepSeek 生成修图脚本

（1）明确修图需求：确定要对图片进行的具体操作，如调整尺寸、抠图、调色、添加水印等。例如，要将一批产品图片的背景替换为白色，或者把一组风景照片调为复古色调。

（2）生成 Photoshop 脚本：打开 DeepSeek，在输入框中用自然语言清晰描述修图需求，DeepSeek 会自动生成对应的 jsx 脚本代码。

Q:

请帮我生成一个 Photoshop 脚本，用于在图片上添加水印，水印内容为“供学习交流使用”。

……（生成代码太长，这里不过多展示）

（3）保存脚本文件：将生成的代码复制到文本编辑器，如记事本中，并保存为 .jsx 文件。

2. 使用 Photoshop 自动化修图

打开 Photoshop，选择“文件”→“脚本”→“浏览”选项，在弹出的对话框中选择保存的 .jsx 文件。Photoshop 会自动运行脚本，按照脚本中的指令对图片进行自动化修图处理，如图 8–25 所示。

图8–25

根据不同的修图需求，具体操作会有所差异，以下是一些常见修图任务示例。

（1）批量调整图片尺寸和分辨率：在 DeepSeek 中输入“请帮我生成一个 Photoshop 脚本，用于批量将图片尺寸调整为 1024 像素 ×768 像素，并将分辨率设为 300dpi”，按照上述步骤生成、保存并运行脚本，即可批量修改图片的尺寸和分辨率。

（2）自动抠图：在 DeepSeek 中输入“请帮我写一个 Photoshop 脚本，用于自动抠取图片中的人物，要求处理头发边缘细节”，生成脚本后在 Photoshop 中运行，就能自动完成抠图操作，适用于处理复杂背景或毛发细节的图片。

（3）批量调色：若想将一批人像照片调整为日系清新色调，可在 DeepSeek 中输入“请帮我写一个 Photoshop 脚本，用于批量将人像照片调色为日系清新风格”，生成的脚本可让 Photoshop 自动为图片调整色彩，实现统一的调色风格。

8.3.2 设计商业海报

商业海报以商业宣传为目的，具有目的性强、视觉冲击力大、信息传达简洁明了且及时效性等特点，涵盖产品宣传、品牌宣传、活动宣传等类型，通过吸引注意力、传递信息、激发购买欲望来塑造品牌形象的平面设计作品。

1. 使用 DeepSeek 生成海报文案

（1）**生成海报文案：**与客户或团队沟通，确定海报的主题、目的、目标受众、主要信息及特殊要求等，将海报的相关信息告知 DeepSeek，让 DeepSeek 生成设计方面的提示词。

Q:

请为一家意大利餐厅设计海报，需要突出意面和披萨的特色，吸引年轻消费者的提示词文案。

意大利餐厅风格的宣传插画：画面中央是一位身穿深蓝上衣、系红围裙的女士，手持卡片微笑站立；背景是暖棕色砖墙，上方有艺术字标题“FRALAN RTILIZEAT PAZTRAME”等装饰文字，墙架上摆放着调味瓶和绿叶装饰画。前景餐桌上陈列着丰盛的意式美食：装饰香草的意面、番茄罗勒料理、新鲜番茄沙拉以及配料丰富的披萨，搭配摆放的餐叉更添用餐氛围。整体色彩明快，通过人物和美食展现意大利餐厅的特色与温馨感。

（2）利用 AI 绘画工具生成灵感：用 Midjourney、即梦 AI 等图片生成工具，输入 DeepSeek 生成的提示词，生成海报的初始画面，如图 8-26 所示。

图8-26

2. 用 Photoshop 设计海报

根据海报的风格和整体布局，用户可以选择合适的字体来呈现 DeepSeek 生成的文案内容；设置字体的大小、颜色、粗细、间距等属性，使文字突出且易于阅读；运用 Photoshop 的图层样式、滤镜等功能，为海报添加阴影、发光、渐变等效果，增强元素的立体感和层次感，如图 8-27 所示。

图8-27

还可以对画面的颜色进行调整，如改变色相、饱和度、明度、对比度等，使海报的色彩更加鲜艳、协调，符合品牌形象和宣传氛围。

8.3.3 设计电商主图

电商主图设计是遵循电商平台规范，通过突出产品主体、运用高视觉吸引力的设计元素和简洁明了的信息传达，为电商平台商品制作主要展示图片，以吸引消费者并促进购买的设计工作。

1. 使用 DeepSeek 生成提示词

（1）明确要求：确定商品的特点、卖点、目标受众以及想要传达的情感或氛围，如产品是时尚连衣裙，目标受众是年轻女性，想要营造出优雅浪漫的氛围。打开 DeepSeek，输入相关指令，如下示例所示。

Q:

你是一个电商设计师，我需要设计一款香水的主图，目标受众是女性，请帮我生成一些场景描述、设计元素和色彩搭配方面的提示词。

设计概念描述

这款香水主图以“浪漫花园”为灵感，打造优雅迷人的视觉体验。画面中央，一支晶莹剔透的玻璃香水瓶静静伫立，流线型的瓶身折射出柔和的粉金色光芒，瓶盖点缀着精致的金色浮雕花纹。背景是朦胧的晨曦色调，柔焦的粉紫色光影中飘散着新鲜玫瑰花瓣，仿佛微风轻拂过花园。瓶身周围环绕着露珠与透明气泡，增添灵动感，而左下角的手部特写——女性纤细的手指轻托香水瓶，指尖沾染一滴香水，传递出细腻的使用场景。整体配色以柔雾粉、香槟金与浅紫为主，搭配衬线字体的烫金英文香调名称，既高级又充满女性魅力，完美诠释“优雅与梦幻”的香氛故事。

（2）利用 AI 绘画工具生成灵感：用 Midjourney、即梦 AI 等图片生成工具，输入 DeepSeek 生成的提示词，生成海报的初始画面，如图 8–28 所示。

图8–28

2. 用 Photoshop 调整主图

将生成的主图导入 Photoshop 中进行精细处理，包括调整图片的色彩、对比度、亮度等，使其更加鲜艳和吸引人；对产品的细节进行修复和优化，如去除瑕疵、增强质感等；还可以利用 Photoshop 的图层样式、蒙版等功能，对图片进行合成和创意设计，如添加阴影、高光、倒影等效果，让产品更加立体和真实，如图 8–29 所示。

图8–29

使用 DeepSeek 的 A/B 测试功能，将不同版本的主图放在一起进行测试，分析哪个版本的点击率更高，更能吸引消费者。根据测试结果，对主图进行进一步的优化和调整，直到达到满意的效果。

8.4 DeepSeek + AutoCAD

AutoCAD 是计算机辅助设计技术，能助力设计师精确绘制二维或三维图形，广泛应用于多领域，可提升设计准确性与效率。DeepSeek 则擅长自然语言处理，可提供创意灵感与技术解答。二者结合，能实现自动化设计绘图，为设计工作带来全方位的效率提升与创新突破。

8.4.1 绘制简单几何图形

使用 AutoCAD 可以快速绘制简单的几何图形。

1. 使用 DeepSeek 获取绘图指令

（1）明确绘图需求：确定想要绘制的简单几何图形，如三角形、矩形、圆形等，同时明确图形的尺寸、位置、角度等具体要求。

（2）向 DeepSeek 输入问题：将绘图需求详细告知 DeepSeek，DeepSeek 会生成在 AutoCAD 中绘制该图形的具体步骤。

我想在 AutoCAD 中绘制一个边长为 100 毫米的等边三角形，请给出具体的操作指令。

使用直线命令（LINE）配合极坐标

输入命令：在命令行输入 LINE（快捷键 L）或单击工具栏中的直线工具。

绘制第一条边：单击起点（如 0，0），输入第二点相对坐标 @100,0（水平向右画 100 毫米）。

绘制第二条边：输入下一点相对坐标 @100 < 120（极坐标：长度 100 毫米，角度 120°）。

闭合三角形：输入 C 闭合图形，自动连接回起点。

2. 在 AutoCAD 中执行绘图操作

（1）打开 AutoCAD 并新建文件：启动 AutoCAD 软件，单击“新建”按钮，创建一个新的绘图文件，也可以根据需要选择合适的模板，如图 8–30 所示。

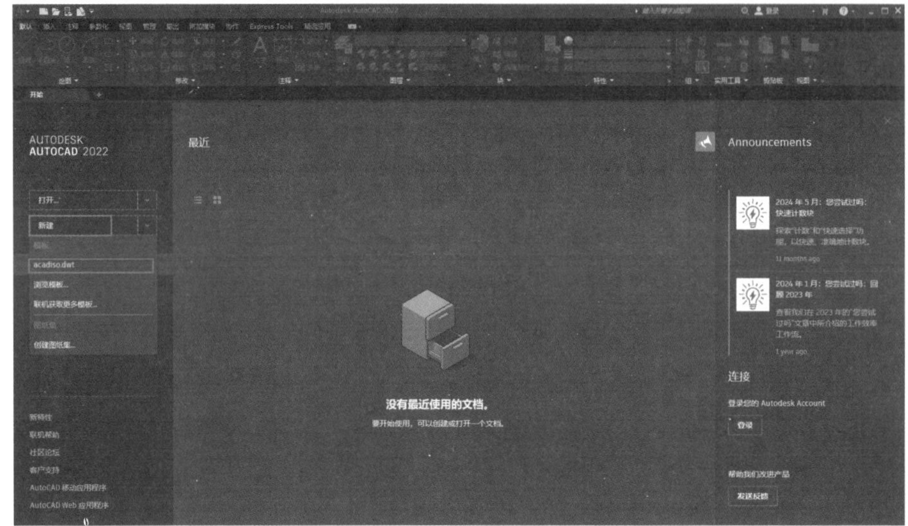

图8–30

（2）遵循指令绘图：按照 DeepSeek 给出的操作指令，在 AutoCAD 的命令行中依次输入相应的命令和参数。在输入命令和参数时，要确保准确无误，否则可能无法得到预期的图形，如图 8–31 所示。

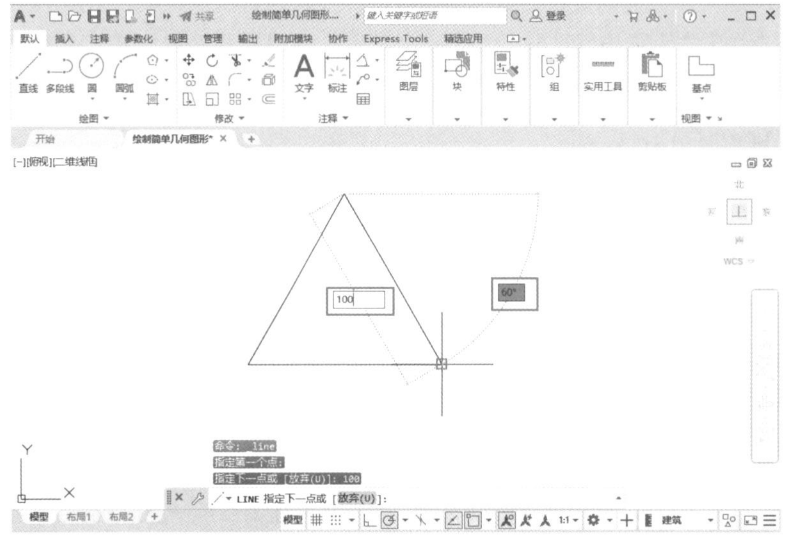

图8–31

（3）调整视图与精度：在绘图过程中，可以使用 AutoCAD 的视图调整工具（如缩放）查看绘图区域，以便更清晰地进行操作。同时，根据绘图需求设置合适的绘图精度，保证图形尺寸的准确性，如图 8–32 所示。

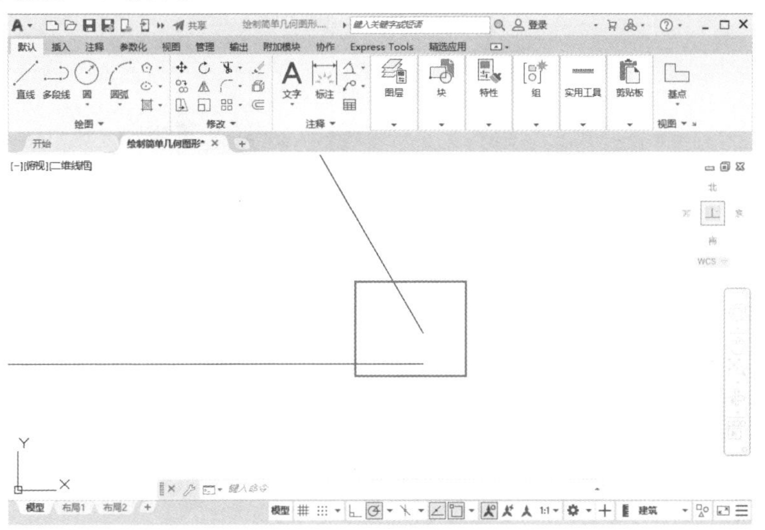

图8–32

3. 检查与优化图形

完成图形绘制后，仔细检查图形的尺寸、形状和位置是否符合要求。可以使用 AutoCAD 的测量工具测量图形的边长、角度等参数，如图 8–33 所示。如果发现图形存在偏差或不符合要求的地方，则利用 AutoCAD 的编辑工具（如移动、旋转、修剪等）对图形进行修改和调整，直至达到满意的效果。

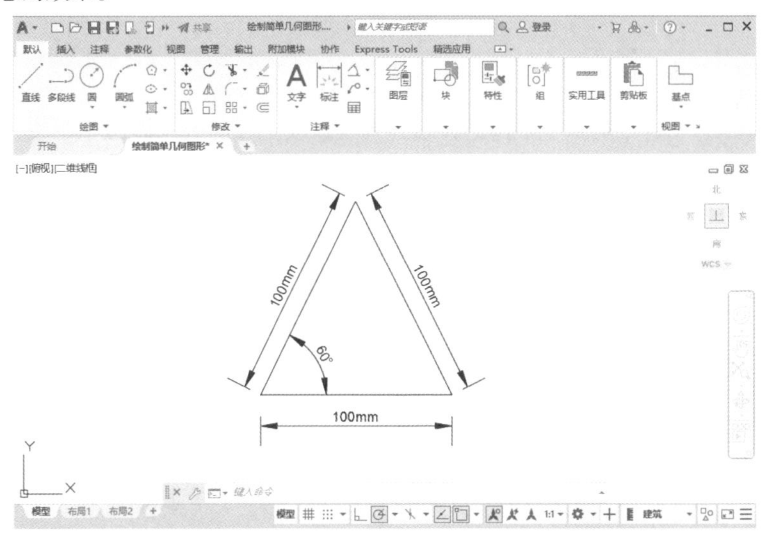

图8–33

4. 保存绘图文件

当图形绘制完成且检查无误后，选择“保存 / 另存为”命令，在弹出的对话框中为绘图文件选择合适的保存位置、文件名和合适的文件格式（如 DWG 等）进行保存，如图 8–34 所示。

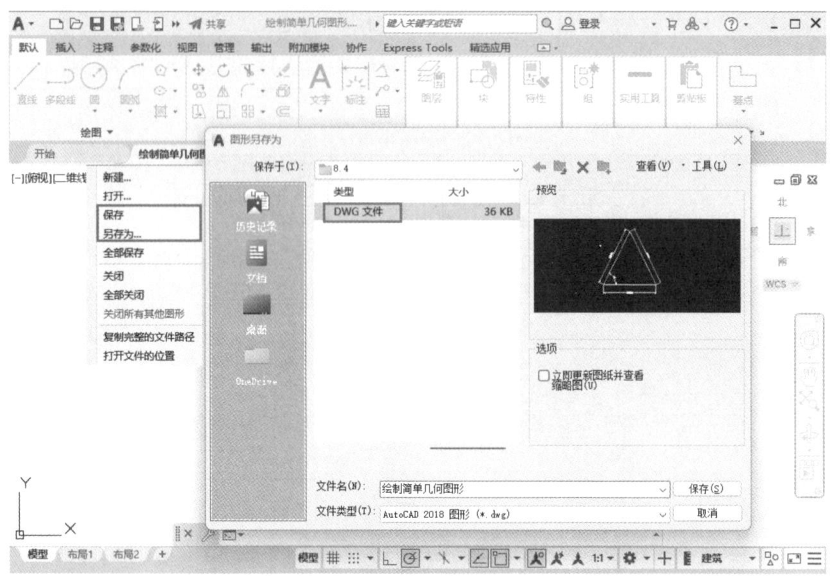

图8–34

8.4.2 绘制机械零件图

机械零件图是用于详细描述机械零件的结构、尺寸、技术要求等信息的工程图样，是机械设计和制造过程中的重要技术文件。在绘制机械零件图的过程中，绘图者需要具备专业的知识和绘图工具，熟知制图规范，熟练运用视图表达、尺寸标注方法及 AutoCAD 等软件。细节关乎零件加工精度与产品质量，从草图构思到精准绘图，再到反复核验，处处考验专业素养。

借助 DeepSeek，可提升绘图效率与精度，使机械零件图在现代工业生产中更好地发挥支撑作用。

1. 使用 DeepSeek 获取绘图指导

打开 DeepSeek，详细输入零件的具体信息和绘图要求，DeepSeek 会依据输入的信息生成一系列操作步骤，如下示例所示。

Q:

如何绘制机械零件中的吊钩？

 绘制步骤

1. 主视图（侧视图）

（1）钩身部分。

1）从顶部吊环开始，用圆弧（*R*）和直线过渡到钩柄。

2）钩尖部分采用半圆形或梯形设计，确保平滑过渡，避免应力集中。

3）标注关键尺寸：钩口宽度（*D*）、钩身高度（*H*）、弯曲半径（*R*1、*R*2）。

（2）吊环部分：顶部设计为环形或螺纹连接结构，标注内径（*Φ*）和壁厚。

2. 俯视图 / 断面图

（1）展示吊钩的横截面形状（通常为圆形或梯形）。

（2）标注截面直径 / 厚度变化，尤其是受力区域的加强设计。

3. 局部放大图

对钩尖、螺纹连接处等关键部位放大，标注过渡圆角（如 $R5$、$R10$）和表面粗糙度（如 Ra3.2）。

……（生成内容太多，这里不过多描述）

2. 在 AutoCAD 中实施绘图

依照 DeepSeek 给出的操作步骤，在 AutoCAD 命令行依次准确输入命令和参数，如图 8-35 所示。绘图时可灵活运用 AutoCAD 的对象捕捉功能，保证绘图精度；使用视图缩放和平移工具，便于查看绘图区域。

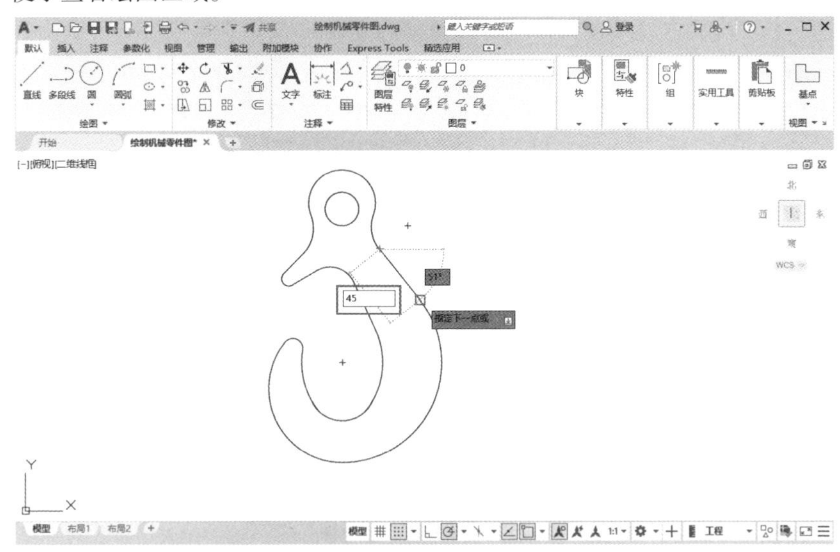

图8-35

3. 检查与完善图纸

完成绘图后，查看尺寸标注是否清晰、完整，技术要求是否合理准确，如有问题及时修改。为了优化显示效果，可对图形的线型、颜色、字体等显示效果进行检查和调整，使图纸清晰美观，如图 8-36 所示。

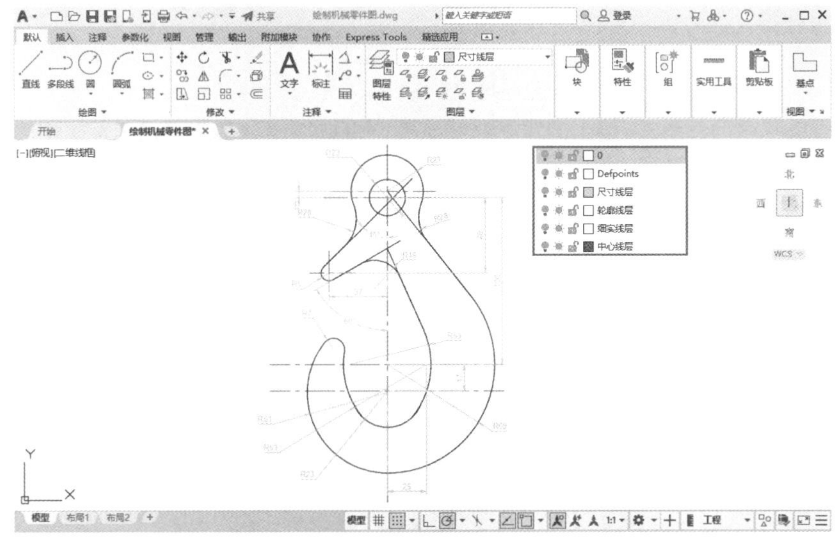

图8-36

检查完成之后，就可以将图纸打印或者保存为 DWG 格式文件。根据实际需求，可将图纸打印或导出为 PDF、DXF 等格式，方便交流和共享。

8.4.3 绘制建筑平面图

建筑平面图是建筑设计图纸中的一种重要类型，用于展示建筑物在水平方向上的布局和结构，是建筑设计与施工过程中的关键技术文件。借助 DeepSeek，能够显著提升绘图效率与精度，让建筑平面图在现代建筑生产中更充分地发挥其重要作用。

1. 使用 DeepSeek 获取绘图指导

打开 DeepSeek，输入提示词。

Q:

我想在 Auto CAD 中绘制 55 平方米的公寓的平面图，请给出绘图步骤。

前期准备

确定比例：一般住宅平面图常用 1 ∶ 50 或 1 ∶ 100 比例（如 55 平方米公寓，建议用 1 ∶ 50）。

设置单位：输入 UNITS →选择毫米（mm）为绘图单位。

创建图层（LAYER）输入 LAYER 或单击图层管理器，创建以下常用图层，即墙体（颜色：深灰，线宽：0.5 毫米）、门窗（颜色：青色，线型：虚线）、家具（颜色：浅灰）、标注（颜色：红色）。

二、绘制轴线网（可选）

使用 LINE 或 XLINE 绘制建筑轴线（如横向和纵向各 2 ～ 3 条辅助线）。

输入 OFFSET，按开间 / 进深尺寸偏移轴线（如客厅 3.6 米、卧室 3 米等）。

三、绘制墙体

多线命令（MLINE）：输入 MLINE →设置对正方式（J → Z 为零对正）→设置比例（S →输入墙厚，如 240 毫米）。沿轴线绘制墙体，完成后输入 EXPLODE 分解多线，再用 TRIM 修剪墙角。或使用偏移（OFFSET）用 LINE 画单线墙→输入 OFFSET120 向两侧偏移→删除轴线→用 FILLET 修直角。

……（生成内容太多，这里不过多描述）

2. 使用 Auto CAD 绘制建筑平面图

用户可以按照 DeepSeek 给出的步骤逐步绘图，也可以用自己的方式调整绘制的墙线、标注尺寸、文字等一系列参数。对比 DeepSeek 的指导和设计要求，仔细检查平面图，查看尺寸标注是否准确、区域划分是否合理、门窗及家具布置是否恰当。如有问题，可运用 Auto CAD 修改命令及时调整，确保建筑平面图符合设计意图，如图 8–37 所示。

针对门窗位置，要依据建筑规范与实际使用便利性再度审视，确保开启方向正确，且与周边家具、通道等无冲突。确认图纸无误后，依据实际需求进行输出设置，若用于打印，需合理排版，选择适宜的纸张大小与打印比例，保证图纸清晰易读。

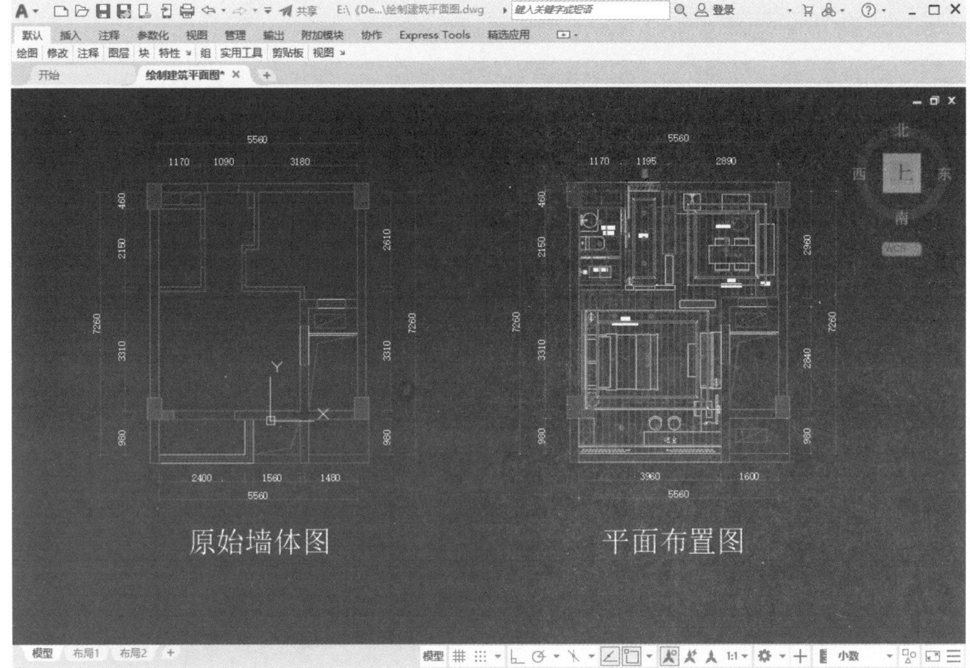

图8–37

8.5 DeepSeek + 3D Studio Max

3D Studio Max 作为一款经典且功能强大的三维动画渲染与制作软件，在影视、游戏、建筑等多领域广泛应用。DeepSeek 能凭借强大算法，快速生成精准指令脚本，为 3D Studio Max 的建模设计、材质、光影设置等提供创意灵感与优化策略，极大提升创作效率与作品质量。

8.5.1 制作 3D 动画效果

3D Studio Max 可制作功能丰富的 3D 动画，涵盖角色动画、物体动画、材质与纹理动画以及灯光与摄像机动画（灯光参数、摄像机运动），可全方位打造逼真生动的动画场景与角色动态。用户可以利用 DeepSeek 生成提示词，在 3D Studio Max 中进行建模，并利用 AI 绘画软件的视频生成功能快速生成 3D 动画效果。

1. 使用 DeepSeek 生成相关内容

在创作 3D 动画前，需向 DeepSeek 详细描述主题，以让 DeepSeek 生成动画脚本、分镜描述（涵盖镜头时长、景别、角色动作、台词等），同时产出 3D 模型设计概念及生成参考图片的提示词，为后续制作提供基础。

Q:

请生成一个关于梦幻城堡的 3D 场景的提示词。

梦幻城堡 3D 场景提示词

主题：悬浮于云端的魔法水晶城堡，融合哥特式尖塔与巴洛克浮雕元素，呈现童话般的流光溢彩。

城堡主体：半透明水晶材质墙体，内部透出淡紫色能量光脉；银白色尖顶群（镶嵌会变色的宝石，随角度折射虹光）；主塔楼悬挂巨型齿轮钟（指针由星光构成）。

天空：渐变极光幕布（青绿→粉紫），流动的星云粒子特效；棉花糖云层（可踩踏物理效果），间或露出下方微缩大陆。

……（生成内容太多，这里不过多描述）

2. 3D Studio Max 与即梦 AI

根据 DeepSeek 生成的设计概念和提示词，在 3D Studio Max 中创建 3D 模型并渲染出图，将图片放入即梦 AI 中进行图生视频操作，如图 8–38 所示。

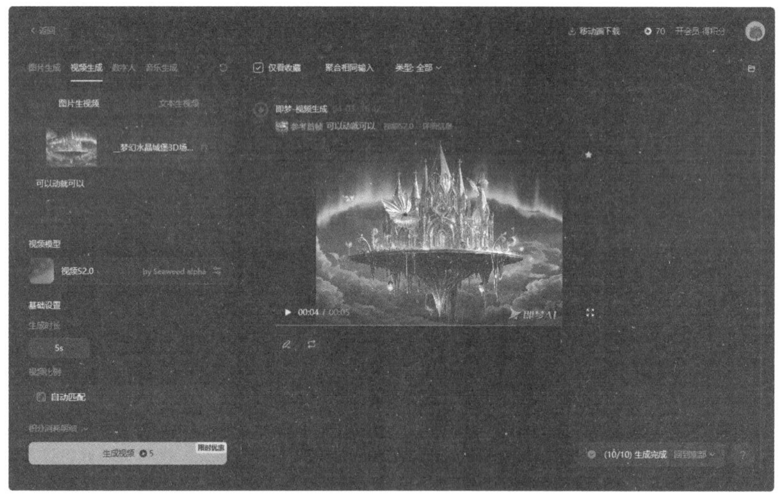

图8–38

读者也可尝试将生成的视频与其他创意素材融合，如把实景拍摄片段与 AI 生成视频巧妙拼接，或者将不同风格的 AI 视频剪辑在一起，创造出新颖独特的视觉效果，为观众带来前所未有的感官体验。

8.5.2 设计简易台灯

简易台灯，以简约实用为导向，通过创建圆柱体灯座、细长灯杆、半椭球体或圆锥台灯罩及球体灯泡完成建模，合理设置各部分材质纹理，经渲染调整呈现最终效果。

1. 使用 DeepSeek 生成提示词

打开 DeepSeek 官网，输入关于简易台灯的描述，DeepSeek 会生成包含场景元素、情绪传达、构图指导等细节的提示词。

我想在 3D Studio Max 中制作一个台灯，请给我一段关于台灯的描述词。

简易 3D 台灯模型描述

整体造型：极简圆柱结构，由灯罩、灯臂、底座三部分组成，总高度约 45 厘米。

工业风设计语言，无装饰性纹样。

分件细节：

灯罩：材质为白色哑光塑料（厚度 2～3 毫米）、形状为倒置截圆锥体（上口直径 12 厘米 / 下口直径 18 厘米）。

内部：可见环形 LED 灯带（暖光 3000K）。

……（生成内容太多，这里不过多描述）

2. 在 3D Studio Max 中创建台灯模型

在 3D Studio Max 中，首先，选择“创建”→“几何体”→“标准基本体”→“圆柱体”选项，创建台灯底座并调整参数，然后选择“创建”→“图形”→“线”选项，绘制二维图形，再经“车削”修改器及“网格平滑”处理创建灯杆，依据灯柱尺寸形状创建圆柱体，并经“锥化”转换为可编辑多边形去面及添加壳命令创建灯罩，最后将底座、灯柱和灯罩组合成完整台灯模型，如图 8–39 所示。

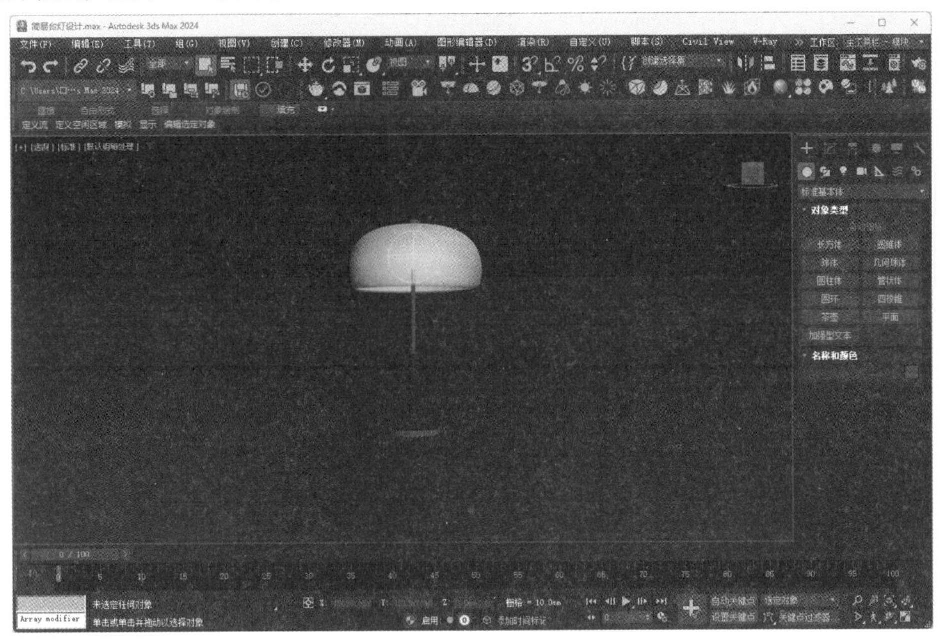

图8–39

在完成台灯模型创建后，先在台灯内部或灯罩下方添加点光源等适当光源并调整其颜色、亮度和位置以模拟照明效果，接着打开材质编辑器为台灯各部件设置（如灯罩白色半透明、灯杆和底座金属或塑料等）材质来模拟真实效果，最后选择 V-Ray 或 Corona 等合适的渲染器（设置图片分辨率、采样率等渲染参数）进行渲染，生成台灯效果图。

8.5.3 搭建室内场景

在 3D Studio Max 中搭建室内场景时，需先构建墙体、门窗确定空间架构，再导入桌椅、灯具等家具模型，搭配地板、壁纸等材质纹理，合理布置灯光营造氛围，经反复调试优化，打造出逼真且贴合需求的虚拟室内环境。

1. 使用 DeepSeek 获取关键信息

（1）**描述场景的基本信息和特殊要求**：向 DeepSeek 描述场景的基本信息和特殊要求，如

“设计一个 100 平方米的法式风格卧室场景；提供设计元素和风格细节，即根据生成的布局，进一步让 DeepSeek 提供室内设计元素和风格细节，如“为这个现代简约风格的客厅推荐合适的家具款式、颜色搭配和装饰元素”。

（2）**生成参考图片提示词**：要求 DeepSeek 生成用于获取参考图片的提示词。

请设计一个 100 平方米的法式风格的卧室场景。

 100 平方米法式风格卧室场景设计

整体基调：浪漫优雅的巴黎风情，融合古典雕花与现代舒适感，以奶油白为主色调，搭配灰蓝与香槟金点缀，营造慵懒而精致的氛围。

睡眠区（中央）：雕花实木床（2.2 米宽），带弧形软包床头，覆盖米白色亚麻布艺；床侧对称放置路易十六风格床头柜，搭配黄铜水晶台灯与复古闹钟；床尾铺设波斯风格羊毛地毯（3 米 ×4 米），灰蓝色花纹呼应窗帘

……（生成内容太多，这里就不过多描述）

2. 在 3D Studio Max 中搭建室内场景

在 3D Studio Max 中搭建室内场景时，首先，依据 DeepSeek 生成的规划布局，运用多边形、样条线等建模方法创建墙体、地面、天花板等基础模型；然后依据 DeepSeek 提供的设计元素，从软件自带库或网上下载资源，创建、导入家具与装饰模型并合理摆放；最后按其颜色搭配建议通过材质编辑器或导入外部文件处理材质纹理，结合场景实际与设计要求设置自然光及人工灯光，调整相关参数以营造逼真效果，如图 8–40 所示。

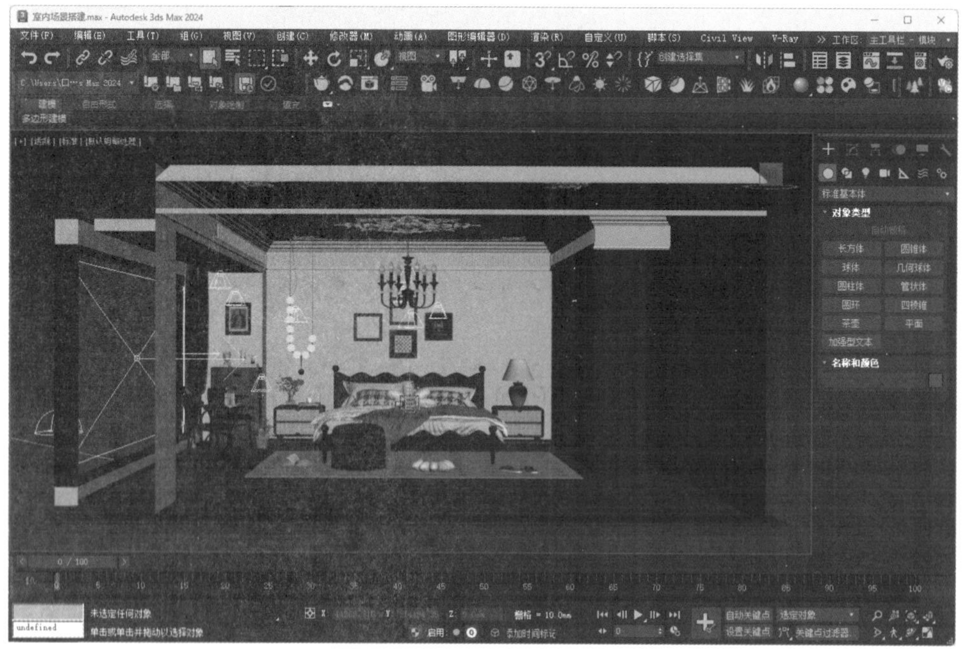

图8–40

第09章 AI音频：背景音乐一步到位

DeepSeek用提示词与众AI音频软件结合，能够开拓出极为广阔的创意音频制作空间。无论是用于影视配乐、游戏音效，还是广告音频、有声读物等领域，都能极大提升音频创作的效率与质量，为音频产业注入全新的活力，推动音频产业迈向更具创新性与个性化的发展阶段。

9.1 DeepSeek + 海螺AI

海螺AI是由MiniMax公司推出的一款基于自研多模态大语言模型的智能助手产品。DeepSeek则以其精准的语义理解与强大的提示词生成能力，可以深度剖析用户对背景音乐的独特设想，无论是神秘奇幻的冒险风，还是温馨浪漫的抒情调。与此同时，海螺AI凭借先进的音乐生成技术，能够依据DeepSeek输出的细腻提示，从旋律构建到节奏把控，从乐器音色搭配到音效融合，高效且精准地打造出完全贴合用户需求的背景音乐。

9.1.1 新闻播报

新闻播报音频语言规范，发音精准，语速适中且节奏分明，语调平稳中突出重点，音质清晰无杂音，以专业客观之态高效传递信息。DeepSeek可以根据用户输入的提示词生成专业的新闻脚本，并配合海螺AI的文生语音功能，快速生成一篇专业的新闻播报音频。

1. 使用DeepSeek生成新闻内容及播报脚本

（1）确定新闻主题：明确要制作的新闻内容方向，如科技领域。

（2）输入描述：打开DeepSeek平台，输入对新闻内容的详细要求，DeepSeek会生成新闻报道的文字内容，如下面示例所示。

Q:

请生成一篇关于最新科技成果发布的新闻报道，包括成果介绍、研发团队信息、对行业的影响等方面，语言风格简洁明了，适合新闻播报。

标题：我国科学家成功研发全球首款量子计算芯片“天河芯”，算力突破引行业变革

【本报讯】今日，由清华大学联合中科院量子信息重点实验室研发的全球首款高性能量子计算芯片——“天河芯”正式发布，标志着我国在量子计算领域取得重大突破。

1. 成果介绍

“天河芯”采用新型超导量子比特架构，在-273° C极低温环境下运行，单芯片集成128

个量子比特，运算速度达传统超级计算机的百万倍以上。测试数据显示，它可在 3 分钟内完成经典计算机需 1 万年处理的复杂加密任务，在金融建模、药物研发、AI 等领域具有颠覆性潜力。

2. 研发团队背景

项目首席科学家、清华大学李岩教授介绍，团队历时 5 年攻克量子相干性保持、多比特精准调控等世界性难题。其核心成员包括中国科学院王颖院士领衔的材料学团队，以及华为 2012 实验室提供的工业级封装技术支持。该项目获国家重大科技专项支持，已申请专利 47 项。

3. 行业影响

（1）科技领域：推动量子计算机从实验室走向产业化，我国成为继美国、加拿大后第三个实现百比特级芯片商用的国家。

（2）产业升级：阿里云、腾讯等企业已启动合作，预计 3 年内建成首个量子云计算平台。

（3）国际竞争：该成果打破了国外技术垄断，使我国在量子计算竞赛中进入第一梯队。

工业和信息化部相关负责人表示，将加速推进量子计算国家标准制定，2025 年前建成完整产业链。此次突破彰显我国在关键核心技术领域的自主创新能力，为数字经济高质量发展注入新动能。

（3）转换为播报脚本：再次输入指令，DeepSeek 会输出带有播报提示的脚本，如下面示例所示。

Q:

请将上述新闻内容转换为适合新闻播报的脚本。

新闻播报脚本：我国成功研发全球首款量子计算芯片“天河芯”

【主播开场】

（微笑，中速，庄重）

“观众朋友们晚上好。今天，我国科技领域传来重大喜讯。（稍顿）由清华大学联合中科院研发的全球首款（重音）量子计算芯片‘天河芯’正式发布。（稍顿）下面请看详细报道。”

【正文播报】

（镜头切换至新闻画面，配芯片特写）

（语速适中，重点处加重语气）

“这款名为‘天河芯’（重音）的量子计算芯片，（稍顿）采用新型超导量子比特架构，（稍顿）在零下 273 摄氏度（语速放慢）的极低温环境下运行。（停顿 1 秒）

（画面切换至实验室场景）

“芯片集成了 128 个（重音）量子比特，（稍顿）运算速度达到传统超级计算机的（语速加快）百万倍以上。（停顿）测试数据显示，（稍顿）它能在 3 分钟内（重音）完成传统计算机需要（停顿）1 万年（重音）才能处理的复杂加密任务。”

（画面切换至研发团队工作场景）

（语气转为介绍性）

“项目首席科学家、（稍顿）清华大学的李岩教授介绍，（稍顿）团队历时 5 年（重音），攻克了量子相干性保持等（稍顿）多项世界性难题。（停顿）”

（画面出现专利证书特写）

……（该新闻视频脚本生成内容太多，这里不过多描述）

“以上就是关于‘天河芯’量子计算芯片的（稍顿）最新报道。（停顿）本台记者北京报道。”

2. 用海螺 AI 生成新闻播报音频

（1）打开海螺 AI：进入海螺 AI 的官方网站或应用程序，找到语音生成相关功能，如图 9-1 所示。

图9-1

（2）选择语音模型和音色：将 DeepSeek 生成的新闻脚本粘贴到海螺 AI 中，根据新闻播报的风格和受众，选择合适的语音模型和音色。例如，选择较为稳重、专业的音色播报严肃的时政新闻，或选择更具活力的音色播报科技、文化类新闻，如图 9-2 所示。

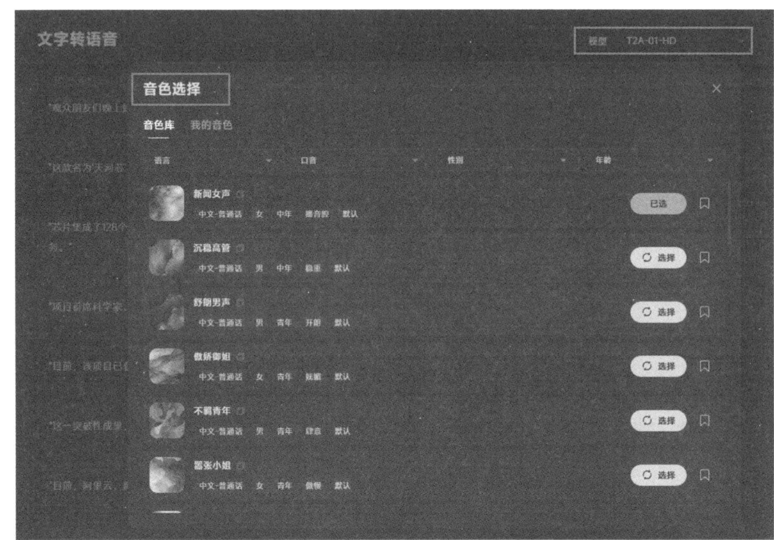

图9-2

（3）设置参数：根据需要调整语音的语速、语调、音量等参数，使播报更自然流畅。例如，对于重要的新闻要点，可以适当放慢语速、提高音量以突出重点，如图 9-3 所示。

（4）生成音频：单击“生成音频”按钮，海螺 AI 会根据输入的脚本和设置的参数生成新闻播报音频。音频生成后，播放试听，检查是否存在发音不准确、语调不自然等问题，如图 9-4 所示。如果有，则返回上一步调整参数或修改脚本，再次生成音频，直到得到满意的音频。

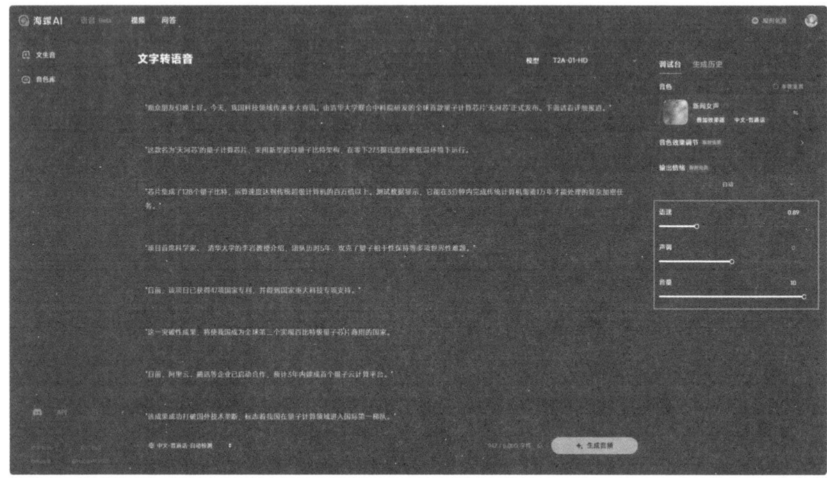

图9–3

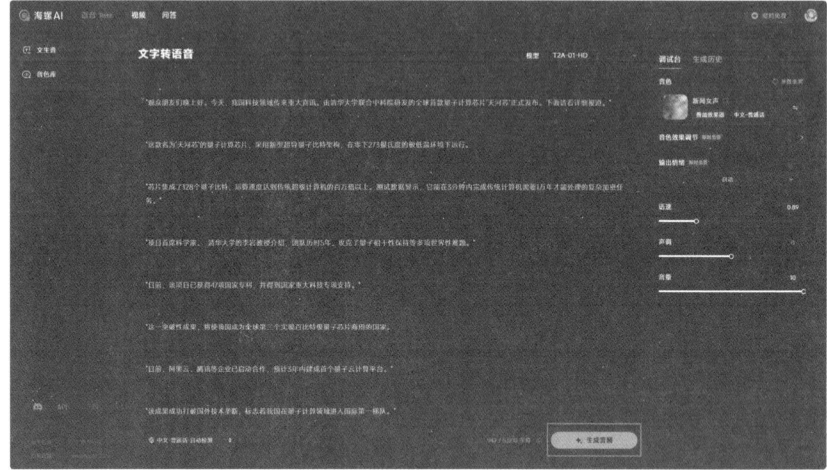

图9–4

9.1.2 温柔旁白

要创作温柔旁白，关键在于运用柔和词汇，营造舒缓氛围，展现细腻情感。向DeepSeek输入关于自然景观、生活感悟、爱情故事等不同场景且需营造温柔氛围的指令，获取对应的优美文本，再借助海螺AI选择适配的轻柔音色、适中或稍慢语速，将文本转换为触动人心的温柔旁白。

1. 使用DeepSeek生成温柔旁白文本

（1）**明确旁白的主题和风格要求：**如制作新闻播报旁白、纪录片旁白还是故事旁白等，不同类型的旁白在语言风格和内容侧重点上有所不同。

（2）**输入描述：**打开DeepSeek平台，在输入框中输入相关的提示信息，DeepSeek会生成相应的旁白文本。

请创作温柔旁白，讲述一对恋人在海边看日落的故事。

《日落时分》AI 旁白脚本（海螺 AI 格式）

[开场]

（海浪白噪音 · 渐入）（语调：温柔叙事）

“傍晚的海风…（停顿 0.8 秒）总是带着一丝温柔。（停顿 1.2 秒）潮水轻轻漫过沙滩…（停顿 1 秒）又悄悄退去（气声），像是不忍惊扰（停顿 0.5 秒）这一刻的宁静。”

[描述场景]

（钢琴音色 · C 大调分解和弦）（语调：温暖带笑）

“他坐在她身边…（停顿 1 秒）沙粒还残留着（语速放慢）白日的温度。（停顿 1.5 秒）夕阳将两人的影子…（停顿 0.8 秒）拉得很长（重音），交织在一起（气声），分不清彼此。”

[细节描写]

（加入轻微海鸥鸣叫音效）（语调：耳语式）

“她数着浪花…（停顿 1.2 秒）他看着她（语速渐缓）被海风吹乱的发梢。（停顿 2 秒）偶尔相视一笑…（气声轻笑）谁都没有说话（停顿 1.5 秒）却好像已经说尽了（气声）所有心事。”

[情感升华]

（大提琴长音进入）（语调：轻柔震颤）

“这世上有千万种日落…（停顿 1.8 秒）但此刻的夕阳（重音放慢）只属于他们。（停顿 2 秒）当最后一缕金光…（气声）沉入海平面时（颤音），他悄悄握住了（停顿 0.5 秒）她的手——（停顿 3 秒）原来最美好的时光…（背景乐渐强）不需要任何承诺（停顿 1 秒）只要两个人…一片海…（气声渐弱）和一颗同样跳动的心。”

[结尾]

（海浪声渐远）（语调：朦胧悠远）

“潮声依旧…（停顿 2 秒）暮色渐深…（停顿 3 秒）而他们的故事…（气声）（停顿 4 秒）才刚刚开始…”

检查生成的文本，看是否符合预期。如果有需要，可以对文本进行修改和调整，或者再次输入更具体的提示让 DeepSeek 重新生成，直到得到满意的旁白文本。

2. 用海螺 AI 生成旁白音频

（1）打开海螺 AI：进入海螺 AI 的官方网站或应用程序，找到语音生成相关功能，将 DeepSeek 生成的旁白文本输入或粘贴到海螺 AI 的文本输入框中，调整好文本，如图 9–5 所示。

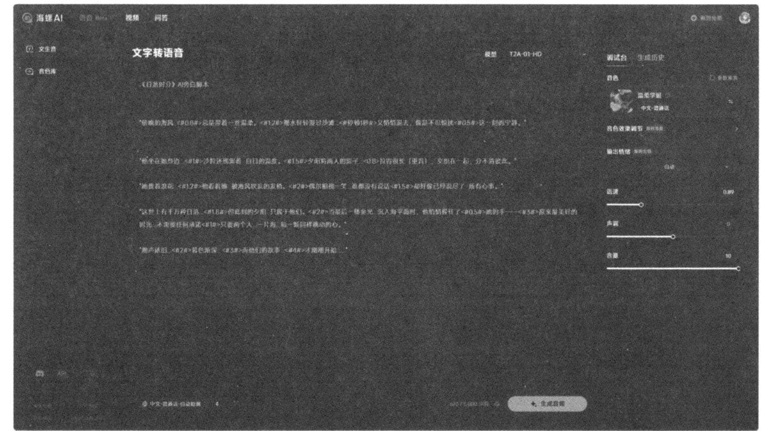

图9–5

（2）选择语音模型和音色：因为文本是一个爱情故事，所以音色选择“温柔女声”，如

图 9-6 所示。

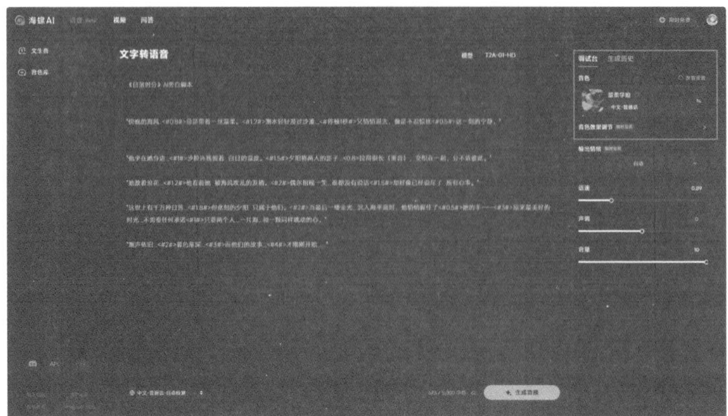

图9-6

（3）设置参数：根据需要调整语音的语速、语调、音量等参数，使旁白更自然流畅，如图 9-7 所示。

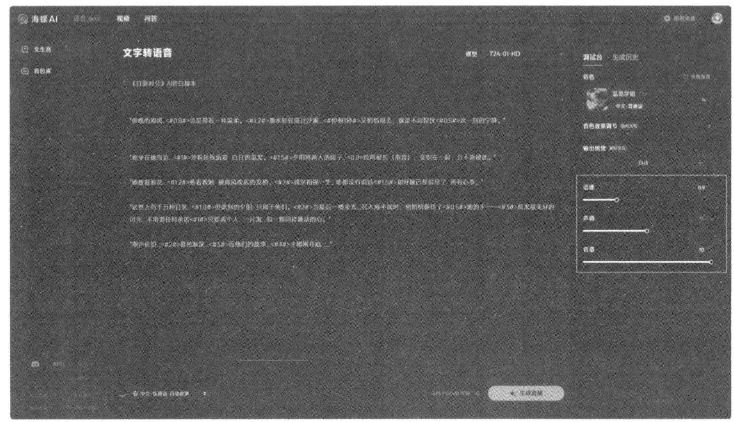

图9-7

（4）生成音频：单击“生成音频”按钮，海螺 AI 会根据输入的脚本和设置的参数生成温柔旁白音频。音频生成后，播放试听，检查是否存在发音不准确、语调不自然等问题，如图 9-8 所示。

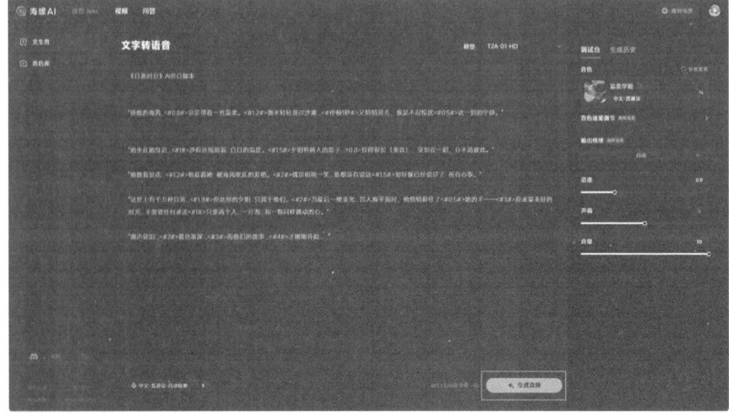

图9-8

除了爱情故事的温柔旁白场景外，常用的还有以下两个场景。

（1）自然景观：在 DeepSeek 中输入“生成一段温柔旁白，描绘春天清晨山林景色，有鸟鸣、微风、晨雾”。DeepSeek 可能生成“春日清晨，山林从沉睡中苏醒。晨雾似薄纱，轻轻缠绕着树木。微风轻拂，树叶沙沙低语。鸟儿婉转啼鸣，似在诉说对这美好清晨的喜爱。每一丝空气，都弥漫着清新与宁静”。在海螺 AI 中选择轻柔、舒缓的女性音色，语速适中，将文本转换为温柔语音，仿佛带听众置身于那如梦似幻的山林。

（2）生活感悟：向 DeepSeek 提问“写一段温柔旁白，表达对日常简单幸福的感悟”。DeepSeek 可能生成“生活的美好，常藏于细微瞬间。是清晨醒来照在脸上的第一缕阳光，是街角飘来的淡淡咖啡香，是与老友不经意间的一次畅谈。这些简单点滴，汇聚成生活的温暖，让我们心怀感恩，珍惜当下”。在海螺 AI 中配置温暖、略带笑意的音色，稍慢语速，赋予旁白治愈人心的力量。

9.1.3 外语对话

海螺 AI 支持中英文双语配音，先用 DeepSeek 生成外语对话文本，再用海螺 AI 生成外语对话音频即可。

1. 使用 DeepSeek 生成外语对话文本

（1）**确定场景和主题**：明确对话的场景、主题、人物关系及对话目的等要素。

（2）**输入描述**：打开 DeepSeek 平台，在输入框中输入相关的提示信息，DeepSeek 会生成相应的旁白文本，如下示例所示。

> **Q:**
> 请创作一段游客在长崎街头向当地人问路的日语对话，游客要询问去京都的路线，当地人要给出详细的指引。

> 長崎での道案内：京都への行き方を尋ねる
>
> （場面：長崎駅前で観光客が地元の方に声をかける）
>
> 観光客（少し緊張気味に）：すみません！京都へ行きたいんですが、どうやって行けばいいですか?
>
> 地元の人（親切に）：ああ、京都ですか。それなら新幹線が便利ですよ。まず長崎駅から『かもめ』に乗って、博多駅まで行ってください
>
> ……（生成内容太多，这里不过多描述）

2. 使用海螺 AI 生成外语对话

（1）打开海螺 AI：进入海螺 AI 的官方网站或应用程序，找到语音生成相关功能，将 DeepSeek 生成的旁白文本输入或粘贴到海螺 AI 的文本输入框中，调整好文本。

（2）选择语音模型和音色：由于对话是两段不同的人声，因此可以分别粘贴选择人声，“地元の人”选择女声，如图 9-9 所示；“観光客”选择男声，如图 9-10 所示。

（3）设置参数：根据需要调整语音的语速、语调、音量等参数，使外语对话更自然流畅，如图 9-11 所示。

（4）生成音频：单击“生成音频”按钮，海螺 AI 会根据输入的脚本和设置的参数生成外语对话音频。音频生成后，可以播放试听，检查是否存在发音不准确、语调不自然等问题，如图 9-12 所示。

图9–9

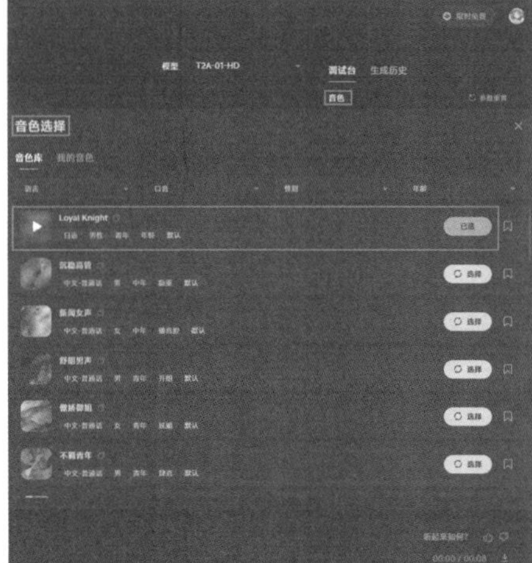

图9–10

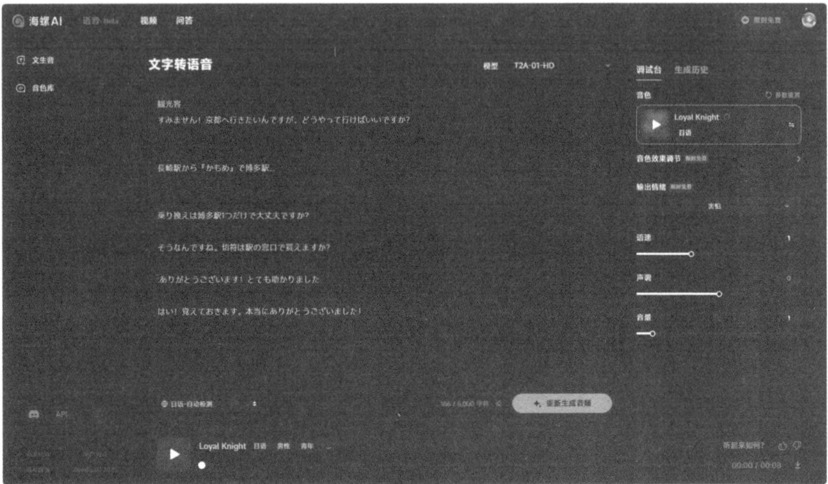

图9–11

图9–12

借助 DeepSeek 强大的语言生成能力，精准输入场景、角色、主题等关键信息，便能快速产出逻辑合理、语法正确的外语对话文本。再依托海螺 AI 丰富多样的音色库与灵活的声音克隆功能，为不同角色匹配契合的独特声音，经细致参数调整，将文本生动转换为语音。从文本创作到声音演绎，二者携手助力，轻松打造逼真、自然且极具表现力的外语对话。

9.2 DeepSeek + 海绵音乐

DeepSeek 通过智能算法解析创作需求，精准生成旋律、节奏和情感框架；海绵音乐则提供专业音色库与智能编曲工具。双方结合，可形成“AI 创意 + 智能制作”的全新创作模式，将灵感快速转换为完整作品，显著提升创作效率，降低专业音乐制作门槛。这一融合标志着 AI 音乐创作进入新阶段，为创作者开启更多可能。

9.2.1 生成纯音乐

DeepSeek 拥有强大的创意激发功能，能够将人们脑海中对纯音乐的奇思妙想具象化；海绵音乐则提供了领先的创作平台，可将这些灵感转换为动人旋律。

1. 使用 DeepSeek 生成音乐描述

（1）明确音乐风格和主题：确定想要生成的纯音乐的风格，如古典、流行、电子、民谣等；以及主题内容，如描绘自然景色、表达某种情感或营造特定氛围等。

（2）输入提示词：打开 DeepSeek 平台，在输入框中输入与音乐风格和主题相关的详细提示信息，如下示例所示。

Q:

请生成一段描述宁静森林的纯音乐的文字，包含自然声音、旋律特点、节奏变化。

《林间絮语》——一段关于宁静森林的声音诗篇

晨光穿透雾霭时，钢琴的单个高音键如露珠坠入苔藓，泛起涟漪般的泛音。长笛以气声技法模拟山雀的短促啼鸣，三度音程的跳跃在松针间弹跳，而远处中提琴的持续低音是尚未散尽的夜雾，沉在冷杉的根系深处。

弦乐群以极弱奏铺开雾状的降 E 大调，竖琴的琶音突然惊起——那是溪流撞上石英岩的转音，不规则的重音像水花在阳光下分裂成七种亮度。巴松管模仿树蛙的断续喉音，与马林巴木琴的切分音形成古怪对话，而这一切被突然插入的寂静打断：4 秒休止中，能听见录音师刻意保留的，风掠过枯枝时发出的微分音啸叫。

中段转为混合利底亚调式，颤音琴以 6/8 拍编织出萤火虫的飞行轨迹，每三个小节就故意漏掉一拍，如同光线被树叶间歇性遮蔽。低音单簧管突然奏出持续 10 秒的降 B 音，那是熊在空心树干里摩擦背脊的震动；而钢片琴在高两个八度的位置以三连音应答，像月光在鳞状树皮上碎裂成银箔。

尾声部分，所有乐器退居到 ppp 力度以下，唯留一支尼龙弦吉他以非标准调弦（DADGAD）反复弹奏泛音。右手指甲偶尔刮擦琴弦的噪音被刻意放大，成为另一种“寂静”的注解——当最后一声泛音消失在 12.8 千赫兹以上频段时，森林真正的底噪浮现：30 千米外雷暴的次声波，正在地磁场的扰动中缓缓成形。

2. 使用海绵音乐生成纯音乐

（1）访问海绵音乐平台：打开海绵音乐官网，使用手机号或抖音账号登录，如图 9–13 所示。

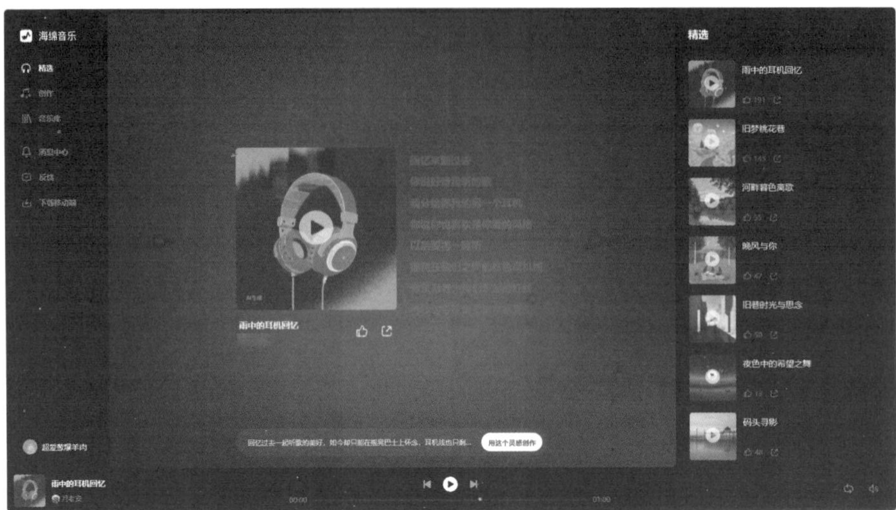

图9–13

（2）选择创作模式：选择“创作”选项卡，进入创作界面，选择“灵感创作”模式，并选择仅生成纯音乐，如图 9–14 所示。

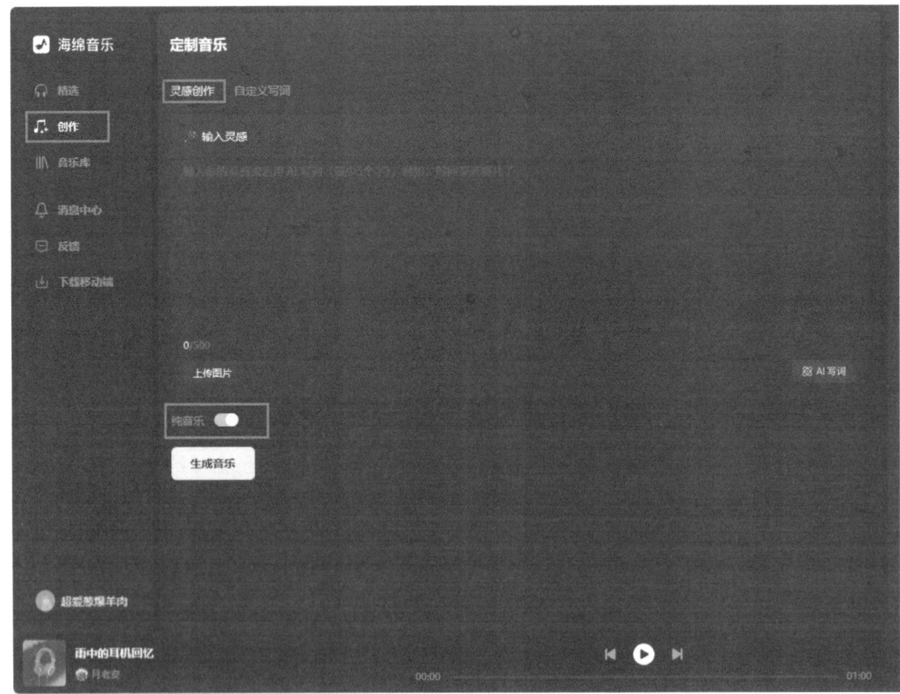

图9–14

（3）输入提示词：将从 DeepSeek 中提取的关键信息作为灵感提示词输入海绵音乐的输入框中，如图 9–15 所示。

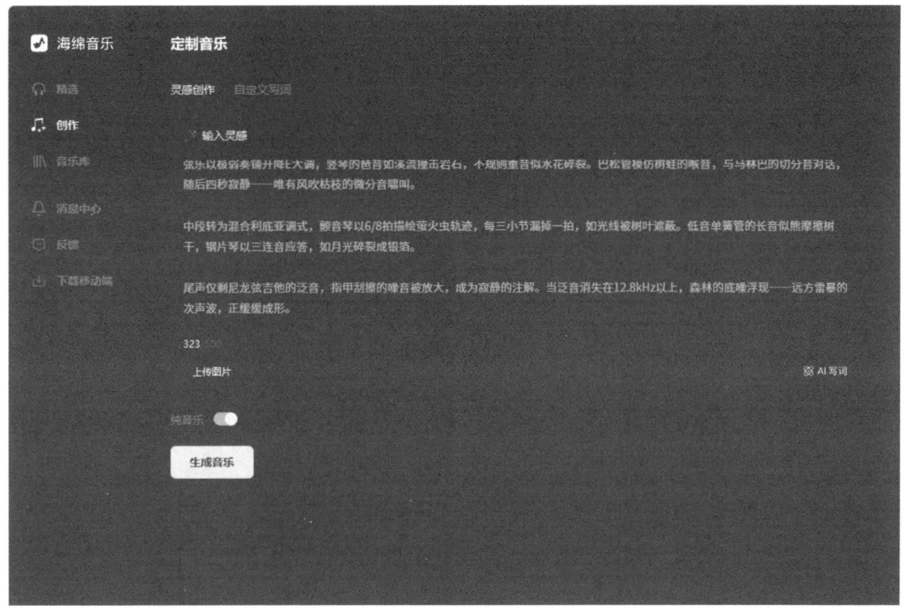

图9–15

（4）生成与试听：单击“生成音乐”按钮，海绵音乐将依据输入的提示词和设置的参数生成纯音乐。纯音乐生成后进行试听，如图 9–16 所示。如果对效果不满意，可以多生成几次，或者返回修改提示词或调整参数，直到得到满意的纯音乐作品。

图9–16

（5）导出音乐：选择满意的音乐版本，单击“导出”按钮，将纯音乐保存到本地，如图 9–17 所示。

图9–17

提示：海绵音乐的灵感创作只支持 500 字的内容，故在让 DeepSeek 输入文本时，需要限定字数。

9.2.2　生成摇滚乐

摇滚乐是 20 世纪 50 年代诞生于美国的音乐流派，以电吉他、贝斯、鼓为核心，融合布鲁斯与乡村音乐元素。特点是强劲的节奏、重复的段落和直白的歌词表达，具有反叛精神与文化内涵，既传递情感宣泄，也承载社会批判。从猫王到披头士，从朋克到金属，摇滚乐发展出众多分支，成为影响全球的流行文化现象。摇滚乐的代表乐队包括滚石、齐柏林飞艇等。

DeepSeek 凭借智能算法可深入剖析摇滚乐的不羁灵魂，精准提炼出如强烈鼓点、失真吉他等关键元素描述，结合海绵音乐的丰富摇滚曲风预设与灵活编曲功能，一场震撼的摇滚乐创作风暴即将来袭，下面介绍如何用它们打造专属的摇滚乐。

1. 使用 DeepSeek 生成音乐描述

（1）明确主题与风格细节：确定摇滚乐的主题，如反抗、自由、青春激情等；以及具体的风格方向，如是重金属摇滚、朋克摇滚还是硬摇滚等。不同的风格在乐器使用、节奏特点、旋律走向等方面有所不同。

（2）输入提示词：打开 DeepSeek 平台，在输入框中输入详细的提示信息。

Q:

请生成一段描述反抗精神的重金属摇滚音乐的文字，包含强烈的鼓点节奏、失真吉他旋律、高亢的主唱声音。

《起义的脉搏》——重金属战吼

鼓点如炮火轰鸣，双踩底鼓以 160BPM 的狂暴频率撕开序幕，每小节第三拍穿插军鼓的尖锐撞击，像子弹上膛的机械律动。失真吉他咆哮着降 D 调 Drop C 降弦的毁灭音墙，左手闷音制造出锯齿般的节奏切割，副歌时突然切换到开放和弦，让泛音如玻璃爆裂般四溅。

主唱的声音从深渊般的死腔骤然拔高到撕裂式的黑嗓，歌词像烙铁刻在钢铁上：

“碾碎枷锁的齿轮在转动！

火焰舔舐着沉默的牢笼！”

间奏时吉他手用摇把将音符扭曲成警笛般的尖叫，贝斯线如同地下暗河在混音底层涌动。最后的 solo 段落，左手在 24 品处高速点弦，右手用颤音臂制造出大厦崩塌般的音效衰减，所有乐器在一声反馈啸叫中戛然而止，只余耳鸣般的寂静。

2. 使用海绵音乐生成摇滚乐

登录海绵音乐，选择“创作”选项卡，进入创作界面，选择“灵感创作”模式，并选择仅生成纯音乐，单击“生成音乐”按钮，海绵音乐将依据输入的提示词和设置的参数生成摇滚乐，如图 9–18 所示。摇滚乐生成后进行试听，如果不满意效果，可以多生成几次，或者返回修改提示词或调整参数，直到得到满意的摇滚乐作品。

图9–18

9.2.3 生成爵士乐

爵士乐起源于美国，是一种极具特色的音乐风格。爵士乐以切分节奏、丰富的和声、即兴演奏为特点，融合了非洲音乐元素与欧洲音乐传统，具有强烈的摇摆感，能传达出多样的情感与氛围。

1. 使用 DeepSeek 生成音乐描述

（1）明确风格与主题细节：确定爵士乐的具体风格方向，如传统爵士、现代爵士、融合爵士等；以及主题内容，如描绘城市夜景、表达慵懒情绪或展现爵士俱乐部的氛围等。不同的爵士风格在节奏、和声、乐器使用上有所差异。

（2）输入提示词：打开 DeepSeek 平台，在输入框中输入详细的提示信息。

Q:

请生成一段描述城市夜景下爵士俱乐部氛围的文字，包含摇摆的节奏、丰富的和声、爵士钢琴与萨克斯风的旋律。

《午夜蓝调》——城市爵士夜曲

霓虹灯在玻璃窗上流淌成波动的色块，烟雾缭绕中，摇摆鼓组以慵懒的 shuffle 节奏铺开夜晚的脉搏。立式贝斯的羊肠弦在指尖震动，walking bassline 像醉汉般摇晃着穿行于 Dm7G7Cmaj7 的和声迷宫。

三角钢琴半掀琴盖，左手奏着延伸和弦（C1311），右手即兴点缀布鲁斯音阶的经过音。当小号手放下酒杯，一段带着弱音器的独奏突然撕裂夜空——先是压抑的呜咽，继而迸发出带铜锈味的高音咆哮。

萨克斯风此时加入，中音萨克斯的黄铜管身泛着威士忌的光泽，乐手用循环呼吸法吹出绵长的降 E 小调旋律，音符如同烟圈在吊灯下盘旋。鼓刷突然在镲片上扫出骤雨般的声响，钢琴和声转为悬浮和弦（F △ 75），整个乐队陷入克制的混乱，直到贝斯用一个下沉的滑音，将所有人拽回蓝调的原点。

（玻璃碰撞声混入乐曲间隙，酒保擦拭高脚杯的投影在墙上摇曳，最后一个九和弦余韵中，听见冰球在威士忌杯中融化的轻响）

2. 使用海绵音乐生成爵士乐

单击“生成音乐”按钮，海绵音乐将依据输入的提示词和设置的参数生成爵士乐，如图 9-19 所示。爵士乐生成后进行试听，如果不满意效果，可以多生成几次，或者返回修改提示词或调整参数，直到得到满意的爵士乐作品。

图9-19

9.3 DeepSeek + 天工 SkyMusic

DeepSeek 与天工 SkyMusic 强强联合，可以打造 AI 智能音乐创作新体验：通过 AI 灵感激发 + 专业音乐制作的创新模式，让音乐创作更简单高效；从旋律生成到编曲制作，一站式解决创作需求，助力每位音乐人轻松实现专业级作品产出。

9.3.1 生成趣味儿歌

儿歌以儿童熟悉的事物为内容，篇幅短小，借明快节奏与拟人等修辞，生动展现童趣，契合儿童认知、记忆特点，易被传唱。

1. 使用 DeepSeek 生成儿歌构思

（1）确定主题和风格：思考儿歌的主题，如动物、节日、自然现象等；同时明确风格，如活泼欢快、温馨治愈等。

（2）输入提示信息：在 DeepSeek 平台输入相关内容，如“请创作一段关于森林动物的趣味儿歌构思，包含歌词大意、旋律特点、节奏风格”，获得详细的儿歌创作思路与内容。

Q:

请创作一段关于森林动物的趣味儿歌构思，包含歌词大意、旋律特点、节奏风格。

一、歌词大意

歌曲开篇描绘阳光洒进森林，引出各种可爱的动物。歌词中，小松鼠在枝头蹦跳，忙着收集松果，用生动的语言描述它灵活的动作，如“小松鼠呀尾巴大，树枝之间蹦蹦跳，忙着收集小松果，储存过冬好法宝”。接着出现毛茸茸的小兔子，在草地上欢快地玩耍，“小兔子呀白又白，红眼睛呀真可爱，草地上面蹦蹦跳，开开心心乐开怀”。然后是威风凛凛的大狮子，在森林中漫步巡视，展现它的王者风范，“大狮子呀真威风，金色鬃毛像披风，森林里面来踱步，百兽见它都服从”。最后，所有动物一起在森林里开派对，大家唱歌跳舞，享受美好时光，“森林动物聚一堂，唱歌跳舞真欢畅，一起玩耍乐无穷，这片森林是天堂”。

二、旋律特点

整体旋律轻松愉悦，充满童趣。音域适合儿童演唱，跨度不会太大，以中高音为主，凸显欢快活泼的氛围。旋律线条起伏较大，在描述不同动物时会有相应变化。例如，描述小松鼠蹦跳时，旋律会有较多的小跳进，模拟小松鼠活泼灵动的样子；而在表现大狮子的威严时，旋律会相对平稳、庄重。歌曲中还可以适当加入一些装饰音，如波音、滑音，增加旋律的趣味性和俏皮感，就像小动物们灵动的身影。

三、节奏风格

采用活泼的 4/4 拍，节奏明快且富有动感。在节奏型上，多运用切分节奏和附点音符，让节奏更具变化和活力，契合小动物们活泼好动的特性。例如，在小松鼠的段落，用切分节奏来强调它蹦跳的动作；在小兔子玩耍的部分，加入附点音符，表现出小兔子的欢快轻盈。同时，在合唱的派对部分，节奏可以适当加快，增强热闹的氛围，带动孩子们一起舞动。

（3）整理关键内容：从生成结果中提取关键信息，如歌词的核心内容、旋律的起伏走向、节奏的快慢变化等。

Q:

请提取上列的歌词并取一个歌名，列出曲风、情绪等关键信息。

以下是提取的关键信息。

歌词：小松鼠呀尾巴大，树枝之间蹦蹦跳，忙着收集小松果，储存过冬好法宝。小兔子呀白又白，红眼睛呀真可爱，草地上面蹦蹦跳，开开心心乐开怀。大狮子呀真威风，金色鬃毛像披风，森林里面来踱步，百兽见它都服从。森林动物聚一堂，唱歌跳舞真欢畅，一起玩耍乐无穷，这片森林是天堂。

歌名：《森林动物派对》（可根据喜好调整）

曲风：儿歌、儿童流行音乐，具有轻快活泼的特点，融合了一些简单的民谣元素。

情绪：整体情绪欢快、愉悦、充满童趣，表现出森林中动物们自由自在、快乐玩耍的场景，能让听众感受到轻松和欢乐的氛围，唤起对大自然和小动物的喜爱之情。

2. 使用天工 SkyMusic 创作儿歌

（1）访问天工 AI 平台并选择模式：在网页端搜索“天工 AI”访问官网，选择“AI 音乐”模式，如图 9–20 所示。

图9–20

（2）输入构思信息：将从 DeepSeek 整理的关键内容输入天工 SkyMusic 创作界面，设置好参数后，单击“开始创作”按钮，如图 9–21 所示。

图9–21

（3）试听并下载：试听儿歌，不满意可以单击“重新创作”按钮。保存作品为 MP4 格式，如图 9-22 所示。

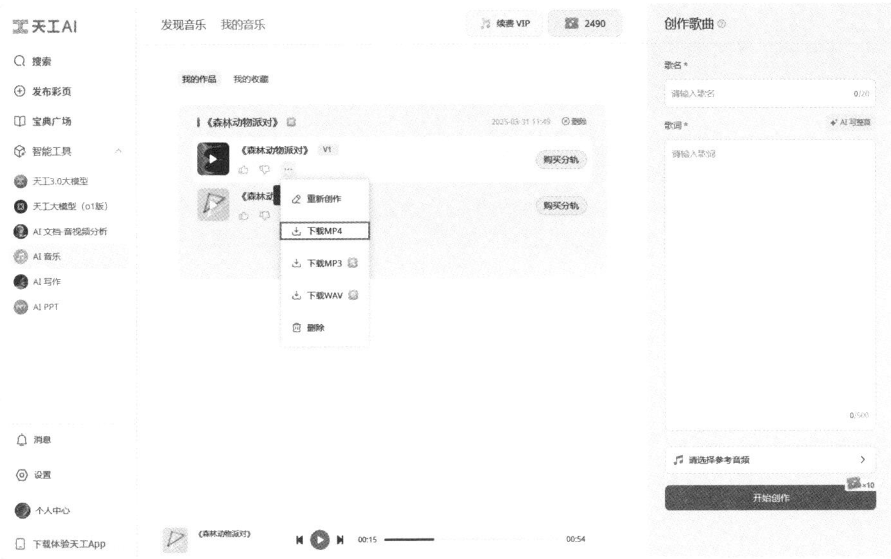

图9-22

天工 AI 内部可以实现人声和音乐分轨。这一功能大幅提升了音频编辑效率，创作者无须再借助复杂的第三方软件，在天工 AI 平台内就能精准分离人声与音乐，轻松对各轨道独立进行调整，如单独为人声添加特殊音效，或者重塑背景音乐节奏，让作品风格更鲜明。

9.3.2 生成影视 OST

影视 OST（Original Sound Track，原声音乐）涵盖主题曲、插曲与背景音乐，经专业作曲家依作品风格、主题及情节创作，音乐家和歌手在录音棚录制，再由配乐师精准匹配画面，能增强情感氛围，塑造角色形象，推动剧情发展，是影视作品不可或缺的关键构成。

1. 使用 DeepSeek 生成影视 OST 构思

（1）分析影视作品：明确影视作品的类型、风格、情节发展以及想要通过音乐表达的情感等要素。例如，一部古装武侠剧可能需要具有古风韵味、节奏紧凑且富有张力的音乐来配合打斗场景，同时又要有舒缓的旋律来展现角色间的情感纠葛。

（2）输入提示词：打开 DeepSeek 平台，在输入框中输入详细的提示词，如“请为一部古装武侠剧生成一段 OST 描述，要包含歌词、激烈的打斗场景、主角之间的情感戏以及宏大的江湖场景的音乐氛围体现”，DeepSeek 就会生成一段文本，如下示例所示。

Q:

请为一部古装武侠剧生成一段 OST 描述，要包含歌词、激烈的打斗场景、主角之间的情感戏以及宏大的江湖场景的音乐氛围体现。

《剑魄琴心》OST《山河烬》

（歌词主歌）

（男声低沉）“长夜未央剑气凝霜谁把誓言刻在断刃上一壶烈酒烫过胸膛却烫不化眼底荒凉。”

（女声空灵）“落花成冢琴弦葬过往你的背影是天涯的伤若江湖注定相忘为何月光还停在手掌。”

（副歌双人和声）

“山河烬爱恨烧不尽（女高音飘渺）刀锋里开出痴狂（男声撕裂感）纵马踏碎宿命的墙（合唱爆发）剩一滴泪烫穿沧桑。”

【音乐场景展开】

1. 激烈打斗段落（无歌词，纯器乐厮杀）

前奏：三弦扫弦模拟拔剑出鞘，伴随“锵”一声金属音效

主节奏：琵琶轮指如暴雨（每拍 16 分音符）中国大鼓 + 电子底鼓双层次打击乐；二胡快速跳弓演绎“剑气轨迹”

高潮设计：唢呐突然窜升至高音区，模拟主角暴起绝杀，背景加入碎裂的陶埙声象征反派溃败

2. 情感戏桥段（第二段主歌器乐化）

核心音色：古筝泛音模拟雨滴（每句结尾点缀）；箫声与钢琴对位，似隔空对话

撕裂感设计：在“为何月光”处突然抽离所有乐器，仅留女声清唱，随后大提琴如叹息般接入

3. 江湖场景烘托（间奏与结尾升华）

空间构建：30 人合唱团虚化和声（无词吟唱）；西藏颂钵低频震荡营造天地苍茫感

标志性音效：结尾处加入真实的铸剑坊敲击声，渐弱为风声，暗示江湖永续

（尾声歌词）

（戏腔念白）

“且看这一局谁在棋中谁在棋外。”

（收束）

一声千年编钟余韵中，混入远处马蹄渐逝…

整体音乐叙事：通过“金属碰撞声→雨声→风声”的音效链暗喻“争杀→泪别→归隐”，旋律上使打斗主题的 F 羽调式在情感段转为 E 商调式，江湖段落再回归羽调式，形成宿命轮回感。

（3）整合信息：从生成结果中提取关键信息，如歌词的核心内容、旋律的起伏走向、节奏的快慢变化等，如下示例所示。

Q:

请提取上列的歌词，列出曲风、情绪等关键信息。

《山河烬》歌词分析与音乐关键信息提取

1. 歌词提取

（主歌男声）“长夜未央剑气凝霜谁把誓言刻在断刃上一壶烈酒烫过胸膛却烫不化眼底荒凉。”

（主歌女声）“落花成冢琴弦葬过往你的背影是天涯的伤若江湖注定相忘为何月光还停在手掌。”

（副歌双人和声）“山河烬爱恨烧不尽（女高音飘渺）刀锋里开出痴狂（男声撕裂感）纵马踏碎宿命的墙（合唱爆发）剩一滴泪烫穿沧桑。”

（尾声戏腔念白）“且看这一局谁在棋中谁在棋外。”

2. 曲风定位

核心风格：新国风武侠摇滚

3. 核心情绪关键词

孤傲→哀伤→癫狂→悲壮→释然

通过歌词意象（断刃、烈酒、落花、月光）与音乐动态（从压抑到爆发再到寂寥）结合，形成完整的武侠情感叙事。

2. 使用天工 SkyMusic 创作影视 OST

（1）访问平台并选择模式：在网页端搜索“天工 AI”访问官网，选择“AI 音乐”模式。将从 DeepSeek 整理的关键内容输入天工 SkyMusic 创作界面，设置好信息后，单击“开始创作”按钮，如图 9–23 所示。

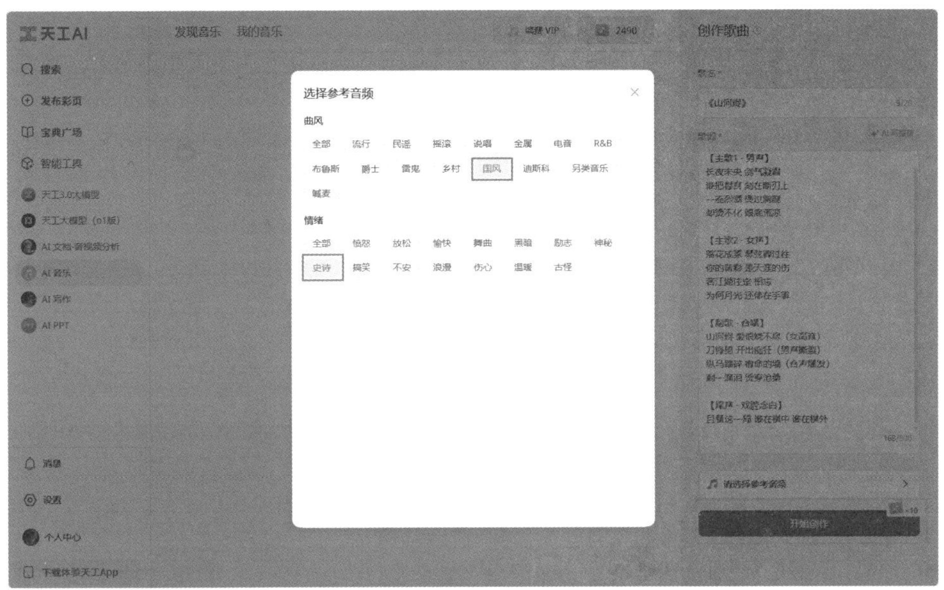

图9–23

（2）试听并下载：试听 OST，不满意可以单击“重新创作”按钮。保存作品为 MP4 格式，如图 9–24 所示。

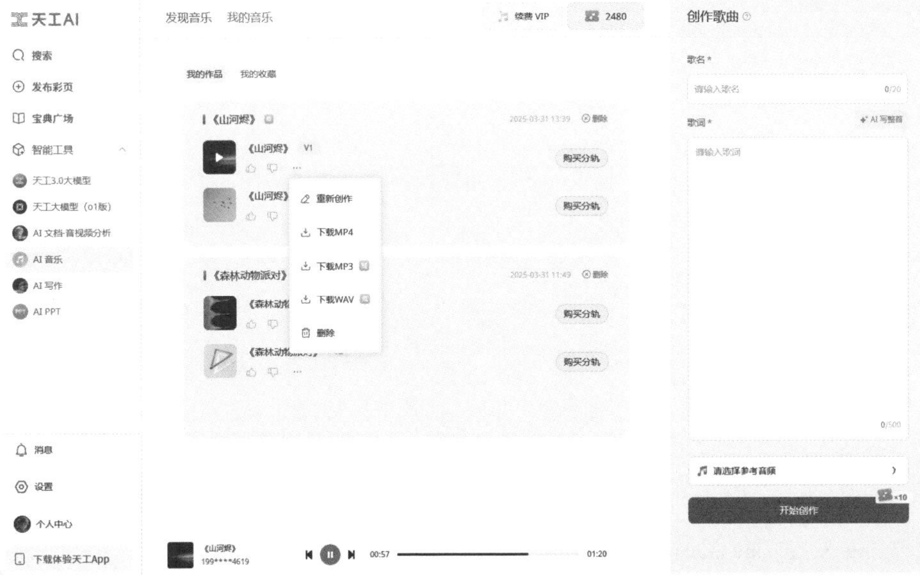

图9–24

在天工 SkyMusic 平台生成 OST 后，需反复试听并与影视作品的情节走向、情感基调和风格调性进行匹配校验，必要时调整参数重新生成，待满意后导出高质量音频文件，经专业后期软件进行精细化剪辑、混音及特效处理，最终实现音乐与画面的艺术化融合，完成影视 OST 的定制化创作。

9.3.3 生成欧美说唱

说唱以极具冲击力的强烈节奏为基石，通过复杂多变的节奏型与重弱拍巧妙编排，搭配双押、多押等丰富押韵技巧，赋予歌词连贯韵律与灵动节奏；说唱歌词叙事性极强，常生动讲述生活经历、社会万象，深刻反映种族、贫富等社会现实问题；表演形式上，即兴创作贯穿其中，歌手能依现场灵感随时发挥，同时凭借丰富肢体语言、生动表情及独特台风，展现出强烈舞台表现力，全方位打造极具感染力的音乐体验。

1. 使用 DeepSeek 生成欧美说唱构思

（1）了解欧美说唱风格：欧美说唱风格丰富多样，有 Oldschool（老派说唱）、Newschool（新派说唱）、Trap（陷阱说唱）等。其中，Oldschool 节奏简单直接，歌词注重韵律和叙事；Newschool 节奏更复杂，融入多样音效；Trap 有独特的鼓击乐器节奏和 808 贝斯声。因此，应先明确想生成的欧美说唱风格。

（2）设定创作要点：确定说唱的主题，如爱情、街头生活、梦想等。考虑歌词的情绪，是愤怒、励志还是幽默等。设定速度和节奏，如 Trap 风格通常节奏较快，有强烈的鼓点。

（3）输入指令到 DeepSeek：将上述信息详细输入 DeepSeek 中，如“请生成一段时长 3min 的欧美 Trap 风格说唱描述，主题是街头奋斗，歌词情绪励志，节奏快速且鼓点强烈”，如下示例所示。

Q:

请生成一段时长 3 分钟的欧美 Trap 风格说唱描述，主题是街头奋斗，歌词情绪励志，节奏快速且鼓点强烈。

《Street Symphony》欧美 Trap 励志说唱音乐描述

🎵 核心风格

🔥 硬核 Trap 基底：

•140BPM 高速节奏，军用级 808Bass 制造胸腔震颤。

• 碎拍 HiHats 如子弹上膛般密集（1/32 音符切分）。

• 失真合成器音色模拟警笛声采样，强化街头紧张感。

📜 歌词片段示例

(Verse1)

“Started in the gutter with astolen WiFi（从偷连 WiFi 的贫民窟起步）

Demo tracksbump in'where the rat shold rallies（老鼠开派对的角落录着 demo）

Now my chain'same tronome（如今我的金链如节拍器摆动）

Timing every move from zero to a hero（丈量着从零到英雄的每一步）”

(Chorus)

“Street symphony play my pain（街头交响乐奏响我的苦难）

Every scar's ago lden chain（每道伤疤都成金链勋章）

They said I'd drown in the rain（他们说我会被暴雨淹没）

Now I'm making hurricanes（如今我掀起飓风）"

🎧 声音设计亮点

• 人声处理：主声轨叠加 15% 失真效果，adlibs 声像左右漂移制造立体战壕感。

• 节奏彩蛋：每 8 小节插入 0.5 秒地铁呼啸音效采样。

• 情绪转折：第二段 Verse 突然抽离鼓点，仅留钢琴 loop 与喘息声，再以爆炸式 Drop 回归。

💡 创作内核

通过"贫民窟录音→街头抗争→终极逆袭"三段式叙事，将 Trap 音乐标志性的攻击性转化为奋斗能量。金属质感的器乐编排象征底层突围的艰难，而突然出现的交响乐元素（如法国号采样）暗示街头智慧终将升华为永恒艺术。

（4）整合信息：从生成结果中提取关键信息，如歌词的核心内容、旋律的起伏走向、节奏的快慢变化等，如下面示例所示。DeepSeek 会输出音乐描述，用户可以根据需求进行进一步完善，如添加乐器使用的细节，是否加入电吉他、铜管乐器等。

Q:

请提取上列的歌词，列出曲风、情绪等关键信息。

《Street Symphony》歌词与音乐分析

1. 歌词提取

（Verse1 主歌）

"Started in the gutter with as to len WiFi

Demo tracksbump in'where the rat shold rallies

Now my chain'same tronome

Timing every move from zero to a hero"

（Chorus 副歌）

"Street symphony play my pain

Every scar's ago lden chain

They said I'd drown in the rain

Now I'm making hurricanes"

2. 曲风定位

核心风格：欧美 Trap（硬核励志变种）。

典型元素：超速节奏（140BPM）+ 重低音 808 鼓组；碎拍 HiHats（1/32 音符）+ 失真合成器；街头音效采样（警笛、地铁声）。

创新融合：交响乐元素（法国号）提升史诗感；爵士钢琴 Loop 制造情绪对比。

3. 核心情绪关键词

"挣扎→愤怒→反击→封神"

通过歌词意象（老鼠派对 / 金链 / 飓风）与音乐动态（从压抑到炸裂）的结合，完成底层逆袭的叙事闭环。

2. 使用天工 SkyMusic 创作欧美说唱

（1）访问平台并选择模式：在网页端搜索"天工 AI"访问官网，选择"AI 音乐"模式。

（2）输入构思信息：将从 DeepSeek 整理的关键内容输入天工 SkyMusic 创作界面，设置好信息后，单击“开始创作”按钮，如图 9–25 所示。

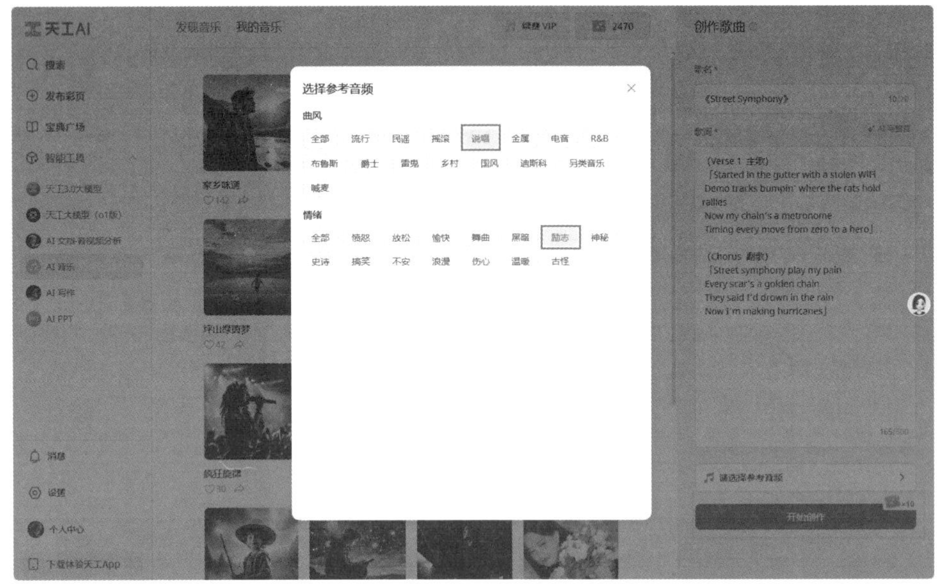

图9–25

（3）试听并下载：试听歌曲，不满意可以单击“重新创作”按钮。保存作品为 MP4 格式，如图 9–26 所示。

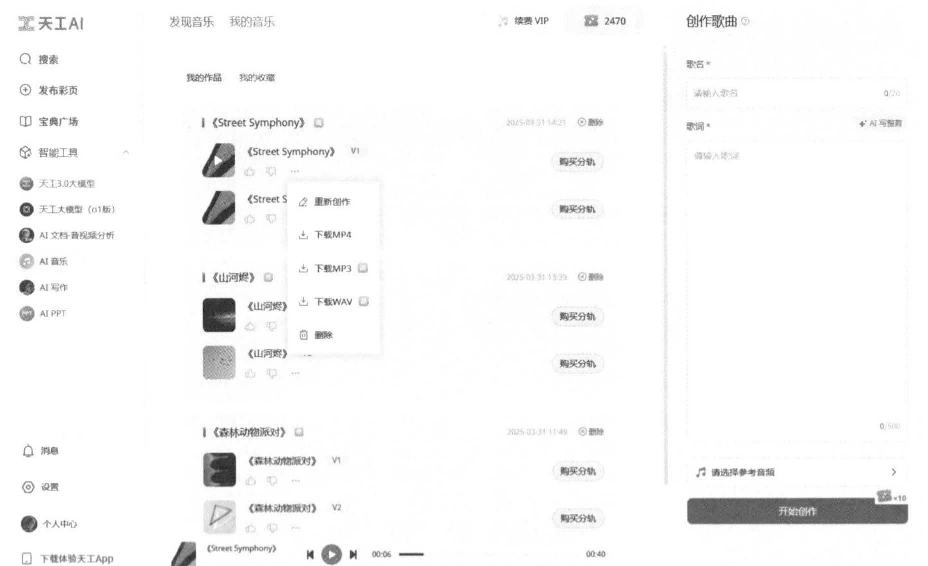

图9–26

按照天工 SkyMusic 平台的指引将作品导出为 MP3 或 WAV 格式音频，即可将这段欧美 Trap 说唱音乐应用于个人创作、视频配乐等场景中。

9.4 DeepSeek + 网易天音

DeepSeek 与网易天音展开合作，共同进入 AI 音乐创作领域。网易天音运用先进的 AI 算法，能够精确洞察创作者的灵感，以比传统方法快得多的速度生成旋律。在编曲制作阶段，智能模块能够提供大量专业级的音乐元素，与 DeepSeek 的技术完美适配。从创意构思到作品完成，整个流程实现了一站式操作，高效且流畅。这一合作使音乐创作进入了全新的智能高效阶段，助力创作者轻松打造出专业水准的作品。

9.4.1 进行编曲

编曲是基于已有旋律，运用音乐制作软件与丰富理论知识，通过搭配乐器、编排和声节奏等进行二次创作，让音乐更饱满立体。

1. 使用 DeepSeek 生成编曲描述

（1）明确音乐风格与主题：确定想要的编曲风格，如古典、流行、摇滚等；同时明确音乐主题，如欢快的庆典主题、悲伤的爱情主题还是激昂的励志主题等。

（2）设定编曲要素：思考乐器的选择，如是使用钢琴为主导，还是以弦乐营造氛围，抑或是加入打击乐增强节奏感；确定节奏特点，如节奏的快慢、强弱规律等；考虑和声的风格，是和谐温暖的和声，还是带有一些紧张感的和声。

（3）输入指令到 DeepSeek：将上述信息详细输入 DeepSeek 中，如“请生成一段以钢琴为主导乐器，节奏轻快，和声明亮，适用于欢快的校园主题的编曲描述，包含主歌、副歌和桥段的不同编曲思路”，如下面示例所示。

Q:

请生成一段以钢琴为主导乐器，节奏轻快，和声明亮，适用于欢快的校园主题的编曲描述，包含主歌、副歌和桥段的不同编曲思路。

《课间》校园主题钢琴编曲方案

整体风格设定

核心乐器：施坦威 D 系列明亮钢琴音色

节奏型：四四拍切分节奏（128BPM）

和声架构：以 C 大调为主，融入 add9、sus4 等色彩和弦

整体气质：阳光跳跃的青春感

……（生成内容太多，这里不过多描述）

推荐和弦进行

主歌：Cadd9G/BAm7Fmaj7

副歌：FC/EDm7G7

桥段：AmFCG

（4）整合信息：从生成结果中提取关键信息，如歌词的核心内容、旋律的起伏走向、节奏的快慢变化等，如下面示例所示。

Q:

请总结上述信息，包含调名、调式、BPM 值、编曲风格以及字母音符表示。

《课间》音乐参数总结如表 9–1 所示。

表 9–1

项目	详细说明
调名 / 调式	C 大调（主歌 / 副歌）→ a 小调（桥段）
BPM 值	128（恒定速度，轻快校园风）
编曲风格	阳光跳跃的钢琴流行（融合爵士 walkingbass 与古典弦乐铺底）
核心和弦	主歌：Cadd9G/BAm7Fmaj7 副歌：FC/EDm7G7 桥段：AmFCG
钢琴音域	主歌：C4G6（高音区三连音） 副歌：C3C6（八度强奏） 桥段：A2E5（十度跨奏）
特色音色	施坦威钢琴（主）、口风琴（桥段）、铃鼓（副歌）、铅笔声采样（主歌彩蛋）

补充说明：所有和弦标记均以字母谱表示，适合快速视奏。桥段的 a 小调设计为平行小调转调（C 大调→a 小调），通过 AmFCG 和弦进行自然过渡回副歌。BPM128 确保活力感的同时避免过于急促。

2. 使用网易天音进行编曲

（1）进入网易天音平台：登录网易天音平台，单击“开始创作”按钮，找到编曲相关的功能入口，如图 9–27 所示。

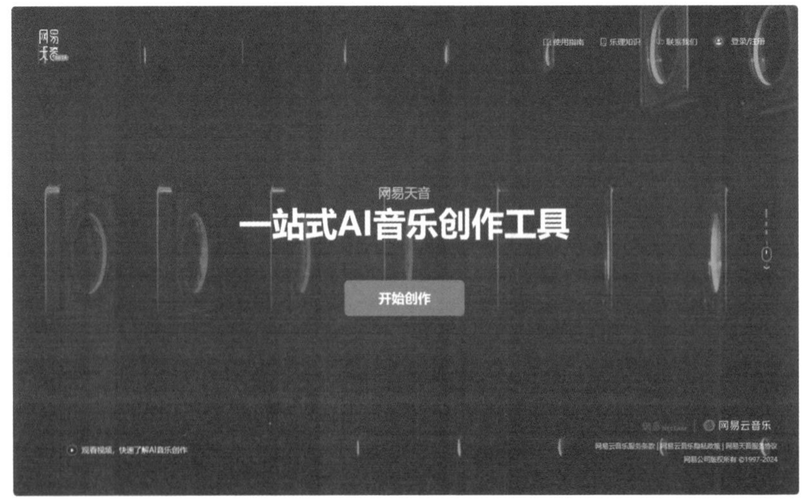

图9–27

（2）设置参数与选择模板：根据 DeepSeek 生成的描述，在网易天音中设置音乐的基本参数，如速度（BPM）、调性、调式等。在编曲风格中浏览网易天音提供的海量编曲模板，选择与想要的风格和主题最接近的模板作为基础，单击“确定”按钮，如图 9–28 所示。

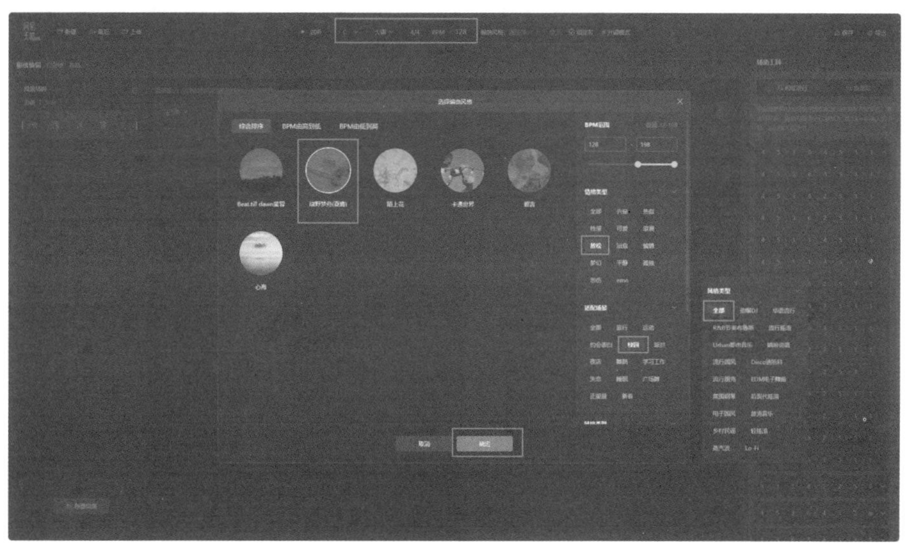

图9–28

（3）生成与调整编曲：将主副歌的和弦编写进去，让网易天音根据输入的信息和设置的参数生成编曲。编曲生成后，仔细试听编曲效果，检查是否符合在 DeepSeek 中设定的风格、主题和各种编曲要素，如图 9–29 所示。

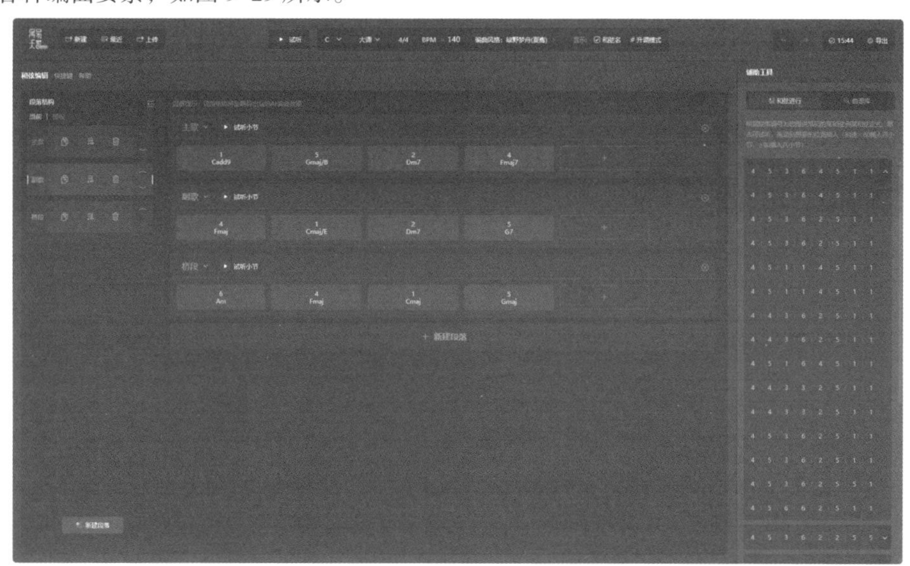

图9–29

提示：如果有任何不满意之处，可在网易天音中对编曲进行微调，如调整乐器的音量、声像位置，修改和弦走向，或者更换某些乐器的音色等。

（4）导出编曲：当对编曲效果满意后，可以单击右上角的“导出”按钮，按照网易天音平台的导出功能提示，将编曲导出为常见的音频格式，如 MP3、MIDI 文件、分轨文件等，如图

9–30 所示，以便后续在其他音乐制作软件中进行进一步的处理或应用。

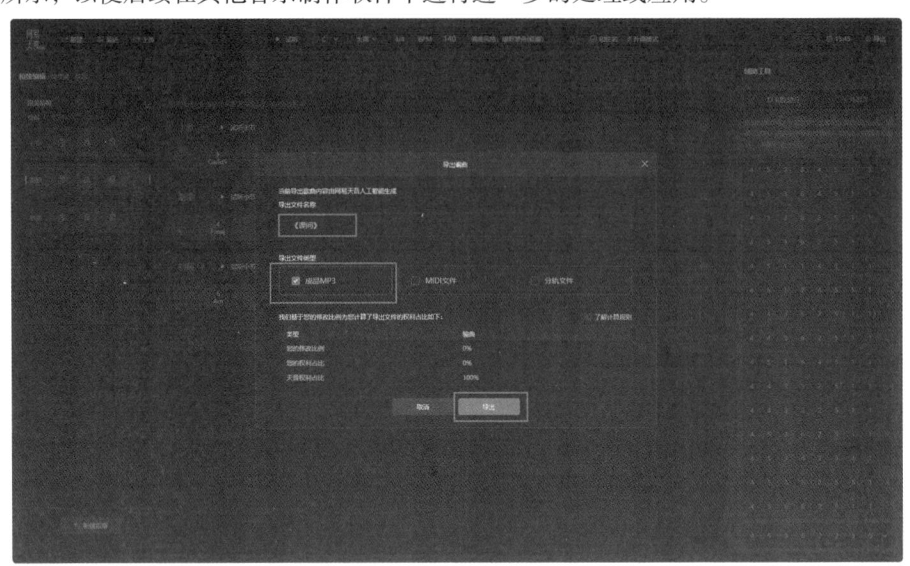

图9–30

网易天音基于深度神经网络等先进算法，通过对海量专业音乐作品数据的学习，剖析其中的乐理规则，包括和弦的功能与连接逻辑、旋律的起伏模式、节奏的组合变化等。AI 能够精准识别这些乐理要素在不同风格音乐中的运用规律，进而在编曲时，能依据用户输入的参数或指令，运用所学的乐理知识，智能地生成符合音乐逻辑和审美要求的编曲内容，实现从理论到创作的高效转换。

9.4.2 生成国风音乐

国风音乐以中国传统文化为核心，融合了传统音乐元素（五声音阶、民族乐器等）与现代制作技术，歌词借鉴古诗词等，富有文化底蕴；旋律优美，婉转悠扬；编曲运用古筝等民族乐器，结合现代和声、节奏，兼具传统韵味与现代感。

1. 使用 DeepSeek 生成音乐描述

（1）确定提示词：打开 DeepSeek，输入明确的提示词。如果生成的歌词不符合预期，可以继续输入指令进行优化，如下示例所示。

Q:

请以古代神话为背景，创作一首国风歌词，要求用词典雅，富有诗意，包含主歌、副歌和桥段，主歌部分描述神话故事的情节，副歌部分表达对故事中情感的升华，桥段部分可以加入一些对传统文化元素的描绘。

《九霄引 · 神话书》

【主歌 A1 · 叙事起】“昆仑雪覆满众神阶青鸟衔一卷天命劫伏羲琴弦断惊长夜补天石遗落人间界。”

【主歌 A2 · 情节展】“应龙翼划破云中月鲛人泪凝成沧海珏后羿弓空悬三足鸦嫦娥袖广寒锁千劫。”

……（生成的内容太多，这里不过多描述）

（2）整合信息：从 DeepSeek 生成结果中提取关键信息，如歌词的核心内容、旋律的起伏走向、节奏的快慢变化等，如下示例所示。

请提取上列歌词的关键词，用两个关键词概括，并列出曲风的关键信息。

1. 歌词关键词提炼

（1）神话叙事（昆仑、伏羲、应龙、鲛人等典故群）。

（2）哲思升华（天道/众生、焚身续章等情感内核）。

2. 曲风关键信息

调式体系：五声音阶（宫商角徵羽）为主，规避 4/7 音。

节奏型态：四四拍平稳推进，副歌加入切分音增强张力。

配器组合：古筝（叙事基底）+ 二胡（情感渲染）+ 竹笛（神性色彩）+ 编钟（礼乐重器）。

和声特色：非功能性和声，通过“悬停音”转调（如角→宫）。

影视化手法：前奏/尾奏场景化设计（云海、星火意象），桥段插入文物音效（甲骨、青铜）。

（注：整体风格可定义为“新国风神话史诗”，融合传统戏曲气口与现代影视配乐张力）。

2. 使用网易天音生成国风音乐

（1）登录网易天音：访问并登录网易天音平台。

（2）输入相关内容：在网易天音的相关输入框中输入 DeepSeek 整合的信息，将信息输入“关键字灵感”中或者输入歌词，再填写“段落结构”，选择音乐类型，然后单击“开始 AI 写歌”按钮，如图 9–31 所示。

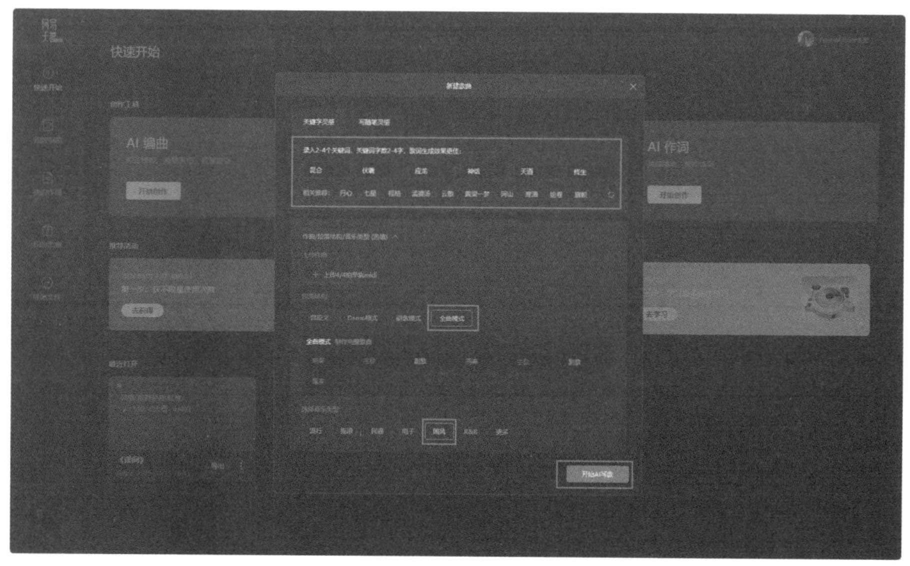

图9–31

（3）试听和生成：生成国风音乐后，跳转到试听界面，在这里可以调整 AI 歌手的声音、调式、伴奏风格等，满意后即可单击“导出”按钮导出文件，如图 9–32 所示。

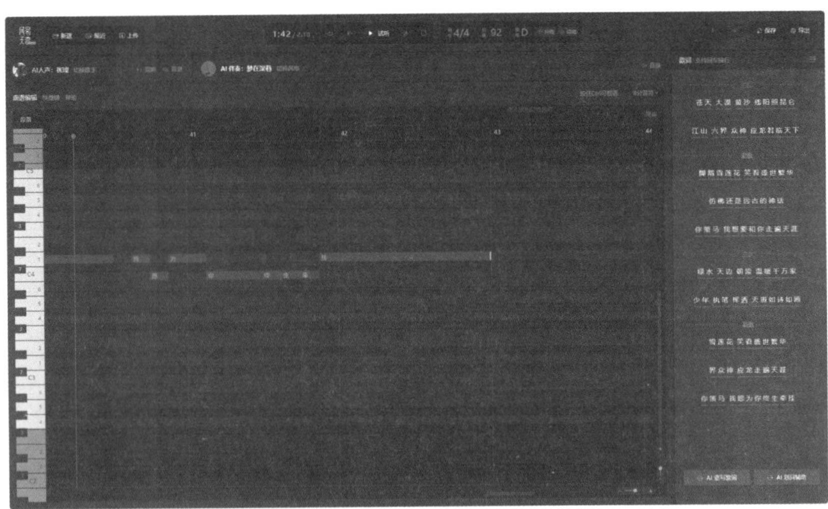

图9–32

9.4.3 生成流行音乐

1. 使用 DeepSeek 生成音乐描述

（1）确定歌曲主题与风格：明确想要创作的流行音乐主题，如爱情、友情、成长等；以及具体的风格方向，如复古流行、电子流行、民谣流行等。

（2）获取旋律灵感：在 DeepSeek 中输入结构化指令，DeepSeek 会基于它学习的大量流行音乐数据生成相应旋律。若对生成结果不满意，可继续细化指令，如“主歌部分旋律再增加一些跳跃感，多使用八分音符来提升节奏活力”。

Q:

请以“青春校园暗恋”为主题，创作一段流行音乐旋律，风格类似周杰伦《简单爱》，整体节奏轻快。

《单车日记》

【主歌 A1】“橡皮盾粘着课本第几页你名字被我写成藏头诗排列走廊风偷看午休时的侧脸心跳声吵醒屋檐的麻雀。”

【主歌 A2】“单车铃摇响放学的章节后座永远留着二十公分空缺篮球场三分球划出抛物线原来抛物线终点是你肩线。”

……（生成内容太多，这里不过多描述）

（3）**整合信息**：从生成结果中提取关键信息，如歌词的核心内容、旋律的起伏走向、节奏的快慢变化等，如下示例所示。

Q:

请提取上列歌词的关键词，用两个关键词概括，并列出曲风的关键信息。

1. 歌词关键词提炼

（1）青涩悸动（藏头诗、心跳声、二十公分空缺等细节）。

（2）遗憾美学（没寄出的信、泛黄书签等未完成感）。

2. 曲风关键信息

节奏型态：轻快四四拍切分节奏（BPM112-118），副歌加入反拍鼓点增强跳跃感。

旋律特点：主歌短乐句重复（模仿说话节奏），副歌五度跳进制造青春冲动感。

配器组合：钢琴（主歌叙事）+口琴（副歌点缀）+电子泡泡糖音色（现代感融合）。

声音设计：环境音采样（铅笔声/篮球入网/课间操广播）强化校园场景感。

演唱处理：慵懒含糊咬字+即兴语气词（嘿/欸），副歌结尾字故意拖拍。

（整体风格定义为“校园气泡流行”，在传统华语流行框架中加入00年代复古电子元素）

2. 使用网易天音生成流行音乐

（1）登录网易天音：访问网易天音平台。

（2）输入相关内容：在网易天音的相关输入框中输入 DeepSeek 整合的信息，将信息输入“关键字灵感”中或者输入歌词，再填写“段落结构”，选择音乐类型，然后单击“开始 AI 写歌”按钮，如图 9-33 所示。

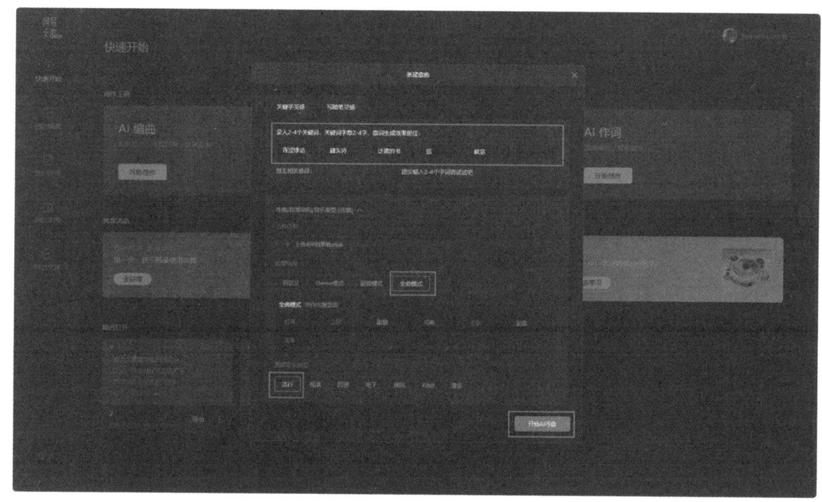

图9-33

（3）试听和生成：生成流行音乐以后，跳转到试听界面，在这里可以调整 AI 歌手的声音、调式、伴奏风格等，满意后即可单击“导出”按钮导出文件，如图 9-34 所示。

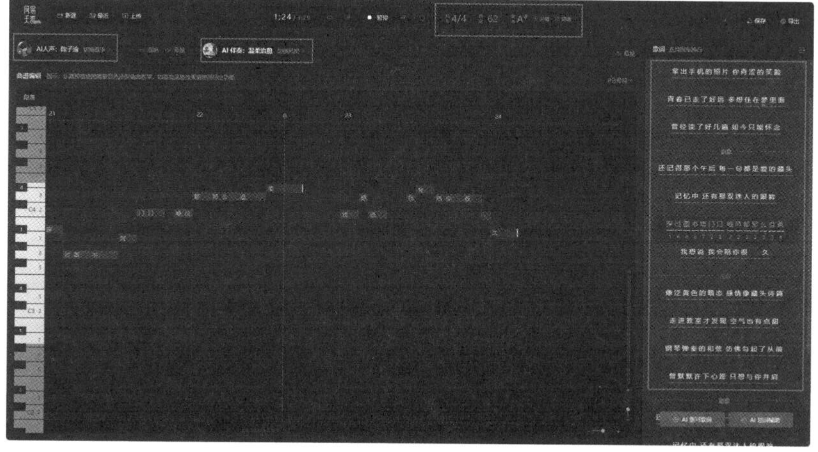

图9-34

第10章 AI视频：玩转视频生成游戏

将 DeepSeek 与其他视频软件结合使用，能够显著提升视频创作效率与创意深度。DeepSeek 可以快速生成脚本、分镜或素材建议，再将生成的提示词借助专业视频软件生成视频，既能减少重复性劳动，又能突破创意瓶颈。本章以将 DeepSeek 与即梦、可灵、白日梦、剪映结合使用为例，展示借助 DeepSeek 生成视频的实际操作。

10.1 DeepSeek + 即梦

即梦支持通过文本描述或简单素材快速生成高质量视频，它的 AI 算法能自动完成画面合成、动态特效，大幅降低创作门槛，尤其适合自媒体、营销、教育等领域用户快速产出专业级视频内容，让创意更自由，制作更轻松。用“DeepSeek + 即梦”生成视频的步骤可以概括为用 DeepSeek 生成脚本或分镜，导入即梦生成视频。接下来，以生成航拍视频、生成科幻视频、制作音乐 MV 为例进行讲解。

10.1.1 生成航拍视频

航拍视频是指通过无人机、直升机等飞行设备从高空拍摄的动态影像，能够以独特的俯视角度展现地面景观和活动，主要用途包括记录自然景观与城市风貌，协助影视作品拍摄高空追逐或全景镜头，满足摄影爱好者创作天空视角艺术作品的需求，现已成为影视制作、商业宣传、新闻传播等领域的重要技术手段。

1. 使用 DeepSeek 生成分镜描述

（1）明确视频主题和细节：若要 DeepSeek 生成精准的航拍分镜描述，建议提供一些核心信息，如航拍的主体、具体地点的特征、运镜风格。

（2）输入提示词，获得分镜描述：将明确好的视频主题和细节发送给 DeepSeek，要求它生成视频分镜描述。下面是相关示例。

Q:

我打算用即梦制作一个航拍视频，视频要求如下：航拍的主体是川西高原地区，视频主要内容是雪山环绕渐远的场景。请针对该场景，帮我生成一个航拍视频的分镜描述。

 川西高原雪山环绕渐远航拍分镜描述（基于即梦制作风格）

分镜 1：雪山初现 · 日照金顶（0:00—0:15）

• 画面：晨雾未散，镜头从贡嘎雪山主峰（海拔 7556m）的雪脊低空切入，阳光穿透云层洒向山巅，金色光芒随雪粒流动蔓延至整座山峰。

• 镜头运动：缓慢推进，聚焦山尖融雪形成的冰晶反光，背景中隐约可见牛背山云海翻涌。

• 视觉元素：雪线分明的棱角、山腰缠绕的带状云雾、山脚冰川裂隙的幽蓝反光。

……（生成内容太多，这里不过多描述）

分镜 5：终极俯瞰 · 大地诗行（1:00—1:15）

• 画面：无人机升至 2000m 高空，以倾斜摄影模式呈现理小路“雪山走廊”——贡嘎、四姑娘山、格聂神山呈弧线排列，晨昏线划过山脉形成明暗分割。

• 镜头运动：45° 斜向拉升，利用光影变化强化山脊立体感。

• 视觉元素：新都桥薰衣草田与雪山的色彩对冲、墨石公园的硫磺地热蒸汽。

DeepSeek 给出了 5 个分镜描述，每个分镜都结合了川西最具代表性的雪山景观与动态运镜逻辑。

2. 使用即梦生成视频

（1）注册与登录：在浏览器中搜索“即梦”，进入主页后使用手机号码注册并登录。如果已有抖音账号，也可以使用抖音扫码登录即梦。

（2）进入创作：单击首页“AI 视频”下的“故事创作”按钮。

（3）输入分镜描述：单击“创建空白分镜”按钮，逐个输入 DeepSeek 生成的 5 个分镜内容，如图 10–1 所示。

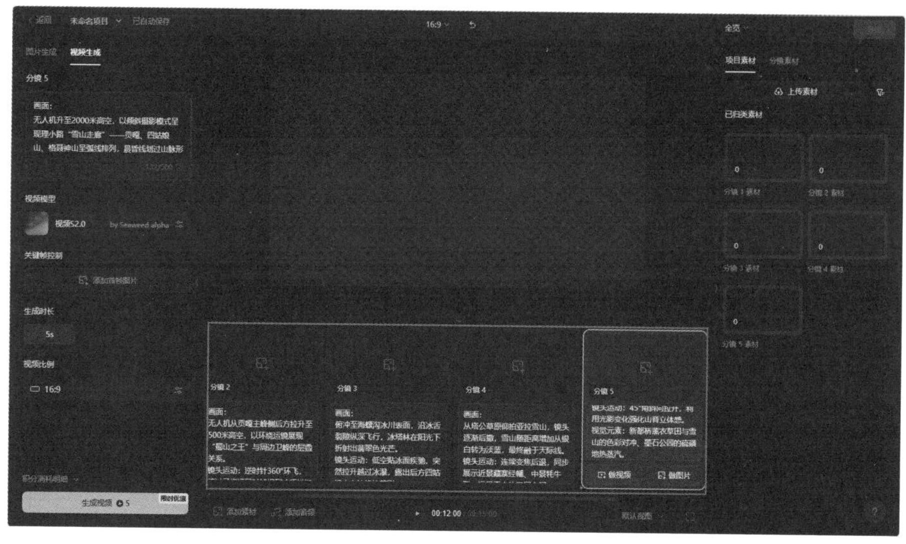

图10–1

（4）生成视频：依次选择每个分镜，单击“做视频”按钮，再单击“生成视频”按钮，生成视频并导出，如图 10–2 所示。

图10–2

10.1.2 生成科幻视频

科幻视频是以科学原理为基础，结合未来科技或虚拟场景创作的影像形式。科幻视频能呈现震撼的视觉效果，如太空战舰、外星文明等超现实画面，主要用于娱乐观赏、科普教育、宣传未来科技概念，以及在影视、广告、展览中营造沉浸式体验，部分作品还会通过虚拟现实技术让观众亲身参与科幻场景互动。

1. 使用 DeepSeek 生成分镜描述

（1）明确视频主题和细节：若要 DeepSeek 生成精准的科幻视频分镜描述，建议提供一些核心信息，如视频时长、视频的世界观与核心设定、标志性场景或道具。

（2）输入提示词，获得分镜描述：将明确的视频主题和细节发送给 DeepSeek，要求其生成视频分镜描述。下面是相关示例。

Q:

我打算用即梦制作一个科幻视频，视频要求如下：视频时长 10 ～ 20 秒，主要场景是未来海底世界，视频主要内容是辉煌的海底世界中，有许多胶囊型的透明建筑，人类与海洋生物在海底和平相处。请针对这个场景，帮我生成一个科幻视频的分镜描述。

以下是为您设计的未来海底世界科幻视频分镜描述，结合即梦平台的生成特点与科幻元素，分镜内容如下：

分镜 1：全景俯瞰海底城市（4 秒）

• 画面主体：镜头从深海上方缓缓下移，展现由无数胶囊型透明建筑组成的未来城市。建筑群呈螺旋状分布，表面流动着淡蓝色能量纹路，穹顶外有半透明的防护罩隔绝海水，内部可见悬浮的空中花园与街道。

• 运镜方式：慢速垂直下降，配合轻微环绕运镜，突出建筑群的立体感。

• 色调：主色调为深海蓝与银灰色，建筑内部透出暖黄色灯光，与外部冷色形成对比。

• 细节：远处有胶囊型列车在透明管道中穿梭，尾部拖曳出流光，背景中发光水母群缓慢飘过。

……（生成内容太多，这里不过多描述）

分镜 4：特写和平共生瞬间（3 秒）

• 画面主体：特写一只巨型鲸鱼缓缓游过城市上空，其背部搭载着生态观测站，人类研究员通过透明舱窗与鲸鱼眼神互动。鲸鱼喷出的水泡中折射出城市全景，最终镜头拉远至深海星空。

• 运镜方式：从鲸鱼眼部特写逐渐后拉，展现全身与城市比例，结尾镜头仰角呈现穹顶外的灿烂星河。

• 色调：鲸鱼皮肤为深蓝与珍珠白渐变，观测站透出橙黄色灯光，水泡折射出七彩光斑。

• 细节：鲸鱼尾鳍装有无害的追踪环，星空背景中隐约可见其他海底城市的遥远光点。

DeepSeek 给出了 4 个分镜描述，可以直接将上述分镜描述输入即梦，使用文生视频功能，按需调整细节参数。

2. 使用即梦生成视频

（1）进入创作：注册登录即梦后可直接进入创作，单击首页“AI 视频”下的“故事创作”按钮。

（2）输入分镜描述：单击“创建空白分镜”按钮，逐个输入 DeepSeek 生成的 4 个分镜内容，如图 10–3 所示。

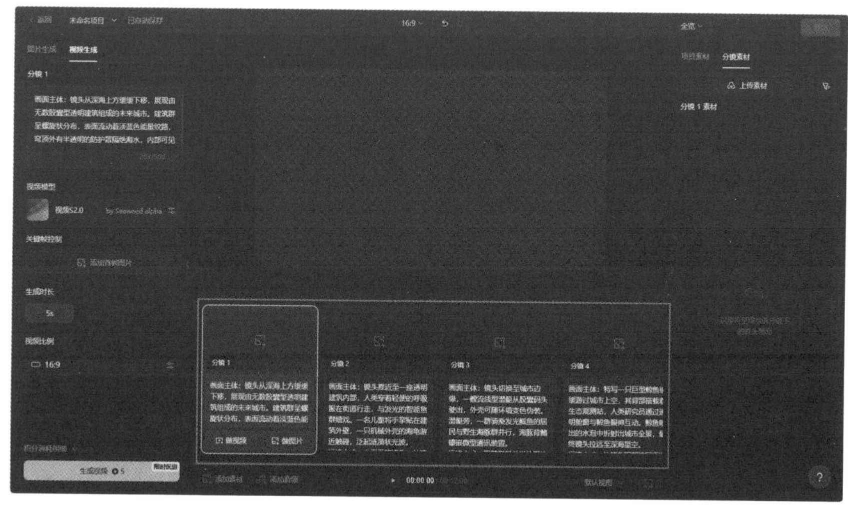

图10–3

（3）生成视频：依次选择每个分镜，单击“做视频”按钮，再单击“生成视频”按钮，生成视频并导出，如图 10–4 所示。

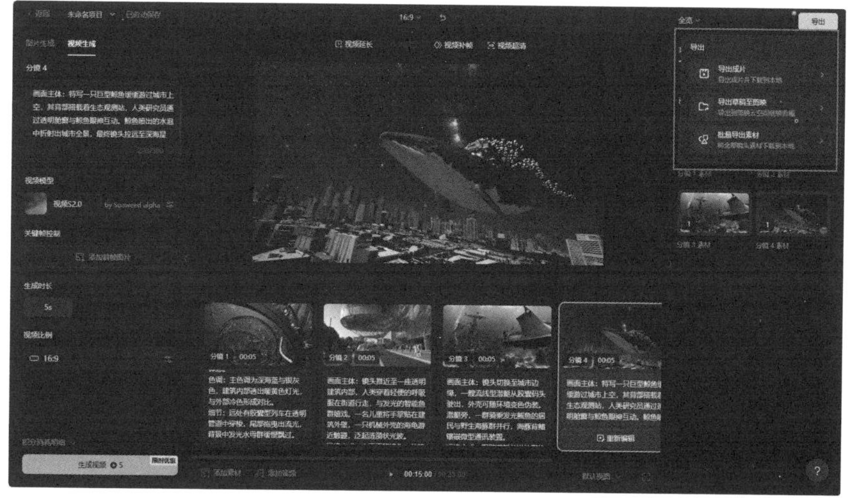

图10–4

10.1.3 制作音乐 MV

音乐 MV 即音乐短片，其将画面与歌曲结合，以无人机、真人表演或动画等方式呈现，核心在于用视觉补充音乐情感，通过震撼画面吸引听众，增强用户体验。

1. 使用 DeepSeek 生成分镜描述

（1）提供音乐歌词与 MV 基础信息：向 DeepSeek 提供完整音乐歌词或关键段落，明确音乐风格，描述 MV 的核心概念、主场景特征、时长。

（2）输入提示词，获得分镜描述：将明确好的音乐信息、MV 信息发送给 DeepSeek，要求其生成视频分镜描述。下面是相关示例。

Q:

我打算用即梦制作一个音乐 MV，音乐信息如下：歌词的关键段落为“好喜欢你，像春天的花朵盛开在夏夜里，像微风吹过雨后泥土的香气”；是一首流行风格的音乐。MV 要求如下：这段歌词的 MV 时长为 10 秒，主场景是月光下开满樱花的街道，街道的灯光照得樱花十分明亮，只有景色没有人物。请针对这个场景，帮我生成一个音乐 MV 的分镜描述。

基于即梦的 AI 视频生成功能和 MV 分镜设计要点，以下是为您定制的 10 秒音乐 MV 分镜描述（无人物纯景色）。

分镜 1：月光街道全景（0～2 秒）

• 画面描述：俯视视角下的樱花街道全景，月光透过薄云形成朦胧光晕，街道两侧樱花树形成粉白色隧道。使用即梦的柔焦滤镜增强月光质感，地面铺设反光水洼映射樱花倒影。

• 运镜方式：缓慢推进镜头模拟漫步进入街道的观感，配合动态模糊增强运动轨迹真实性。

• 特效提示：在场景提示词中添加“月光粒子穿过樱花间隙，街道灯光产生星芒衍射效果”，激活光效渲染引擎。

……（生成内容太多，这里不过多描述）

• 分镜 4：街道粒子消散（7～10 秒）

• 画面描述：街道全景视角中樱花静止后逆向飘向天空，地面水洼倒影与实体花瓣形成镜像对称运动。

• 运镜方式：无人机撤退镜头配合动态变焦，3 秒内从 35 毫米焦距切换至 16 毫米超广角。

• 收尾特效：添加光粒子渐隐效果，残留发光花瓣轨迹呼应歌词“盛开在夏夜里”。

DeepSeek 为关键歌词生成了 10 秒的分镜描述，下面即可将分镜描述导入即梦，生成音乐 MV。

2. 使用即梦生成视频

（1）进入创作：注册登录即梦后可直接进入创作，单击首页“AI 视频”下的“故事创作”按钮。

（2）输入分镜描述：单击“创建空白分镜”按钮，逐个输入 DeepSeek 生成的 4 个分镜内容，如图 10-5 所示。

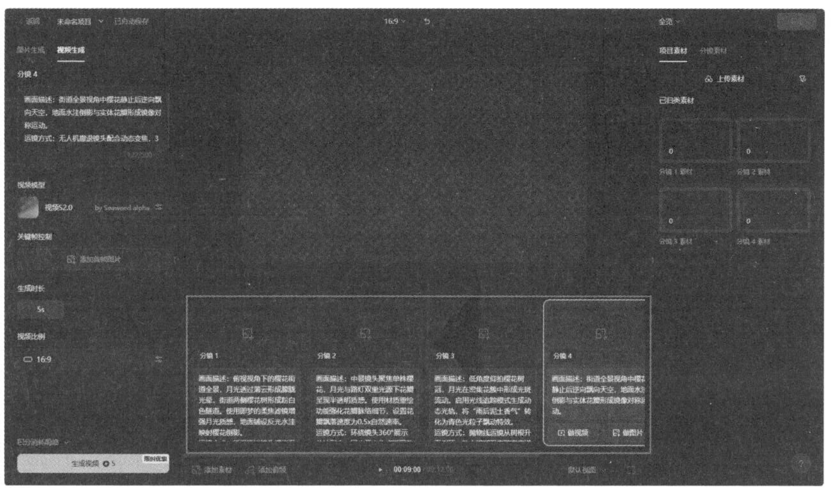

图10–5

（3）生成视频：依次选择每个分镜，单击“做视频”按钮，再单击“生成视频”按钮，生成视频并导出，如图 10–6 所示。

图10–6

10.2 DeepSeek + 可灵

可灵视频生成功能支持通过文本、语音、草图甚至动态捕捉（如手势轨迹）实时生成高精度视频，可以自定义物理仿真效果（如流体、布料运动）与艺术风格（3D 卡通 / 水墨晕染），大幅降低影视级动态特效门槛，适配广告、动画及短视频创作。用 DeepSeek + 可灵生成视频的步骤可以概括为先用 DeepSeek 优化提示词，再将提示词导入可灵生成视频。接下来，以生成卡通动画、生成国风短片、生成创意特效视频为例进行讲解。

10.2.1 生成卡通动画

卡通动画是通过连续播放静止画面制造动态效果的艺术形式，常以夸张、幽默的手法表现角色或故事，主要用于娱乐观赏、文化传播、商业推广、艺术创作等。现代卡通动画已从传统影视扩展至虚拟现实、短视频平台等多元领域，成为连接大众文化与科技创新的重要媒介。

1. 使用 DeepSeek 生成提示词

（1）描述需求，生成提示词：向 DeepSeek 输入具体需求，如人物形象、动画效果。下面是相关示例。

Q:

我需要用可灵制作一个卡通动画视频，请你根据我的要求生成可以运用在可灵的文生图提示词，人物形象是电影《哪吒 2》中的哪吒，要求人物 360° 旋转并带花瓣飘落特效。

根据你的需求，结合《哪吒 2》角色特征和可灵 AI 的视频生成特性，以下是为文生图功能设计的提示词及创作思路解析。

1. 核心提示词模板

《哪吒 2》中的哪吒形象，红发冲天造型，赤脚踏风火轮，混天绫缠绕手臂，身着莲花纹肚兜，3D 卡通渲染风格，全身 360° 缓慢旋转展示，动态花瓣环绕飘落特效，背景为云雾缭绕的仙境，电影级光影质感，8K 超清画质。

……（生成内容太多，这里不过多描述）

3. 进阶提示词变体

特写镜头：哪吒面部表情从顽皮到坚毅渐变，手持火尖枪旋转突刺，枪尖划出火焰轨迹，樱花花瓣在气浪中爆破飞散，慢动作展示发丝飘动细节，背景出现动态雷电特效。

4. 可灵操作注意事项

……（生成内容太多，这里不过多描述）

DeepSeek 给出了文生图的提示以及可灵操作建议，但关键词过于烦琐，需要进行进一步优化。

（2）**优化提示词**：可灵官方给出的文生图提示技巧如图 10-7 所示，可以将该技巧和优化要求发送给 DeepSeek，要求其根据该格式对提示词进行优化。下面是相关示例。

Who	What	When	Where	Why	How
谁	长什么样	什么时候	在哪里	做什么	画面细节什么样

图10–7

Q:

请你根据“谁＋长什么样＋什么时候＋在哪里＋画面细节什么样”的格式，优化上面的提示词，并用一句话表述出来。不要点列式表达，要求尽量使用简单词语和句子结构，画面内容尽可能简单。

优化后的提示词：

魔童哪吒（红发双髻，脚踩风火轮）在云雾缭绕的仙境中缓慢旋转，身边飘落粉色花瓣，混天绫随身体转动飘舞，乾坤圈在腰间闪烁金光。

DeepSeek 将镜头语言按照可灵官方的技巧格式进行优化描述后，接下来就可以将优化后的提示词导入可灵。

2. 使用可灵生成视频

（1）注册与登录：在浏览器中搜索“可灵”，进入主页后使用手机号码注册并登录。如果已有快手账号，也可以使用快手扫码登录可灵。

（2）进入创作：单击首页左侧栏中的“AI 图片”按钮，再单击“文生视频”按钮。

（3）输入创意描述：将 DeepSeek 给出的创意描述导入可灵，在这里可以选择想要的图片规格，如图 10–8 所示。

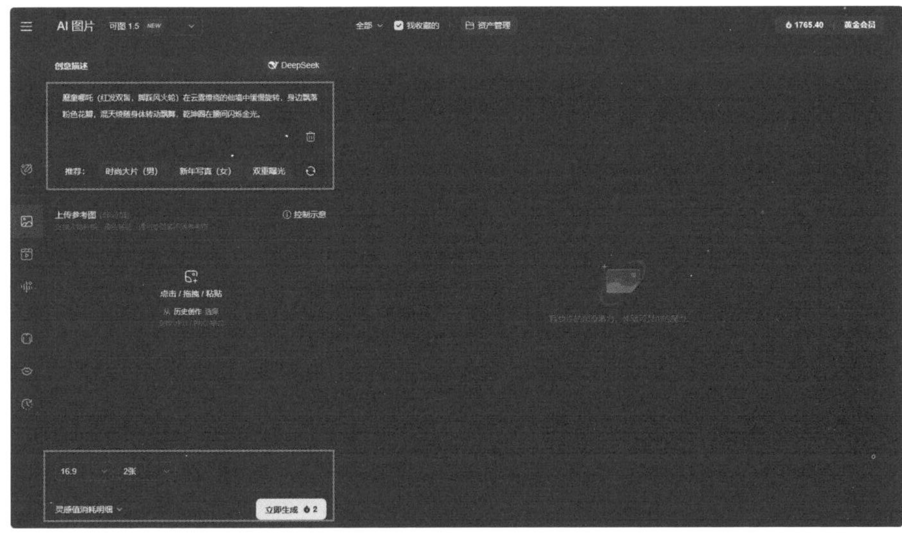

图10–8

（4）生成视频：生成图片后，单击“生成视频”按钮，选择首尾帧图片，并输入 DeepSeek 给出的提示词描述，如图 10–9 所示。生成好的视频可以单击“下载”按钮导出，如图 10–10 所示。

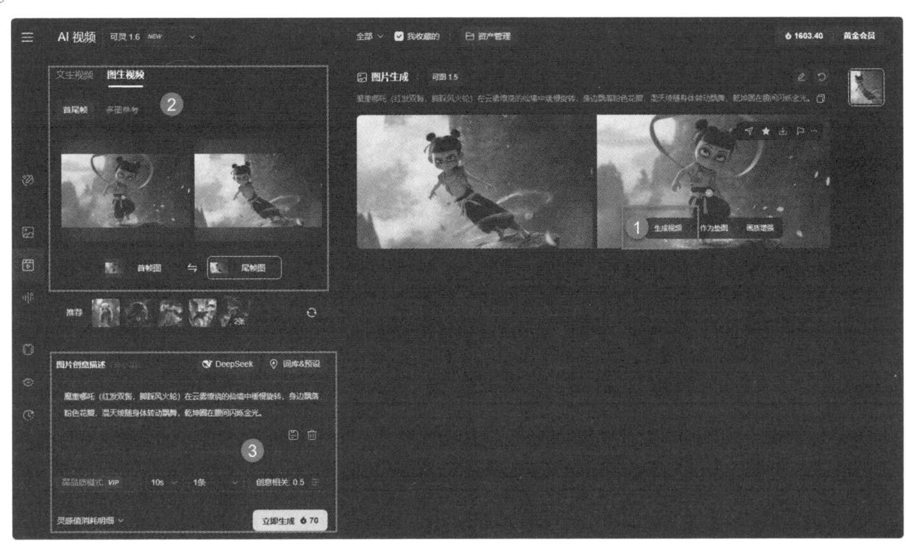

图10–9

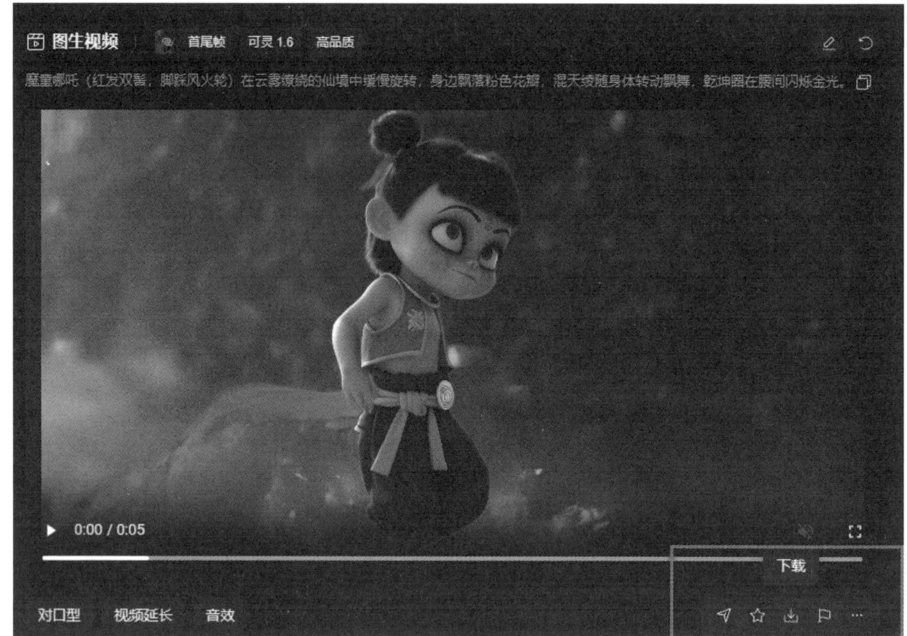

图10–10

10.2.2 生成国风短片

国风短片是以中国传统文化为核心，融入现代技术与审美的视频形式。国风短片通过汉服、古典场景、传统音乐等元素展现历史故事或文化意境，其核心在于用唯美画面传递文化价值并引发情感共鸣。

1. 使用 DeepSeek 生成提示词

（1）描述需求：向 DeepSeek 输入具体需求，如视频主题、画面描述。下面是相关示例。

Q:

我需要用可灵制作一个国风短片，请你根据我的要求生成可以运用在可灵的文生图提示词。要求：视频内容为文言文《桃花源记》中的场景，主要画面是粉白色的桃花林沿溪岸蜿蜒展开，花瓣随风飘落，淡墨晕染的溪水泛起涟漪，视频偏向水墨风格。

以下是针对《桃花源记》国风水墨短片的可灵文生图提示词方案，包含画面核心元素与风格化表达：

1. 主体场景

“水墨风世外桃源全景，粉白色桃花林沿青石溪岸蜿蜒绵延，工笔勾勒的桃枝向水面倾斜，花瓣以半透明笔触飘落轨迹，淡墨晕染的溪水泛起涟漪波纹，远处层叠山峦笼罩在雾霭中，若隐若现的茅草屋檐藏于桃林深处。”

……（生成内容太多，这里不过多描述）

5. 文化元素

“远景处用书法飞白技法呈现《桃花源记》文字残影，溪石旁点缀青花瓷风格陶罐，空中掠过工笔白鹤群。”

DeepSeek 给出了包含 5 个方面元素的提示词方案，但是表达比较零散，需要进行进一步优化，将其整合为简单的提示词描述。

（2）优化提示词：可以将可灵官方给出的文生图提示技巧和优化要求发送给 DeepSeek，要求它根据该格式对提示词进行优化。下面是相关示例。

Q:

请你根据“谁 + 长什么样 + 什么时候 + 在哪里 + 画面细节什么样”的格式，优化上面的提示词，并用一句话表述出来，不要点列式表达，要求尽量使用简单词语和句子结构，画面内容尽可能简单。

根据要求优化后的提示词：

"清晨薄雾中，渔夫沿粉色桃花林间的溪流划船，花瓣随风飘落在泛起涟漪的水面，远处水墨晕染的山脚下露出茅草屋檐，整体呈现水墨动画风格。"

DeepSeek 将提示词控制在简单句结构内，保留了核心视觉元素，移除了非必要文化符号与运镜术语，接下来即可直接将优化后的提示词导入可灵。

2. 使用可灵生成视频

（1）进入创作：注册登录可灵后可直接进入创作，单击首页左侧栏中的“AI 图片”按钮，再单击“文生视频”按钮。

（2）输入创意描述：将 DeepSeek 给出的创意描述导入可灵，在这里可以选择自己想要的图片规格，如图 10-11 所示。

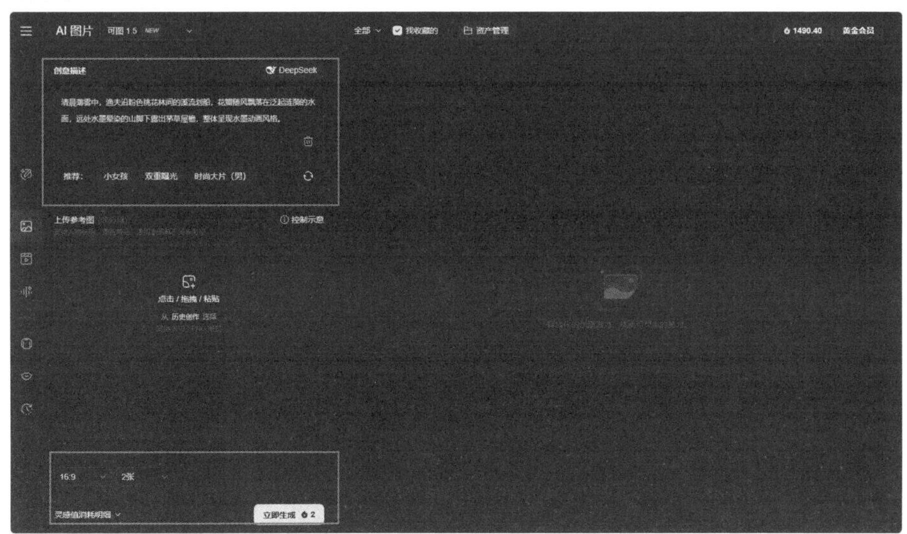

图10-11

（3）生成视频：生成图片后，单击“生成视频”按钮，选择首尾帧图片，并输入 DeepSeek 给出的提示词描述，如图 10-12 所示。生成好的视频可以单击“下载”按钮导出，如图 10-13 所示。

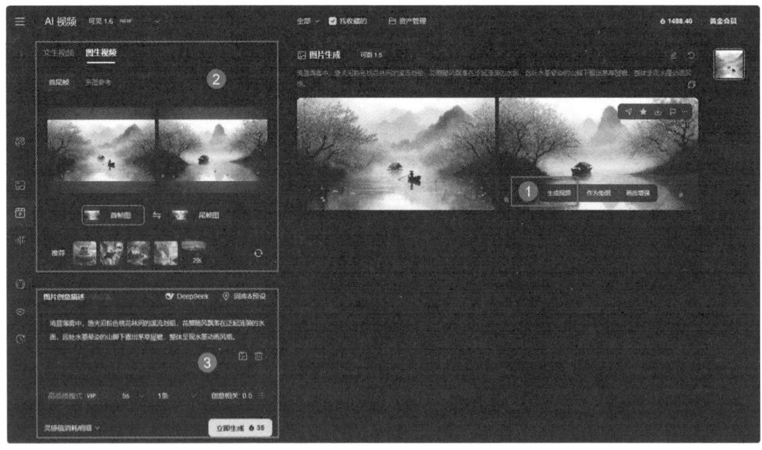

图10–12

图10–13

10.2.3 生成创意特效视频

创意特效视频是指通过计算机生成的虚拟场景、实拍画面与后期软件添加效果结合，创造出的超现实的视觉体验，如爆炸、奇幻生物或时空穿越。创意特效视频主要用于电影、广告中增强故事表现力，短视频平台吸引观众互动，科普教育中简化复杂概念，以及艺术创作中表达独特想象力。随着 AI 技术的发展，特效制作门槛降低，普通用户也能通过智能工具实现创意特效。

1. 使用 DeepSeek 生成提示词

（1）描述需求：向 DeepSeek 输入具体需求，如视频主题、画面描述。下面是相关示例。

Q:

我需要用可灵制作一个创意特效视频，请你根据我的要求生成可以运用在可灵的文生图提示词，主要场景是一架高空飞行的飞机，要求飞机变成一只鸟，并且扑动翅膀。

以下是针对您需求的文生视频提示词设计及优化建议，结合可灵大模型的功能特性进行多角度适配。

1. 基础版提示词框架

“无人机高空跟拍视角，一架波音747客机在平流层平稳飞行，机翼突然出现金色裂纹特效，金属蒙皮逐渐羽化成数百万片发光羽毛。随着镜头360°环绕，飞机头部变形为猛禽的喙部，涡轮引擎同步幻化为拍打中的巨型翅膀，每片羽毛都呈现空气动力学纹理。背景呈现电离层极光波动，翼尖涡流产生彩虹色粒子拖尾，慢动作展现羽化过程的金属流体质感。”

2. 进阶特效增强方案

……（生成内容太多，这里不过多描述）

可以看出DeepSeek给出的提示词专业性较强，不够通俗易懂，需要继续进行优化。

（2）优化提示词：可以将可灵官方给出的文生图提示技巧和优化要求发送给DeepSeek，要求其根据该格式对提示词进行优化。下面是相关示例。

Q:

请你根据“谁＋长什么样＋什么时候＋在哪里＋画面细节什么样”的格式，优化上面每个镜头的提示词，并用一段话表述出来，不要点列式表达，要求尽量使用简单词语和句子结构，画面内容尽可能简单。

一架银色的飞机白天在高空云层上平稳飞行时，突然从头部开始变成闪着金光的大鸟，翅膀用力拍动时甩出发亮羽毛，每片羽毛拖着白色气流尾巴划过蓝色天空。

DeepSeek将每一个要素都进行了对应，将复杂的提示词优化为了简单的表述，接下来即可将优化后的提示词导入可灵。

2. 使用可灵生成视频

（1）进入创作：注册登录可灵后可直接进入创作，单击首页左侧栏中的“AI图片”按钮，再单击“文生视频”按钮。

（2）输入创意描述：将DeepSeek给出的创意描述导入可灵，在这里可以选择自己想要的图片规格，如图10-14所示。

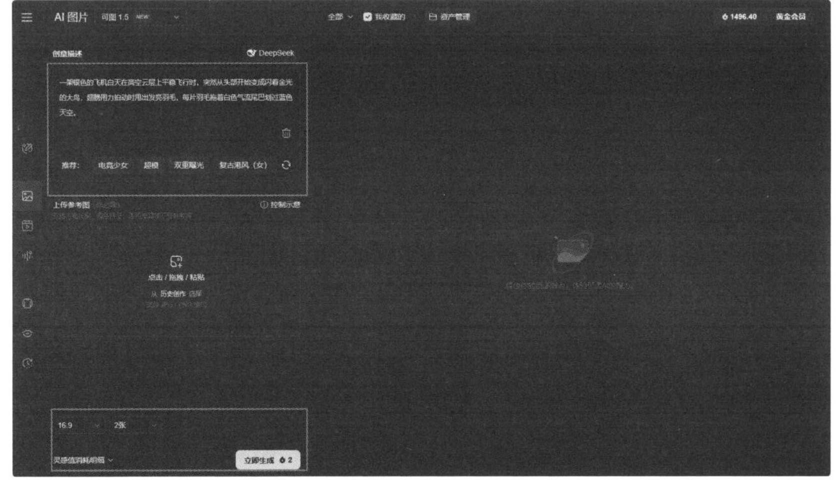

图10-14

（3）生成视频：生成图片后，单击“生成视频”按钮，选择首尾帧图片，并输入 DeepSeek 给出的提示词描述，如图 10–15 所示。生成好的视频可以单击“下载”按钮导出，如图 10–16 所示。

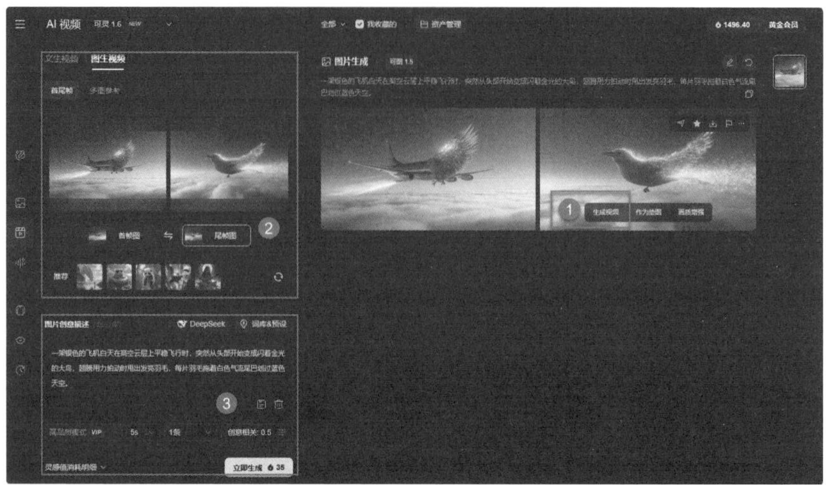

图10–15

图10–16

10.3 DeepSeek + 白日梦

白日梦 AI 视频生成功能主打“一句话生成大片”，用户只需输入文字描述，如儿童故事或广告创意，其就能自动生成最长 6min 的视频，包含分镜、角色动作和场景切换。白日梦操作简单，无须剪辑技能，支持多样的视频风格，生成的视频适用场景广，儿童绘本、小说推广、广告片都适配；还能输出图文模式，方便讲故事。用 DeepSeek + 白日梦生成视频的步骤可以概括为先用 DeepSeek 生成故事，再导入白日梦生成视频。接下来，以制作美食广告片、制作影视解说视频、制作宫崎骏风格动画为例进行讲解。

10.3.1 制作美食广告片

美食广告片是通过动态画面展现食物色泽、香气与制作过程的视觉内容，用高清镜头捕捉细节，结合食材来源、烹饪技艺与背后的文化故事传递品牌理念，最终在社交平台、外卖软件等多渠道传播，能激发观众食欲并促进消费决策，帮助餐饮品牌提升知名度与市场竞争力。

1. 使用 DeepSeek 获得制作步骤

（1）**明确食物类型和材料：**若要 DeepSeek 生成精准的美食广告片制作步骤，建议提供一些核心信息，如美食类型、具体的食物用料。

（2）**输入提示词，获得制作步骤：**将明确好的食物类型、用料发送给 DeepSeek，要求其提供一个详细的制作步骤。下面是相关示例。

Q:

我需要你为我提供一款美食的详细制作步骤，这款美食是“老式鸡蛋糕”，需要用到鸡蛋、牛奶、面粉等。

以下是根据多个经典配方整理的老式鸡蛋糕制作步骤，综合了传统工艺与现代改良，特别加入了牛奶元素以提升口感。

材料：鸡蛋 4 个（常温）、低筋面粉 100 克、细砂糖 80 克、全脂牛奶 30 毫 升、玉米油 / 无味植物油 30 毫 升、香草精 2 滴（可选，去腥增香）、白芝麻适量（装饰用）。

制作步骤

1. 准备工作

（1）材料回温：鸡蛋提前 2 小时从冰箱取出至常温（冷蛋不易打发）。

（2）工具处理：打蛋盆保证无水无油；模具刷薄油或垫纸托（传统做法需刷油，现代多用油纸托）；烤箱预热，上下火 170℃开始预热（需提前 15 分钟）。

……（生成内容太多，这里不过多描述）

5. 脱模保存

（1）出炉处理：立即倒扣晾架防回缩、自然冷却后脱模。

（2）最佳赏味：常温保存 3 天，冷藏可存 1 周（复烤 2 分钟恢复酥脆）。

DeepSeek 能提供详细的材料准备与步骤解析，接下来即可将该详细的制作步骤导入白日梦，生成美食广告片。

2. 使用白日梦生成视频

（1）注册与登录：在浏览器中搜索“白日梦”，进入主页后，使用手机号码注册并登录白日梦。

（2）进入创作：单击首页“AI 文生视频”中的“新建视频”按钮。

（3）输入制作步骤：将从 DeepSeek 获得的详细制作步骤粘贴至“使用我的故事”，在这里可以选择视频规格与风格，选择完毕后单击“拆解分镜”按钮，如图 10-17 所示。

（4）生成图片：拆解分镜后，需要选择角色形象。因为美食广告片无人物形象，所以这里直接单击“下一步”按钮，如图 10-18 所示，等待图片生成。

（5）图片转动态视频：所有图片生成后，如果想要画面动起来，可以选择一步步更改画面提示词，单击“重新绘制”按钮，直到得到符合预期的图片，并在“历史图片中”选择合适的图片。确定每个画面都没有问题后，将每个画面都转为动态，单击“转动态”按钮，如图 10–19 所示。

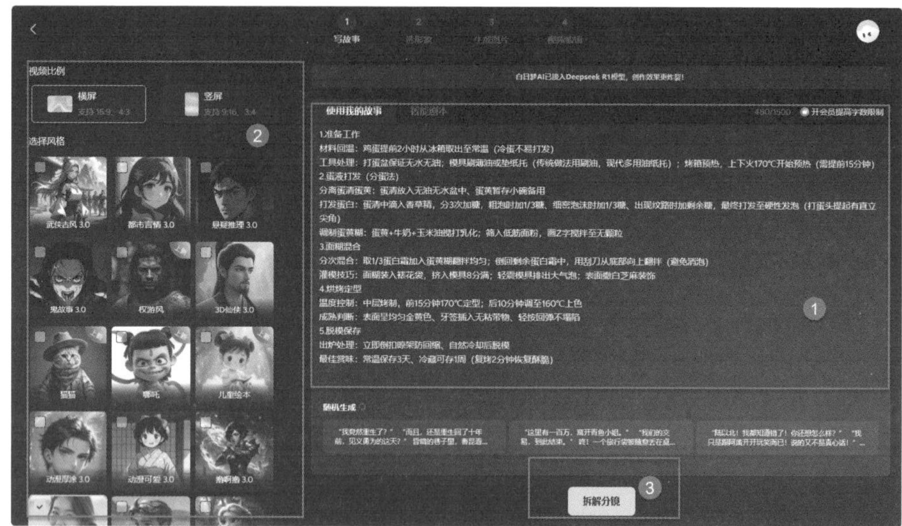

图10–17

图10–18

图10–19

（6）生成视频：将每个画面转为动态完毕后，对视频的封面、字幕、背景音乐进行编辑，单击“生成视频”按钮，如图 10–20 所示。生成好的视频可以选择下载或直接发布，如图 10–21 所示。

图10-20

图10-21

10.3.2 制作影视解说视频

影视解说视频是通过剪辑电影片段并配合讲解，帮助观众快速理解剧情、主题及背后文化意义的视频形式，影视解说视频既能节省人们的观影时间，又可以提升人们的艺术鉴赏力，适用于短视频平台推广、教育领域简化复杂情节、商业营销展示产品文化价值。结合 AI 技术，可以降低影视解说视频制作门槛，推动电影文化传播与观众互动。

1. 使用 DeepSeek 生成解说文案

（1）明确影片信息和视频风格：包括解说作品的名称、解说的关键剧情、语言风格、文案结构设计、视频时长等。

（2）输入关键词，生成解说文案：将明确好的影片信息、视频风格发送给 DeepSeek，要求其生成一篇解说文案。下面是相关示例。

Q:

我需要你为我生成一个文案，要求简单讲述故事情节，使用描述性的语言，采用简单的语言结构。影片信息为《隐秘的角落》张东升扔岳父的场面，视频要求为悬疑恐怖风格。

【悬疑暗涌 · 三分钟沉浸式剪辑】

（开场：蝉鸣渐强，镜头掠过被晒得发白的石阶）画面从嶙峋的六峰山岩壁下拉起，张东升的白衬衫后襟渗出深色汗渍。岳父的登山杖叩击花岗岩的脆响在峡谷间回荡，带着令人烦躁的节奏。老夫妇的抱怨声混着三十七度高温黏在空气里："这么陡的路，非要今天来拍……"

……（生成内容太多，这里不过多的描述）

（收尾：环境音重新入侵）镜头切近——张东升的手在颤抖。乌鸦掠过他凝固的假笑，远处观景台闪过三个小小身影。当最后一声撞击闷响从谷底传来，他对着空荡荡的山崖举起相机，快门声惊飞了整山的蝉。

DeepSeek给出的解说文案包括画面、旁白、字幕3个方面的内容，为了白日梦更好地生成解说视频，只需要保留旁白的内容，故需要求DeepSeek对解说文案进行简化。

（3）优化解说文案：将DeepSeek给出的复杂解说文案优化成可以粘贴至白日梦使用的文案。下面是相关示例。

Q:

请你对上面的解说文案进行简化，删去画面及字幕内容，仅保留旁白，并用描述性的语言将故事情节简单说明，不需要穿插对话。

（精简旁白版）

烈日炙烤着六峰山的石阶，张东升衬衫后背洇着汗渍，沉默地跟在抱怨山路陡峭的岳父岳母身后。行至悬崖转角处，他弯腰替老人系鞋带时，手指在嶙峋的岩石边缘颤抖。山风卷走妇人颈间的红丝巾刹那，那双戴着婚戒的手猛然发力——惊呼声撞碎在峭壁之间，两个身影如断线木偶般坠向深渊。崖顶的男人凝视着三百米下扬起的尘烟，喉结滚动着吞咽下最后一丝犹豫，却在转身时发现观景台栏杆后，三双孩童的眼睛正凝固了这场盛夏的谋杀。快门声惊起漫山蝉鸣时，他的微笑比山涧暗影更森冷。

DeepSeek将解说中的旁白均提取出来，接下来即可将其直接导入白日梦，生成解说视频。

2. 使用白日梦生成视频

（1）进入创作：注册登录白日梦后可直接进入创作，单击首页“AI文生视频”中的“新建视频”按钮。

（2）输入解说文案：将从DeepSeek获得的解说文案粘贴至“使用我的故事”，在这里可以选择视频规格与风格，选择完毕后单击“拆解分镜”按钮，如图10-22所示。

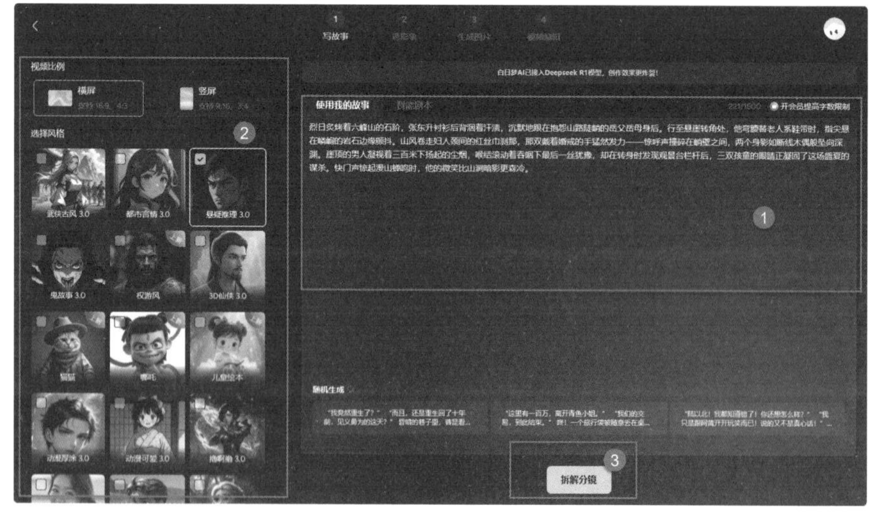

图10-22

（3）生成图片：拆解分镜后，可以调整白日梦智能生成的分镜，并选择合适的角色形象。单击“下一步”按钮，生成图片，如图 10–23 所示。

图10–23

（4）图片转动态视频：所有图片生成后，如果想要画面动起来，可以选择一步步更改画面提示词，单击“重新绘制”按钮，直到得到符合预期的图片，并在“历史图片中”选择合适的图片。确定每个画面都没有问题后，将每个画面都转为动态，单击“转动态”按钮，如图 10–24 所示。

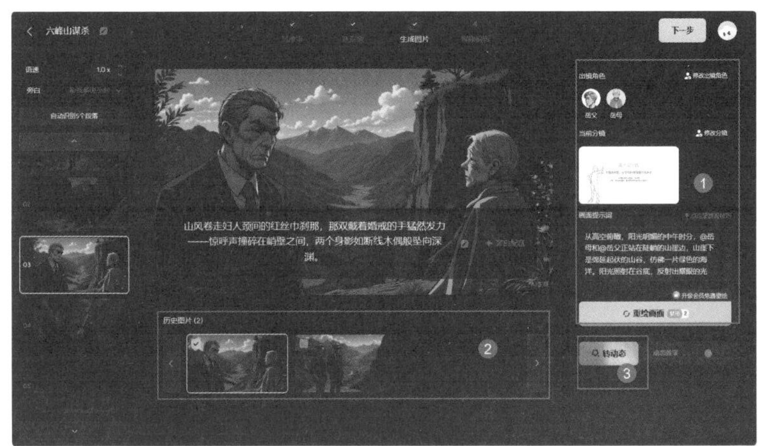

图10–24

（5）生成视频：将每个画面转为动态后，对视频的封面、字幕、背景音乐进行编辑，单击“生成视频”按钮，如图 10–25 所示。生成好的视频可以选择下载或直接发布，如图 10–26 所示。

图10–25

图10-26

10.3.3 制作宫崎骏风格动画

宫崎骏风格动画以手绘画面传递人与自然共融、反战和平等主题，角色多为外表柔弱内心坚强的女性，反派常兼具善恶复杂性，画面偏爱绿色自然与冷暖色调切换以烘托情绪，音乐与故事浑然一体，融入日本传统元素及多元文化符号，兼具童真幻想与人文深度。

1. 使用 DeepSeek 生成故事文案

（1）明确故事基础信息：包括故事核心主题、输出的价值观、主要人物设定、故事篇幅等。

（2）输入关键词，生成故事文案：将明确好的故事基础信息发送给 DeepSeek，要求其生成一篇故事文案。下面是相关示例。

Q:

我需要你为我生成一篇宫崎骏风格动画的故事文案，故事核心主题是通过女孩与森林精灵的互动，展现人类与自然的和谐共生关系，主要人物为活泼的粉发双马尾女孩及人脸有翅膀的森林精灵。故事篇幅控制在 300 字左右，要求直接叙述女孩与精灵的相处情节。

《风语蒲公英》

晨雾未散时，粉发女孩小葵溜进了禁林。她的双马尾上沾满露水，赤脚踏过溪流里发光的青苔，却在一处被藤蔓缠绕的岩洞前停住了脚步——那里蜷缩着只巴掌大的森林精灵，浅绿色翅膀裂开细纹，半透明躯体正随着呼吸频率忽明忽暗。

"你受伤了？"小葵从腰间皮囊中掏出蒲公英膏药，这是奶奶教她用百年橡树汁调制的秘方。精灵露娜睁开翡翠色眼睛，看着女孩指尖沾着膏药在翅膀裂缝处轻点，那些金色光粒突然像星辰般漂浮起来，将整个岩洞映成流动的银河。

她们在萤火虫环绕的树屋里养伤七日。小葵发现露娜翅膀每次扇动，都会抖落带着松木清香的发光粉末，这些粉末能让枯萎的铃兰重新挺直腰杆。作为回报，女孩教精灵辨认人类世界的草药图谱，用芦苇杆在溪面写下的文字会变成游动的锦鲤。

当月夜祭典来临，她们共同发现溪水上游的污染源——生锈的机械零件正蚕食着水精灵的生命。小葵用铁匠铺学来的技巧融化金属，露娜将光粉撒进沸腾的溶液，液态金属竟化作银色蝴蝶群，衔着净化后的清泉飞向森林每个角落。

2. 使用白日梦生成视频

（1）进入创作：注册登录白日梦后可直接进入创作，单击首页“AI 文生视频”中的“新建视频”按钮。

（2）输入解说文案：将从 DeepSeek 获得的解说文案粘贴至“使用我的故事”，在这里可以选择视频规格与风格（注意，这里的风格需要选择“宫崎骏”），选择完毕后后单击“拆解分镜”按钮，如图 10–27 所示。

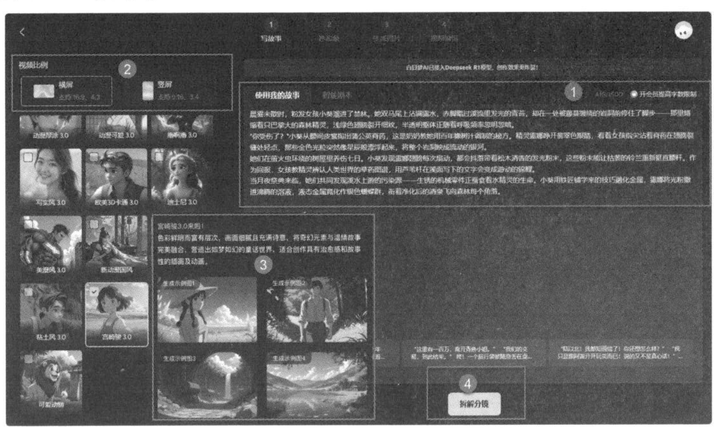

图10–27

（3）设定人物形象：宫崎骏风格的动画都有一些特殊的拟人化动物形象，所以可以在设定角色形象时创建独特的新形象。在“选形象”时选择“新增角色”，在创建形象时，设定好形象基础信息、形象风格并输入形象提示词，如图 10–28 所示。

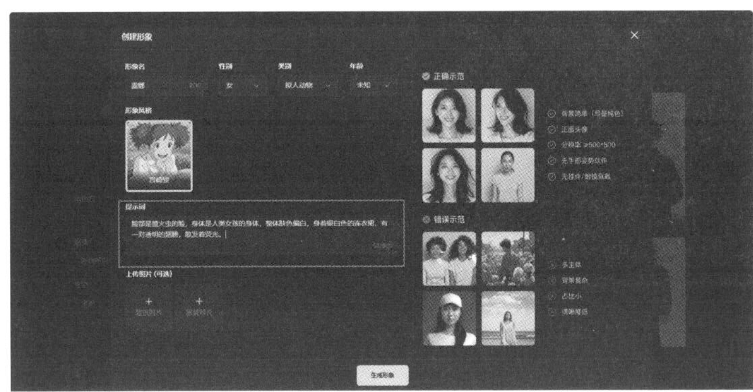

图10–28

（4）生成图片：选择合适的角色形象，单击“下一步”按钮，生成图片，如图 10–29 所示。

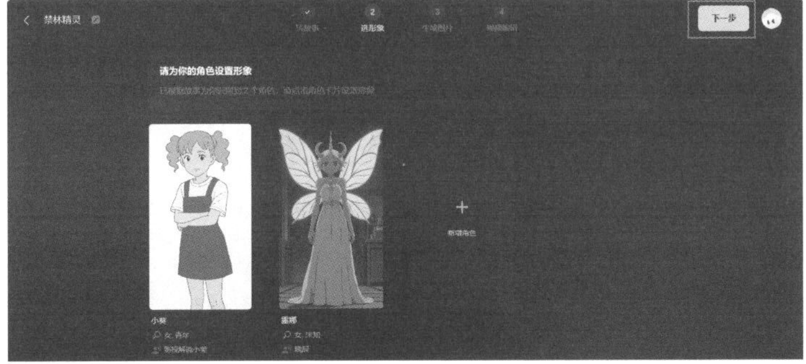

图10–29

（5）图片转动态视频：所有图片生成后，如果想要画面动起来，可以选择一步步更改画面提示词，单击“重新绘制”按钮，直到得到符合预期的图片，并在“历史图片中”选择合适的图片。确定每个画面都没有问题后，将每个画面都转为动态，单击“转动态”按钮，如图 10–30 所示。

图10–30

（6）生成视频：将每个画面转动态完毕后，对视频的封面、字幕、背景音乐进行编辑，单击“生成视频”按钮，如图 10–31 所示。生成视频后，用户可以选择下载保存或直接发布，如图 10–32 所示。

图10–31

图10–32

10.4 DeepSeek + 剪映

剪映的视频生成功能主打“让普通人轻松做出专业视频”，其自带海量模板、滤镜、音乐以及素材；能自动调节画面亮度、加字幕，可一键实现抠图换背景，效果专业。用 DeepSeek + 剪映生成视频的步骤可以概括为用 DeepSeek 生成脚本，准备好视频素材，导入剪映生成视频。接下来，以生成带货视频、生成旅游攻略视频、生成美食教学视频为例进行讲解。

10.4.1 生成带货视频

带货视频是通过短视频平台展示商品细节、使用场景或剧情植入吸引观众下单的推广形式。带货视频用真实体验替代传统图文说明，结合直播互动、用户评价等元素缩短消费决策时间，既能提高商品转化率，又能帮助商家低成本塑造品牌形象，常见于电商平台首页、社交媒体及直播间引流。

1. 使用 DeepSeek 生成带货文案

（1）明确带货文案需求：包括产品类型、视频时长、目标人群和视频风格等。

（2）输入提示词，获取带货文案：将明确好的带货需求发送给 DeepSeek，要求其输出一篇带货文案。下面是相关示例。

Q:

生成一个 15 秒的早餐饼干的带货台词文案，视频内容主要体现饼干的薄脆，要求开头体现饼干的原材料为面粉鸡蛋，中间突出产品的薄脆，结尾提供促销活动引导购买。

（镜头特写）清晨的阳光洒在金黄面饼上，画外音起：“精选阳光麦粉 + 农家鲜鸡蛋，揉出清晨第一缕香气！”

（清脆“咔嚓”声效中，薄饼被掰成透光碎片）“0.1 毫米薄脆工艺，咔嚓一声酥透晨光！比薯片更脆，比晨露更轻盈～”。

（画面切至促销弹窗）“现在下单立享【买 2 赠 1】，打工人的元气秘籍限时开抢！”

DeepSeek 给出的文案包含画面信息，但剪映成片时只能识别台词，因此需要 DeepSeek 进一步优化文案。

（3）优化带货文案：将具体优化要求（如改变输出格式、改变文案字数、删减或添加内容）发送给 DeepSeek。下面是相关示例。

Q:

优化上面的文案，只保存文案中的台词部分，将画面等内容删除。

精选阳光麦粉 + 农家鲜鲜蛋，揉出清晨第一缕香气！

0.1 毫米薄脆咔吡爆响！比薯片酥，比晨露脆～

买 2 赠 1 限时抢！打工人的元气薄脆，手慢无！

DeepSeek 按要求对文案进行了优化，只保留台词部分，剔除了冗余描述，以短句快速传递核心信息，符合短视频带货的节奏。

2. 使用剪映生成视频

（1）注册与登录：在浏览器中搜索“剪映”，下载剪映专业版，使用手机号码注册并登录。若已有抖音账号，可选择用抖音扫码登录剪映。

（2）进入创作：进入软件首页，单击“营销视频”按钮。

（3）导入素材：将 DeepSeek 生成的带货文案以及准备好的产品实拍素材或用 AI 生成的素材导入剪映，选择视频规格及时长后，单击“确认文案”按钮，如图 10–33 所示。

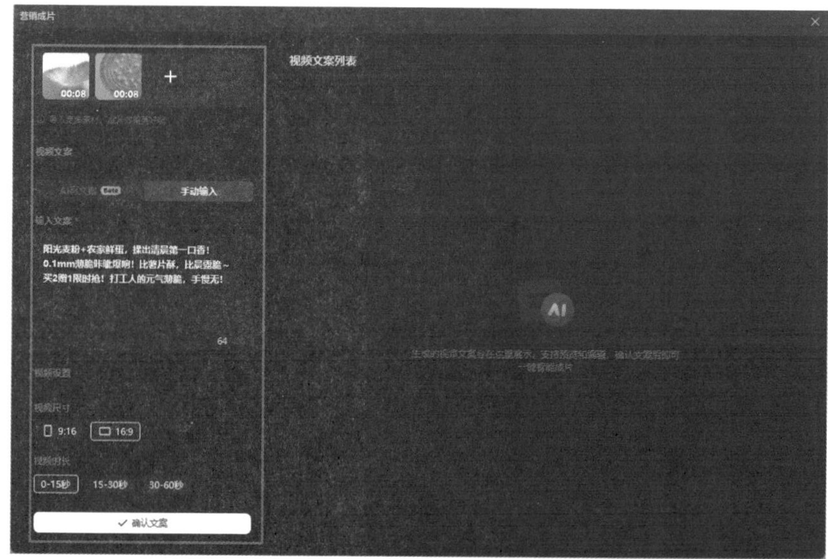

图10–33

（4）生成视频：素材文案都确认好后，单击“生成视频”按钮，如图 10–34 所示。对生成好的视频，用户可以选择直接导出，或者进入剪映的视频编辑页面进行进一步调整，保证字幕、画面、配乐的协调性，如图 10–35 所示。

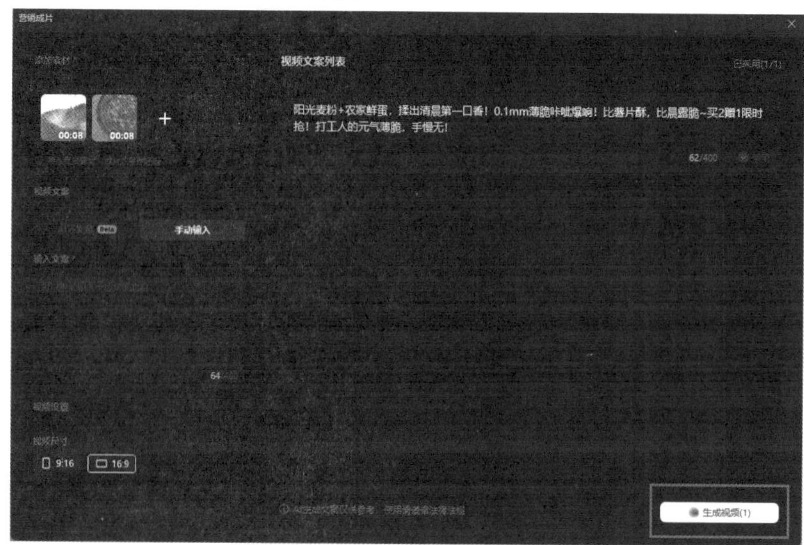

图10–34

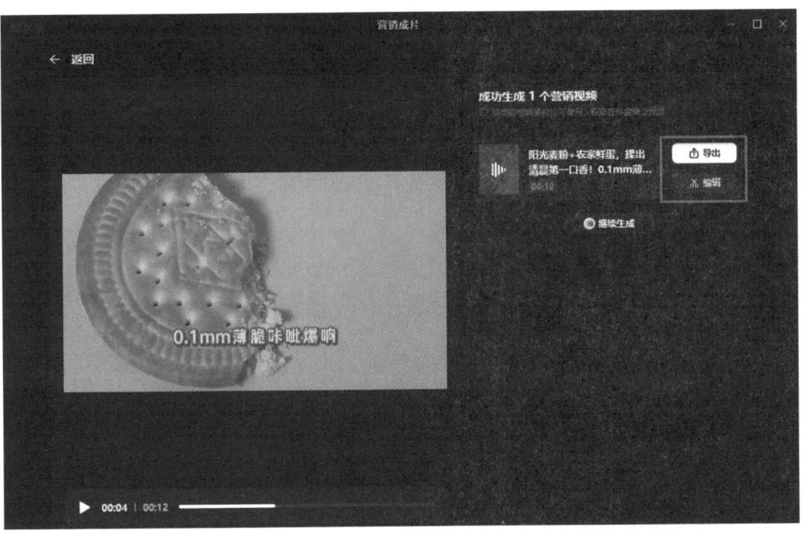

图10-35

10.4.2 生成旅游攻略视频

旅游攻略视频是通过短视频直观展示景点路线、特色美食及住宿交通等实用信息的旅行指南，既能用真实画面激发游客兴趣，又能通过游客亲测体验降低决策风险，常用于推广文旅资源、传播地域文化。

1. 使用 DeepSeek 生成旅游攻略文案

（1）明确攻略文案需求：包括旅游目的地、旅游景点、视频时长、目标人群和视频风格等。

（2）输入提示词，获取攻略文案：将明确好的攻略文案需求发送给 DeepSeek，要求其输出一篇旅游攻略文案。下面是相关示例。

Q:

请你生成一个 15 秒的西安旅游攻略视频文案，包含兵马俑、回民街、古城墙 3 个景点推荐，文案要口语化，带网红金句吸引点赞。

15 秒西安旅游攻略视频文案（网红爆款版）

镜头 1：兵马俑特写（4 秒）

（画面：无人机俯拍兵马俑军阵全景 + 陶俑面部特写）

[旁白]："总要来趟西安吧！看看这支'地下军团'的千人千面，站在坑前一秒穿越 2200 年——'秦俑虽无名，但震撼永存'！"

镜头 2：回民街烟火（4 秒）

（画面：热油泼辣子浇在肉夹馍上的慢镜头 + 夜市人流穿梭）

[旁白]："冲进回民街，碳水炸弹轰炸味蕾！羊肉泡馍掰到黄豆大才叫仪式感，'聚是烟火，散是人间'的快乐谁懂啊～"

镜头 3：古城墙骑行（4 秒）

（画面：夕阳下骑车掠过城墙垛口 + 灯笼亮起瞬间）

[旁白]：“在 13.74 千米的‘时光隧道’狂飙！‘青砖黛瓦藏故事，脚下每步皆历史’，夜骑拍钟楼机位直接封神！”

结尾镜头（3 秒）

（画面：航拍钟楼与城墙全景 + 动态大字幕）

[旁白 + 字幕]：“# 西安吹过的风都是文化，走过的路全是传奇！@ 你的旅游搭子，三天两夜直接抄作业。”

DeepSeek 给出了 4 个镜头的画面与旁白，视频时间安排合理，每个景点设置 4 秒，再加上结尾 3 秒高潮，符合短视频黄金 3 秒原则和 15 秒完播率算法。

（3）优化攻略文案：将具体优化要求（如改变输出格式、改变文案字数、删减或添加内容）发送给 DeepSeek。下面是相关示例。

Q:

优化上面的脚本，删除画面、字幕的内容，保留全部旁白台词并保证前后表达的流畅性，输出时不用分段，不用括号，逗号分隔即可。

总要来趟西安吧，看看这支“地下军团”的千人千面，站在坑前一秒穿越 2200 年——秦俑虽无名，但震撼永存，冲进回民街，碳水炸弹轰炸味蕾，羊肉泡馍掰到黄豆大才叫仪式感，聚是烟火，散是人间的快乐谁懂啊，在 13.74 千米的“时光隧道”狂飙，青砖黛瓦藏故事，脚下每步皆历史，西安吹过的风都是文化，走过的路全是传奇，@ 你的旅游搭子，三天两夜直接抄作业。

优化后的文案即可可以直接导入剪映使用的视频台词，简洁明了，无须再次编辑。

2. 使用剪映生成视频

（1）进入创作：注册登录剪映后可直接进入软件首页，单击“图文成片”按钮。

（2）导入素材：单击“自由编辑文案”按钮，导入 DeepSeek 生成的攻略文案，选择视频背景音，如图 10–36 所示。

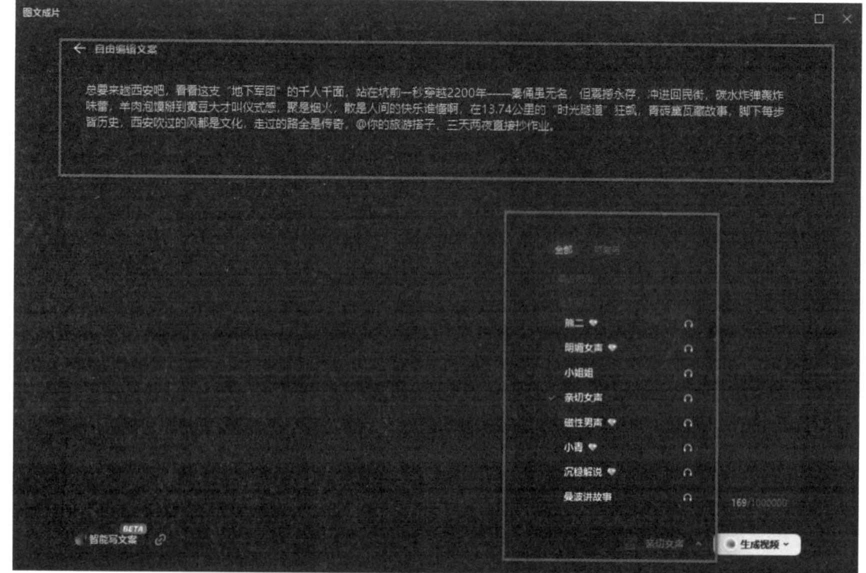

图10–36

（3）生成视频：素材文案都确认好后，单击“生成视频”按钮。剪映提供了 3 种成片方式——“智能匹配素材”“使用本地素材”“智能匹配表情包”，本示例选择使用剪映智能匹配素材。生成视频后会直接进入视频编辑页面，在这里可以进一步调整视频，保证字幕、画面、配乐的协调性，调整无误后便可导出视频，如图 10–37 所示。

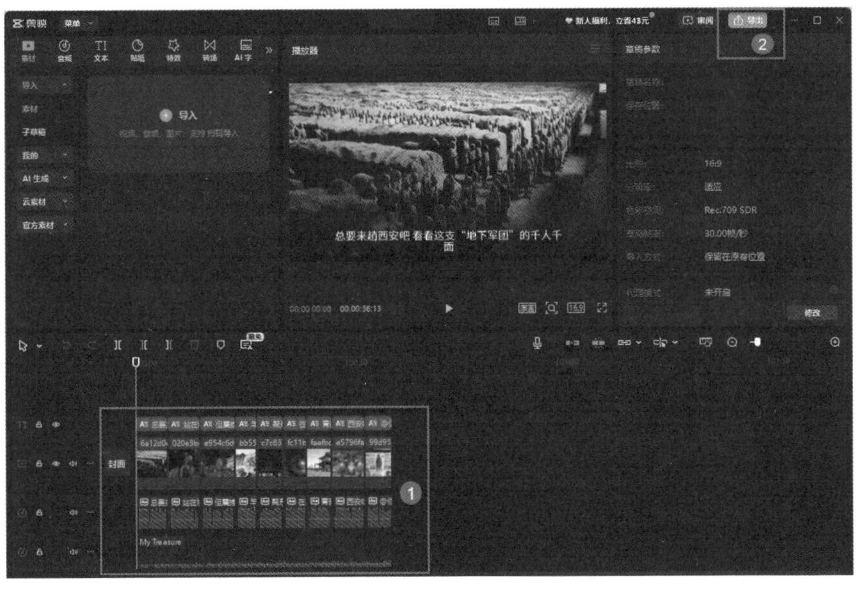

图10–37

10.4.3 生成美食教学视频

美食教学视频是通过动态画面展示菜品制作步骤的实用教程，用高清画面呈现美食制作步骤，并通过社交媒体或短视频平台传播，帮助观众提升厨艺并体验不同的饮食文化。

1. 使用 DeepSeek 生成美食教学文案

（1）明确教学文案需求：包括美食名称、教学步骤、视频时长、目标人群和视频风格等。

（2）输入提示词，获取教学文案：将明确好的教学文案需求发送给 DeepSeek，要求其输出一篇美食教学文案。下面是相关示例。

Q:

请你生成一个 30 秒左右的酸辣土豆丝教学视频文案，分步骤展示备菜、切菜、烹饪过程，要求台词口语化，结尾引导点赞收藏。

（镜头 1：备菜特写）“朋友们！今天教你们做超下饭的酸辣土豆丝！先备好主角——两个黄心土豆，削皮备用！再配点干辣椒、蒜末、青红椒丝，酸辣全靠它们啦！”（动作：展示食材）

（镜头 2：切丝教学）“土豆切薄片，再码整齐，垂直下刀切细丝！刀工不行？用擦丝器也行，但别切太细！切完立刻泡冷水，加一勺白醋，搓洗到水变清——这一步千万别偷懒！”（动作：快速切丝 + 冲洗）

（镜头 3：爆香翻炒）“热锅倒油，蒜末、干辣椒、花椒丢进去，‘滋啦’一声香到上头！沥干的土豆丝大火快炒，加两勺白醋、一勺生抽、盐和糖！最后撒青红椒丝，翻炒 10 秒——搞定！”（动作：颠锅 + 撒调料）

（镜头 4：成品特写 + 互动）“看这金黄透亮的土豆丝，酸辣脆爽，配米饭绝了！学会了吗？赶紧点赞收藏，下次露一手！”（动作：夹起土豆丝 + 展示点赞手势）

DeepSeek 给出的文案分镜头展示出了画面动作，不利于粘贴至剪映使用，可以要求其继续优化。

（3）优化教学文案：将具体优化要求（如改变输出格式、改变文案字数、删减或添加内容）发送给 DeepSeek。下面是相关示例。

Q:

优化上面的脚本，删除画面、动作的内容，保留全部旁白台词并保证前后表达的流畅性，输出时不用分段，不用括号，逗号分隔即可。

朋友们，今天教你们做超下饭的酸辣土豆丝，先备好两个黄心土豆削皮备用，再准备干辣椒、蒜末和青红椒丝，酸辣味全靠这些配料，土豆切薄片后码齐垂直下刀切细丝，刀工不好可以用擦丝器但别切太细，切完立刻泡冷水加一勺白醋搓洗到水变清，这一步千万别偷懒，热锅倒油，蒜末、干辣椒、花椒丢进去爆香，沥干的土豆丝大火快炒，加两勺白醋、一勺生抽、盐和糖，最后撒青红椒丝翻炒 10 秒出锅，看这金黄透亮的土豆丝酸辣脆爽，配米饭绝了，学会了吗？赶紧点赞收藏下次露一手！

优化后的台词时长控制在 30 秒内，保留了全部关键步骤且符合口语化表达要求，无须再次编辑。

2. 使用剪映生成视频

（1）进入创作：注册登录剪映后可直接进入软件首页，单击“图文成片”按钮。

（2）导入素材：单击“自由编辑文案”按钮，导入 DeepSeek 生成的攻略文案，选择视频背景音，如图 10–38 所示。

（3）生成视频：素材文案都确认好后，单击“生成视频”按钮（使用本地素材），生成视频后直接进入视频编辑页面，在这里可以选择导入本地素材，如图 10–39 所示。导入素材后进一步调整视频，保证字幕、图片、配音协调，随后便可导出视频，如图 10–40 所示。

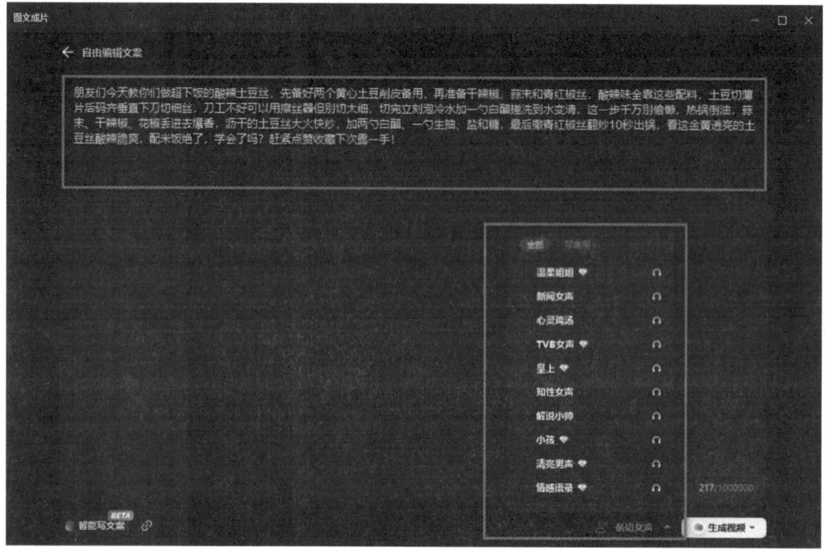

图10–38

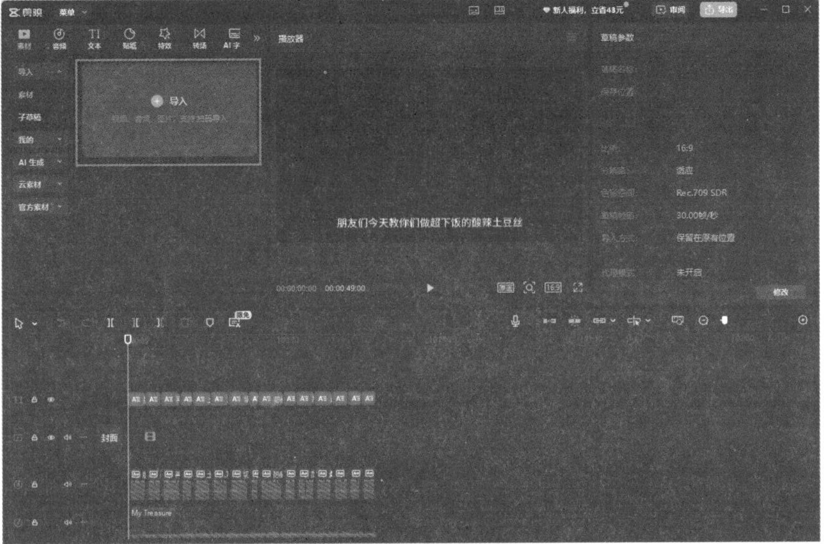
剪映
菜单
新人福利，立省43元
导出
导入
播放器
草稿参数
16:9
Rec.709 SDR
保留在原有位置
朋友们今天教你们做超下饭的酸辣土豆丝
封面
My Treasure

图10–39

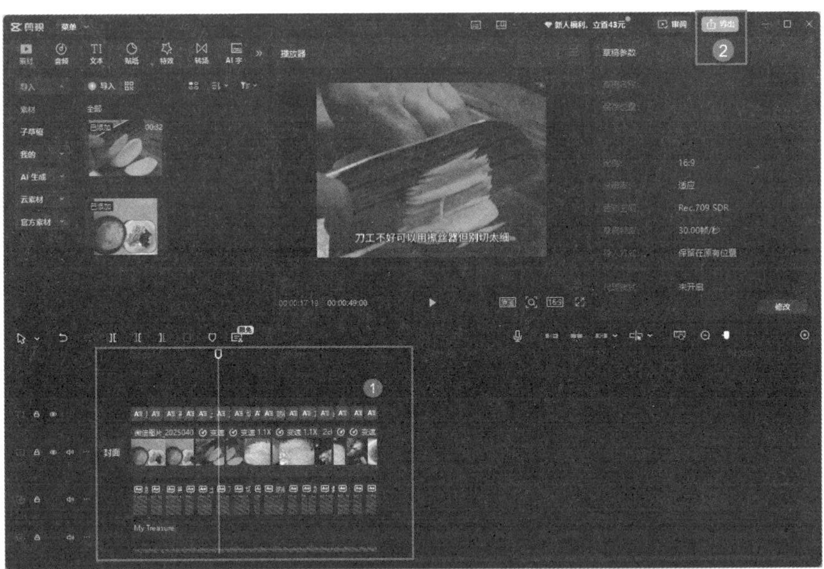
剪映
菜单
新人福利，立省43元
导出
2
导入
播放器
草稿参数
16:9
Rec.709 SDR
保留在原有位置
刀工不好可以用擦丝器但别切太细
1
封面
My Treasure

图10–40